仪器科学与技术学科研究生系列教学参考书

视觉测量原理与方法

郝继贵 于之靖 编 著

U0793042

机 械 工 业 出 版 社

本书以科研实践为基础，介绍了基于视觉原理、面向机械制造应用背景的视觉测量方法和技术，论述了视觉测量研究的内容、方法和关键技术，结合典型的应用需求，给出了视觉测量应用系统的原理和实现技术，对视觉测量原理方法和工程实现作了较为系统的梳理和归纳。

本书可作为高等院校测试计量技术及仪器、检测技术、机械设计及其自动化等专业研究生的参考教材，也可作为其他相近专业的学习参考书，同时可供相关领域相关专业的科研人员和工程技术人员参考。

图书在版编目（CIP）数据

视觉测量原理与方法/郗继贵，于之靖编著．—北京：机械工业出版社，2011.4（2023.7 重印）

（仪器科学与技术学科研究生系列教学参考书）

ISBN 978-7-111-33178-0

Ⅰ．①视…　Ⅱ．①郗…②于…　Ⅲ．①计算机视觉—测量—研究生—教学参考资料　Ⅳ．①TP391.41

中国版本图书馆 CIP 数据核字（2011）第 012751 号

机械工业出版社（北京市百万庄大街 22 号　邮政编码 100037）

策划编辑：王小东　贡克勤　责任编辑：王小东　贡克勤　王　荣

版式设计：霍永明　　　　　责任校对：刘志文

封面设计：王伟光　　　　　责任印制：单爱军

北京虎彩文化传播有限公司印刷

2023 年 7 月第 1 版第 5 次印刷

184mm×260mm · 11.25 印张 · 276 千字

标准书号：ISBN 978-7-111-33178-0

定价：39.00 元

电话服务　　　　　　　　网络服务

客服电话：010-88361066　机　工　官　网：www.cmpbook.com

010-88379833　机　工　官　博：weibo.com/cmp1952

010-68326294　金　书　网：www.golden-book.com

封底无防伪标均为盗版　机工教育服务网：www.cmpedu.com

仪器科学与技术学科研究生系列教学参考书编审委员会

顾　　问（以姓氏笔画为序）：

丁天怀	清华大学	安志勇	长春理工大学
施文康	上海交通大学	靳世久	天津大学

主任委员：曾周末　天津大学

副主任委员（以姓氏笔画为序）：

王　祁	哈尔滨工业大学	余晓芬	合肥工业大学
宋爱国	东南大学	张文栋	中北大学
童　玲	电子科技大学	董景新	清华大学
颜国正	上海交通大学		

委　　员（以姓氏笔画为序）：

万江文	北京航空航天大学	孔　力	华中科技大学
王代华	重庆大学	王克逸	中国科学技术大学
王建林	北京化工大学	王跃科	国防科学技术大学
田　地	吉林大学	刘桂雄	华南理工大学
刘缠牢	西安工业大学	华灯鑫	西安理工大学
许贤泽	武汉大学	张仁杰	上海理工大学
李东升	中国计量学院	陈一飞	中国农业大学
陈耀武	浙江大学	林玉池	天津大学
林建辉	西南交通大学	赵　建	西安电子科技大学
赵跃进	北京理工大学	徐光华	西安交通大学
徐熙平	长春理工大学	梅杓春	南京邮电大学
章卫国	西北工业大学	隋青美	山东大学
黄元庆	厦门大学	廖俊必	四川大学

秘　　书：王小东　机械工业出版社

前　言

精密测量是机械系统和制造技术的基础支撑之一。伴随着现代机械系统结构复杂化、功能多样化和性能极端化的发展，制造技术突飞猛进，制造产品和制造方式发生了重大变化，数字化设计—加工—测量一体化的闭环制造模式已经成为重要的制造手段。相应地，引导和推动着精密测量的原理、方法、技术及其设备不断完善和发展，呈现出一些明显的特点和趋势，如，从接触式非现场测量方式到非接触现场在线测量方式、从单参数非自动化测量方式到多参数自动化集成测量方式、从常规精度测量方式到高精度测量方式等。

为提高测量精度和性能，解决出现的测量新问题，适应制造技术发展要求，实现测量方式的积极转变，新型测量原理、方法和技术一直受到广泛关注和重视。基于光学、电子学的激光及光电测试技术就是一类最为重要的测量方法，它综合利用了几何光学非接触传感、激光优良相干性和方向性，以及电子学和计算机信息处理能力强等的技术特点和优势，具有非接触、精度高、适应性好等显著优势，成为当前研究应用领域内的主流测量手段之一。

视觉测量方法是诸多光电测试方法中的一种，它采用图像传感作为测量信息的获取手段，以图像作为测量信息的源头和载体，除具有光电测量的固有特点外，还具有图像信息量大、容错性好的特点，对于实现多参数、自动化、快速测量具有更加突出的优势。视觉测量是计算机视觉与精密测量相结合的产物，关注的测量对象主要是几何特征，包括尺寸、形状、坐标（位置）、空间关系等，其中坐标量，尤其三维空间内的坐标量是基本元素，因为可以导出其他类型的几何量，而受到重点关注。

视觉测量的研究和应用始于20世纪六七十年代，作为机器视觉的一部分成功地解决了一些工业制造过程中的现场测量问题而受到重视，继而随着硬件性能的显著提升，相关研究成果的不断积累与丰富，尤其是新型测量难题的不断出现，视觉测量研究和应用获得了快速发展。早期的视觉测量在非接触和现场适应性上表现出很好的优势，但是精度并不突出，测量方法（原理）和应用模式也比较单一。几十年来，视觉测量一直在探索测量方法多样化、应用模式创新和提高测量精度等多方面进行研究和发展，取得了积极进展，针对当前制造中的新产品、新工艺、新设备，成功研发了大量的视觉测量技术及其应用设备，测量精度提高迅速，成为控制制造过程、确保产品质量的一项不可或缺的测量手段。

视觉测量是以应用需求为驱动的测量方法，在解决应用问题过程中逐渐形成了自己的内容体系和方法特色。本书作者及其课题组在国内较早地将计算机视觉引入到精密测量领域，系统地研究了基于激光视觉和精密测量原理的激光视觉在线测量原理与方法，成功投入工业应用，解决了一类工业制造过程中的在线尺寸测量与控制难题，为工业界提供了一种高效的在线测量手段，先后为国内主流汽车制造厂研制组建了多个实用的视觉测量系统，获得了显著的应用效果。本书的主要内容建立在长期科研和工程应用实践积累成果的基础上，既是对已经完成工作的梳理和总结，也是研究成果和经验的分享。

全书紧紧围绕着视觉和精密测量紧密结合的主题，组织内容，展开论述，共分9章，第

1章从制造背景需求出发，介绍了视觉测量的概念、特点及主要研究内容；第2章给出了视觉测量研究中采用的主要数学方法和工具；第3～5章论述了面向视觉测量的图像处理方法和技术；第6、7章论述了视觉测量的原理和方法；第8章论述了工业视觉测量系统的原理和实现技术；第9章面向大尺度空间的精密测量问题，论述了基于数字近景摄影测量理论的数字化测量原理、方法和关键技术。

在本书的写作过程中，刘常杰副教授、任永杰讲师、王一博士后提供了大量帮助，任永杰、吴斌、王一提供了部分章节的内容素材，郭磊、林嘉睿投入了大量时间和精力进行材料的组织和整理，郭寅、邹剑等在材料收集整理过程中付出了辛勤的工作，郭磊参与了全部书稿的编辑处理工作。本书是大家集体劳动的成果。

限于作者的学识水平，书中一定存在疏漏、欠妥甚至错误之处，恭请读者指正！

编著者

目　录

第1章　绪　　论

1.1　先进制造与视觉测量

测试计量技术是国民经济的重要技术基础之一，是机械科学和先进制造不可或缺的重要组成部分，是制造的“眼睛”。传统意义上，机械系统及制造过程中的测量技术，在某种程度上只是产品质量的检验手段，现代测量技术及其仪器设备已不再是单纯的辅助检测设备，而逐渐发展成为必需的生产部件或设备，集成于机械系统，参与到制造过程中，应用于工业现场。近年来视觉测量的迅速发展为先进制造中非接触现场测量提供了有效解决方案，并获得了成功的工业应用。

视觉测量技术是一项以计算机视觉为基础的新型测量技术，原理上具有非接触、实时性强、精度高、信息量丰富等显著优点，随着相关硬件、软件性能的飞速进步和成本不断降低，视觉测量的原理优势逐渐得到充分发挥，被认为是实现现场、在线测量的最有效手段之一。视觉测量源于计算机视觉，但并不完全等同于计算机视觉，计算机视觉是通过三维场景映射得到的二维图像来研究和感知场景三维空间几何结构的理论，强调的是识别和理解功能，侧重于理论研究；而视觉测量则是“纯粹”研究三维空间内几何尺寸测量的理论和方法，侧重于工程应用。在计算机视觉研究中，包含场景信息的二维图像除了含有场景三维结构信息外，还涉及其他复杂因素，诸如几何关系、光照条件、景物表面光学反射特性、光学成像系统特性等，所有这些因素都参与成像过程，因此从二维图像（且包含噪声、畸变）中恢复景物的三维结构信息是一个困难的问题，更加重要的是，成像过程是三维空间到二维空间的映射，丢失了一维信息，是不可逆的，理论上不能直接用于恢复三维结构。由图像信息恢复三维场景（Shape from X）问题是计算机视觉的一个基本问题，在 D. Marr 计算视觉理论的指导下，研究人员做了大量卓有成效的工作，理论算法取得了令人瞩目的成果，但与此相反，Shape from X 在解决实际问题时遇到很大困难，主要表现在：运用计算视觉理论解决 Shape from X 问题时，隐含了一个前提——二维图像中的特征识别、分割问题已经解决，但工程问题中这是不成立的，工程应用三维场景总是复杂的，且伴随着不良的光照条件和图像噪声，对图像景物特征的识别处理本身就是巨大的挑战，尚无有效的方法，以此为前提的“纯粹”计算视觉自然无法有效解决实际应用问题。

计算机视觉应用于测量还要解决另一个问题——精度问题，和一般的定性问题不同，测量问题必须满足一定的精度指标。传统的计算机视觉研究，侧重于定性的三维场景识别和理解，很少涉及或不涉及定量的精度分析。视觉测量则是以计算机视觉为理论基础，结合精密测量、测试理论，解决工程应用领域内的测量问题，视觉测量的主要对象是三维空间内的形（状）位（置）尺寸，要求在满足一定的精度前提下，实现被测对象的可靠测量。一般而言，有实用价值的测量方法必须满足两个基本条件：首先，具备高可靠性和可用性，具有良好的环境适应性，对工作环境不能有过多限制和苛刻要求；其次，具备精度保证手段，要有系统的误差分析设计方法和精度传递（溯源）手段，从理论和量值传递两方面保证测量的科学性。鉴于上述要求，考虑到视觉的特点，结构光测量、主动立体视觉法移动摄影等是视觉测量中最常用、最有效的方法，其共同特点是，通过照明（投射）或光学标记技术，主动构造测量环境，保证了二维图像高质量和显著的测量特性，图像分析处理简洁、快速，精度高，充分保证了测量结果的可靠性和精度，同时具有结构简单合理的特点，便于工程应用。

1.2 视觉测量的发展

视觉测量技术从 20 世纪 60 年代出现，就被认为是解决工业制造过程中测量问题的最具前途的技术，曾有机构预测，视觉测量技术将占工业测量的 80%，迄今为止，视觉测量技术在成像器件、理论分析方法、关键技术及工程应用等方面都取得了长足的进步，已显示出了巨大的发展空间。

视觉测量在汽车工业中的应用已十分广泛，如图 1-1 所示。国外，美国三大汽车公司相继与美国 Michigan 大学和 Perceptron 公司合作，成功研制了用于对汽车零部件、分总成和总成产品进行尺寸控制的自动视觉检测系统。国内，天津大学精密测试技术及仪器国家重点实验室成功研制了 IVECO 白车身激光视觉检测站、一汽大众 Jetta 轿车白车身 100%在线视觉检测站及一汽解放新型卡车在线检测站等，实现了整车总成三维尺寸的自动在线测量。视觉测量技术在汽车零部件的尺寸检测上也得到了广泛应用：通用汽车研究实验室开发了用于汽车零件检测的视觉原型系统，该系统对所有零件均使用相同的过程，通过对一个好零件与坏零件的比较结果来判断检测区域的指定缺陷。

图 1-1　车身视觉测量系统

将视觉测量技术应用在机器人上，研究能够识别目标环境、随时精确跟踪轨迹并调整焊接参数的智能焊接机器人，如图 1-2 所示，已经成为焊接领域的重要发展趋势之一。借助红外摄像仪、CCD 摄像机、高速摄像机等图像传感设备及智能化的图像处理方法，智能焊接机器人可以完成诸如获取并处理强弧光及飞溅干扰下的焊缝图像，进行焊缝空间位置的检测与焊炬姿态的规划，实时提取焊接熔池特征参数，预测焊接组织、结构及性能等工作，实现人工难以直接作业的特殊场合的自动焊接。国外，KUKA、GMF、Motoman、Adept 等厂家相继开发出装备有计算机视觉检测功能的机器人，已经开始应用于潜艇、航天产品的制造过程。

视觉测量在电子行业也发挥重要作用。利用计算机视觉技术开发的视觉检测系统能对电路板组件中的各个连接器特定位置的几何尺寸进行测量，如连接器与 PCB 底板的相对位置以及连接器内部零件的尺寸、间距等多个参数，检验连接器装配精度是否符合标准和内部零件是否损坏，可以大大提高质量检验工作的效率，降低检验成本。电路板视觉测量如图 1-3 所示。

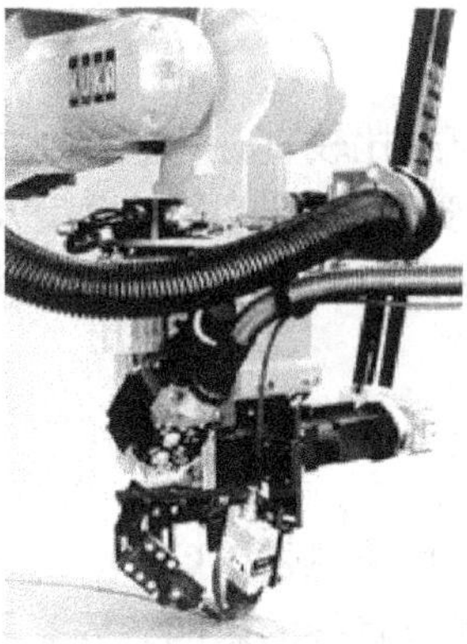

图 1-2 焊接机器人

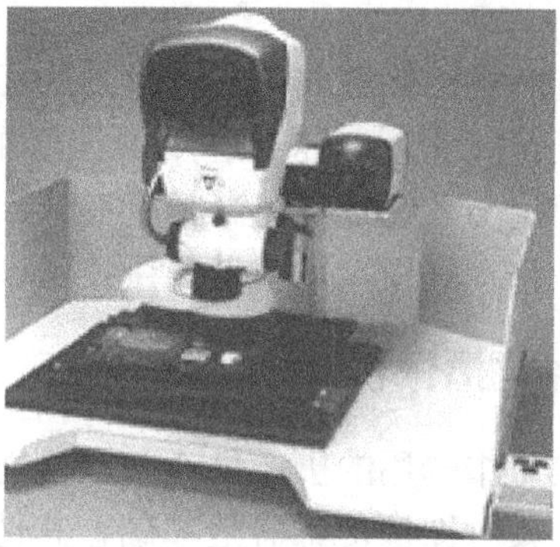

图 1-3 电路板视觉测量

摄像机或相机是视觉测量的基础。从模拟视频摄像机到数字摄像机，从小尺寸图像传感器（CCD CMOS）到全画幅、高填充率图像传感器，从仅有成像功能的普通相机到具有图像处理能力的智能相机，摄像机技术一直在迅速发展，制造成本不断降低，为高性能视觉测量系统的开发和普及应用奠定了坚实的基础。

早期视觉测量分析方法主要来源于计算视觉方法，运用矩阵变换建立分析模型。由于计算机视觉的重点是解决识别和理解问题，没有着重关注测量数据的误差特性，模型简单，精度低，主要应用在精度要求不高的背景场合。随着应用需求扩大、测量精度要求提高、摄像机性能改善，视觉测量的分析方法也发生了显著变化。首先，在成像模型中考虑了更多的误差因素，以校正各种物理畸变，采用多参数的非线性模型代替简单的线性模型，并从数学角度研究了很多误差补偿措施，大大提高了模型精度；其次，将精密测量领域内的标定方法、技术和设备引入到计算机视觉中，为补偿和修正各种误差提供了更加专业的解决方法，能有效控制并提高测量精度；再次，近景摄影测量理论和计算视觉的结合大大推动了视觉测量技术的发展。近景摄影测量的平差理论、共线理论、像差校正技术、控制场技术、定向技术等完善的理论方法为视觉测量研究和应用的不断拓展提供了良好的理论支持，这种理论上的支持对于高精度的大空间视觉测量尤为重要。此外，图像处理、模式识别理论及技术的发展也大大改善着视觉测量系统的性能。V-STARS（Video-Simultaneous Triangulation and Resection System）系统就是典型的工业数字近景摄像测量应用系统，由美国 GSI 公司研制。该系统具有三维测量精度高、测量速度快、自动化程度高和能在恶劣环境中工作等优点，是目前国际上最成熟的商业化工业数字摄影测量产品。

视觉测量的应用范围也在不断扩大，早期的视觉测量受到图像传感器和图像处理软硬件技术的限制，成本高、性能指标较低，主要用于特定的、有非接触要求的场合，现今视觉测量的硬件成本显著降低，具备了大规模推广应用的条件，同时性能得到了极大提升，可以满足绝大多数工业测量需求，以三维空间尺寸测量为例，视觉测量已能稳定实现优于0.02mm/m的测量精度，基本满足了工业制造对测量精度的要求。此外，在现代制造技术的快速发展过程中，出现了很多新型测量问题，传统测量手段无法解决，客观上也推动着视觉测量研究的发展和应用范围的不断扩大。

1.3 视觉测量的主要研究内容

与传统的机械接触式精密测量方法相比，视觉测量的原理比较直观，它是从二维图像中恢复空间几何尺寸，研究和应用中涉及的关键问题有：视觉摄像机、成像模型及其参数确定、结构标定与系统标定、高精度亚像素图像处理、光学编码与辅助光学靶标、大范围视觉测量系统、移动（便携）视觉测量技术、视觉测量自动化等。

1.3.1 视觉摄像机

视觉测量中选用的摄像机通常是性能稳定的基于固态图像传感器（CCD、CMOS）的固态摄像机，其中图像传感器是基础，其性能参数对测量结果有直接的影响。固态图像传感器的性能分为两类：光电性能和几何特征。光电性能决定了图像性能质量，包括光谱范围、信号动态范围、噪声水平、响应速度等，它们对应用环境、测量方式（静态、动态）、测量精度（细分精度）都有极其重要的影响；为满足精度要求，对图像传感器的几何特征参数也有一定要求，主要表现在图像传感器感光像元尺寸一致性和感光芯片表面的平面度两方面。目前的微电子制造工艺可以保证感光像元尺寸的一致性RMS（方均根误差）达到了0.1～0.2μm，仅为单个像元尺寸的1/60～1/100，在实际测量中可以不考虑尺寸一致性的影响，但感光芯片表面的平面度问题就复杂一些，有研究测试表明：普通图像传感芯片表面的平面度甚至达到了10μm，大于一个像素尺寸，已经对测量精度构成威胁，遗憾的是目前还没有统一的方法对其进行数学建模，消除该项误差。

按性能的不同，视觉测量中常用的摄像机有模拟视频摄像机（Standard Video Format Camera）、高分辨率数字摄像机（High Resolution Camera）和静态视频摄像机（Still Video Camera，俗称数码相机）几类。模拟视频摄像机是一种采用模拟视频信号传输的低成本解决方案，图像传感器大多为1/2in（1in＝0.0254m）和1/3in，有效感光面积在6.4mm×4.8mm到4.9mm×3.7mm之间，水平分辨率大约在700像素左右，垂直分辨率大约在500像素左右。由于采用模拟传输方式，图像信号存在由数字信号合成模拟信号，再由模拟信号重新采样为数字图像的变换过程，引入了采样误差和相位畸变，造成最终数字图像质量下降，影响测量精度，因此，模拟视频摄像机一般应用于视场较小，相对测量精度不高的场合。但模拟视频摄像机的优点是单机成本低、传输速度快（每秒50帧以上）、多个摄像机可以采用总线连接方式传输，特别适合于对成本有一定控制的工业视觉检测问题。

与模拟视频摄像机不同，高分辨率数字摄像机采用数字传输方式输出图像信号，具有很高的像素和空间分辨率，动态范围宽，线性好且具备很低的噪声水平。数字摄像机优良的图像质量为高精度测量提供了前提，在保证模型精度的前提下，可以充分发挥图像传感器的性能，实现高精度测量。高分辨率数字摄像机也存在一些负面因素：传输数据量大、帧频低、成本高，影响其在特定场合的使用。

1.3.2 成像模型及其参数确定

成像过程是一个三维物体空间到二维图像空间的映射过程，所谓成像模型是指建立这种映射关系的精确定量数学描述。在视觉测量系统中，摄像机是作为一个基本的传感元件使用的，摄像机模型的复杂性及精度直接决定着测量结果精度。一般来说，描述摄像机模型有两类方法：一类是基于摄像机成像过程和自身物理参数的成像模型；另一类是抽象的，基于投影变换关系的模型。在视觉测量技术的研究中，前者有明确的物理基础，便于误差校正和补偿，是主要的模型形式。按模型的复杂性与适用范围，成像模型大致可分为针孔成像模型（Pinhole）、直接线性变换模型（DLT）和摄影测量模型等。

针孔成像模型是用理想的小孔成像来简化实际的摄像机成像，模型的数学描述简单，能在一定的精度上很好地描述实际使用的大部分摄像机的成像过程，如图1-4所示，P为物点，Q为像点，摄像机针孔模型用数学形式表示：

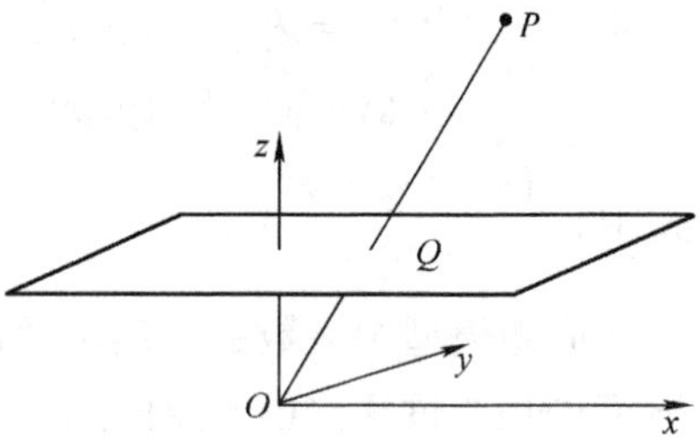

图1-4 摄像机针孔模型

$$\boldsymbol{q}=\boldsymbol{FMTP} \tag{1-1}$$

式中，$\boldsymbol{q}=(\boldsymbol{x},\boldsymbol{y})$为像点$Q$在摄像机像平面上的坐标；$\boldsymbol{P}=(X_w, Y_w, Z_w)$为物点$P$在摄像机坐标系中的三维坐标；$\boldsymbol{F}$矩阵和摄像机有效焦距有关，该矩阵描述了三维空间到二维平面的透视变换；$\boldsymbol{M}$矩阵与摄像机坐标系和物体坐标系之间的空间相对关系有关，它是两个坐标系之间旋转关系的描述；$\boldsymbol{T}$矩阵则是摄像机坐标系与物体坐标系之间空间平移关系的描述。针孔模型是线性理想模型，模型中各参数的物理意义明确，模型的解算也较简单，适合于精度要求不高、摄像机成像质量高的应用场合，是其他模型的基础。

在针孔模型中，为简化问题，进行了许多假设，使模型理想化。直接线性变换模型（DLT）是对针孔模型的发展，在针孔模型基础上，补充考虑了部分成像因素，使模型接近物理原型，DLT模型由下式表述：

$$\boldsymbol{q}=\boldsymbol{AP} \tag{1-2}$$

式中，$\boldsymbol{P}$，$\boldsymbol{q}$与式(1-1)中的含义相同；$\boldsymbol{A}$为矩阵，可分解为

$$\boldsymbol{A}=\lambda\boldsymbol{V}^{-1}\boldsymbol{B}^{-1}\boldsymbol{FMT} \tag{1-3}$$

式中，$\lambda\neq0$，表示刻度因子；$\boldsymbol{F}$、$\boldsymbol{M}$、$\boldsymbol{T}$三个矩阵，它们与针孔模型中具有相同的含义；$\boldsymbol{V}$、$\boldsymbol{B}$两个矩阵是考虑了摄像机成像时，像素坐标系和摄像机坐标系之间的相对位置偏移及像素坐标系的非正交性引入的补偿矩阵。DLT模型比较准确地反映了成像过程，是一个较通用的模型。和针孔模型相比，DLT考虑的因素多，精度得到改善，在对精度要求不太高的场合，DLT模型比较实用。但在精度要求高，摄像机镜头存在明显的畸变时，DLT模型可能会引入较大的误差。为此，研究了一种扩展的DLT模型，它以DLT模型为基础，充分考虑了摄像机镜头成像时存在的畸变因素，引入了修正因子，补偿畸变误差。扩展DLT模型更准确地反映了摄像机成像过程，较全面地考虑了成像过程中的误差因素，是一个更一般的模型。

对于高精度的视觉测量，成像器件一般选用高质量的数字成像器件（大尺寸、高填充率、高像素），为充分发挥器件的性能，实现理想的测量精度，需要研究更加精细的成像模型来精确描述成像的物理过程，一般考虑采用摄影测量模型。摄影测量模型也是以理想的针

孔模型为基础，通过增加一项复杂的综合修正因子，来修正实际成像中的像点位置和模型中像点位置之间存在的微小偏差，从而对模型做出精确的补偿。

在摄影测量模型中，假设（x_u，y_u）为空间物点 P 在像平面上理想像点坐标（理想透视，不存在任何畸变），实际成像过程中，考虑到各种畸变因素，实际像点位置为（x_p，y_p），则

$$\begin{cases} x_u = x_p - x_0 - \Delta x \\ y_u = y_p - y_0 - \Delta y \end{cases} \tag{1-4}$$

式中，（x_0、y_0）为像面中心，Δx、Δy 为成像综合畸变（修正因子），可采用下列模型：

$$\begin{cases} \Delta x = x_c r^2 k_1 + x_c r^4 k_2 + x_c r^6 k_3 + (2x_c{}^2 + r^2) p_1 + 2p_2 x_c y_c + b_1 x_c + b_2 y_c \\ \Delta y = y_c r^2 k_1 + y_c r^4 k_2 + y_c r^6 k_3 + 2p_1 x_c y_c + (2y_c{}^2 + r^2) p_2 \end{cases} \tag{1-5}$$

式中，$\begin{cases} x_c = x_p - x_0 \\ y_c = y_p - y_0 \end{cases}$；$r = \sqrt{x_c{}^2 + y_c{}^2}$。

成像模型中参数的确定是通过标定过程实现的，通常分为直接标定法和自标定法。直接标定法是通过建立已知空间点（控制点）三维坐标及其对应成像点的二维像面坐标之间的对应关系确定模型参数：对于较小视场的成像，可以通过精确的共面或非共面的靶标建立控制点的三维物点和二维特征像点的对应，如图 1-5a、b 所示；对于较大视场的成像，可以通过大型 CMM 构造较大空间的三维控制点，如图 1-5c 所示。

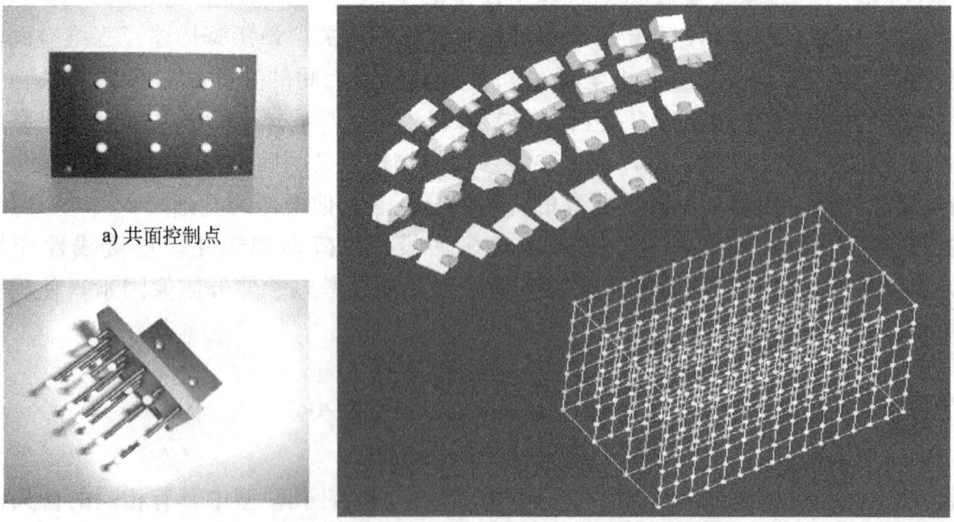

a) 共面控制点

b) 非共面控制点

c) CMM 虚拟控制点

图 1-5　标定控制点

直接标定方法直观，是主要的标定方法，但对于更大的视场空间，设置高精度的三维（二维）控制点非常困难，标定过程烦琐，且标定结果受控制点空间坐标精度的影响，容易产生误差。较彻底的解决途径是消除标定过程中需要控制点的三维坐标已知这一约束条件，将控制点的空间坐标值作为未知变量代入模型中，在标定过程中，同时解算模型参数和控制点的空间坐标，即采用自标定技术。自标定技术是基于空间光束定向交会原理的摄像机标定技术，其基本思路是：在空间简单设置标定控制点，控制点的空间坐标未知，摄像机在不同的姿态（α^n，β^n，θ^n，t_x^n，t_y^n，t_z^n）条件下，获取视场中控制点的图像，处理得到控制点的像

面坐标，如图 1-6 所示。

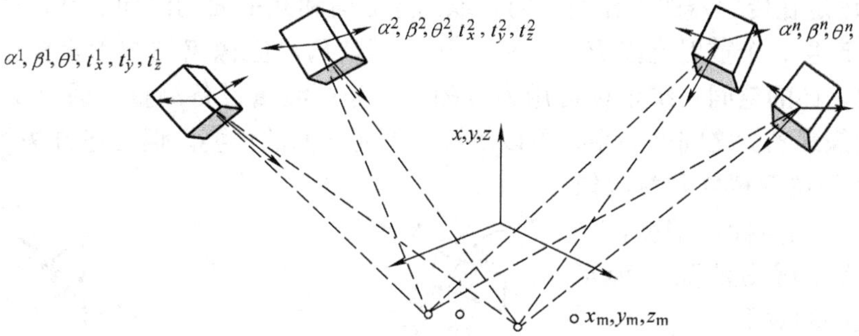

图 1-6 光束定向交汇自标定原理

根据光束定向交会原理，同一控制点在摄像机不同姿态下对应的成像光束在空间应当交会于一点，由此得到包含摄像机模型参数和控制点坐标的非线性约束方程组，从中可以解算出模型参数、控制点坐标以及摄像机姿态。自标定的本质是将摄像机的姿态、控制点的空间坐标以及模型参数均作为未知量，以控制点的成像光束在空间交会作为已知条件，建立非线性的大规模方程组，从中解算摄像机模型参数，从原理上消除了直接标定方法中要求控制点三维坐标已知的局限性。自标定法对工作环境要求不高，易于实现，甚至可以实时应用于测量现场环境，标定结果不受控制点坐标精度影响，标定精度高，且标定过程可以和测量过程有机结合，提高系统测量精度，是一种适合大尺寸视觉测量的成像模型参数标定技术。

1.3.3 结构标定与系统标定

在精密测量领域，标定环节是实现和保证精度的关键。对于视觉测量而言，被测对象（空间三维尺寸）是通过分析二维图像特征坐标得到的，除光学成像外，还涉及图像传输、图像处理、结构设计、系统组建等多个环节，精度控制和标定问题更加突出。除了确定摄像机参数的标定过程外，视觉测量中的标定问题还包括视觉传感器（结构光、立体视觉）结构参数标定以及系统标定。结构参数标定是指通过标定而非精密调整的方式，确定视觉传感器的结构参数；系统标定是指对于大型视觉测量系统，确定多个视觉传感器之间精确姿态的方法，以确保所有测量传感器在同一个系统坐标系中工作，并建立和被测工件坐标系之间的关系。

结构光传感器的标定是指确定光平面在摄像机坐标系中的精确位姿，典型的结构光传感器的标定原理如图 1-7 所示。

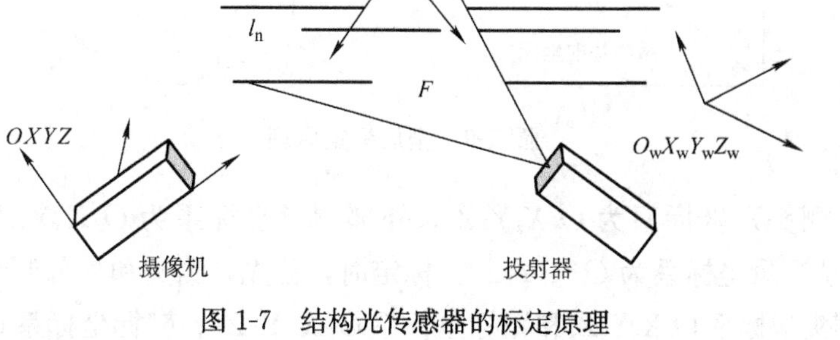

图 1-7 结构光传感器的标定原理

标定借助一个细丝靶标进行，细丝靶标上固定 n 个（相互近似平行）细钢丝 l_1，…，l_n。将细丝靶标固定在传感器的工作空间内，取细丝方向和光平面的法向一致。光平面入射到靶标细丝上时产生 n 个散射亮点 P_i（$i=1$，…，n），P_i对应像点的像素坐标由图像经处理得到，相应地，P_i的空间三维坐标可用另外的空间坐标测量设备测量。通过 P_i的空间坐标和对应像点的像素坐标之间的关系，可以解算得到光平面的位姿。但上述方法的精度很大程度上受到 P_i空间位置精度和对应像点质量的影响，为提高标定精度，已经有很多研究工作试图消除这种影响，并取得了很好的效果。

立体视觉传感器的标定是确定两个摄像机之间的空间姿态关系，从而建立精确的空间三角交汇（立体视差）测量模型。设两个摄像机坐标系分别为 $O_1X_1Y_1Z_1$、$O_2X_2Y_2Z_2$，标定的目的是建立两个坐标系之间的变换矩阵：旋转矩阵和平移矩阵，标定原理如图 1-8 所示。

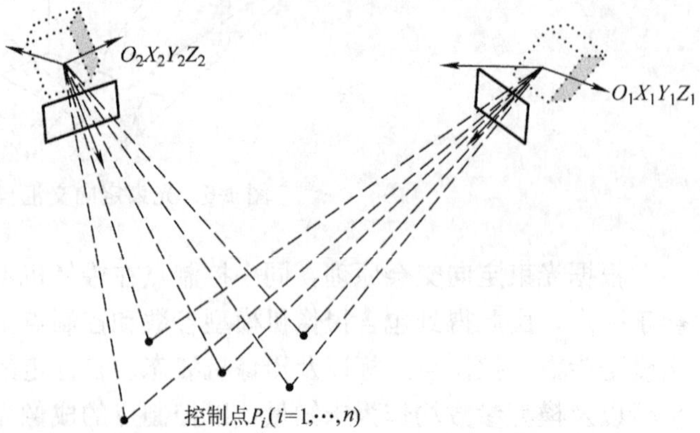

图 1-8　双摄像机空间位姿关系的标定原理

采用与摄像机自标定类似的光束定向交会约束可以很好地解决双摄像机之间位姿关系的标定问题。在双摄像机的重合视场中任意设置控制点（点的空间坐标无需已知）P_i，控制点在两个摄像机中的成像光束必定在空间交会，以此为约束可以精确求解摄像机之间的空间变换关系。对于较小视场（测量空间）的传感器，也可以采用固定靶标产生控制点。

系统标定是将系统中多个测量传感器坐标系统一到一个测量坐标系下，在大型视觉测量系统中，一般包含数十甚至上百个传感器，且分布空间范围大，姿态任意，系统标定复杂，精度保证困难。一般地，系统标定可以借助一个外部三维坐标测量装置和精密靶标实现，全局标定原理如图 1-9 所示。

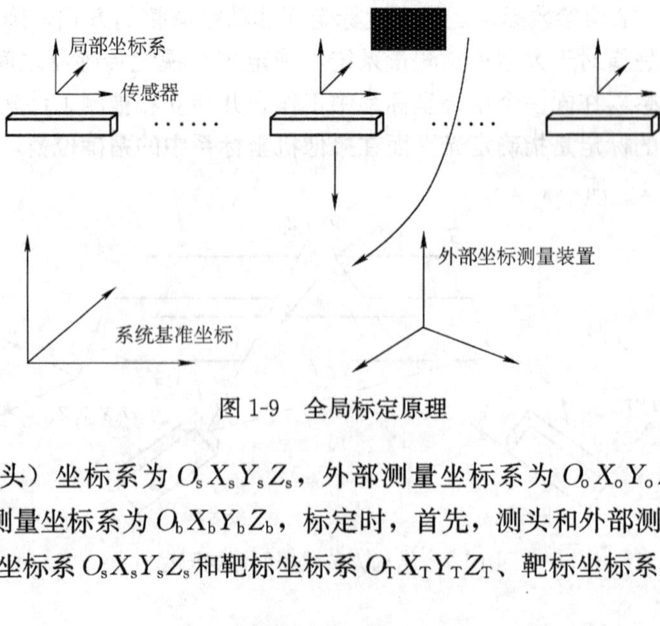

图 1-9　全局标定原理

令传感器（测头）坐标系为 $O_sX_sY_sZ_s$，外部测量坐标系为 $O_oX_oY_oZ_o$，靶标坐标系为 $O_TX_TY_TZ_T$，系统测量坐标系为 $O_bX_bY_bZ_b$，标定时，首先，测头和外部测量装置同时测量靶标，分别建立测头坐标系 $O_sX_sY_sZ_s$和靶标坐标系 $O_TX_TY_TZ_T$、靶标坐标系 $O_TX_TY_TZ_T$和外部

测量坐标系 $O_oX_oY_oZ_o$之间的关系，此外，用外部测量装置测量系统坐标系（基准点位置），建立外部测量坐标系 $O_oX_oY_oZ_o$和系统坐标系 $O_bX_bY_bZ_b$之间的关系，经过坐标变换链：

$$O_sX_sY_sZ_s \rightarrow O_TX_TY_TZ_T \rightarrow O_oX_oY_oZ_o \rightarrow O_bX_bY_bZ_b$$

可以得到每一个测头坐标系到系统测量坐标系的变换关系，即系统标定。外部测量装置可以选用基于电子经纬仪的工业坐标测量系统或者激光跟踪坐标测量系统。

1.3.4 高精度亚像素图像处理

图像处理是视觉测量的基础算法，也是决定测量精度的关键环节。受到成本的制约，目前工业领域内使用的成像器件一般在千万像素，单方向（X、Y）上像素在3000左右，对于$(10\sim20)\times10^{-6}$量级的高精度测量，必须采用精密的亚像素图像处理技术。

高精度亚像素图像处理算法建立在高质量图像和精确预定义模式特征的基础上。在高精度应用场合，待处理的图像特征点是应当预先定义的，其模式和图像质量可以控制，利用亚像素算法，可以将特征点的处理精度提高到亚像素甚至更高的水平。在图像质量严格保证的前提下，已经能够稳定实现约0.01像素的细分精度。质心法、基于灰度相关匹配法和基于边缘的拟合法是三种有效的亚像素图像处理算法。

质心法采用图像特征有效区域的质心作为特征点的精确位置，最基本的算法定义为

$$X_m = \frac{\sum_{i=1}^{N} X_i I_i}{\sum_{i=1}^{N} I_i}, Y_m = \frac{\sum_{i=1}^{N} Y_i I_i}{\sum_{i=1}^{N} I_i} \tag{1-6}$$

式中，X_i、Y_i为像素坐标；I_i为像素灰度；N为有效特征区域内的像素数。质心法直观、计算简单，对于图像特征区域明显的特征点有很好的处理精度。但质心法对图像特征区域的划分较敏感，特征区域通常由阈值决定，对于一般图像，选取精确的阈值相当困难，处理精度受到影响。

基于灰度相关匹配的特征点提取算法建立在图像相关运算的基础上，以已知的图像特征模板和待处理的图像作相关运算，得到相关曲面，再采用插值方法精确提取相关曲面的峰值作为特征点的位置，归一化的相关运算定义为

$$r = \frac{N\sum_{i=1}^{N} I_i M_i - \left(\sum_{i=1}^{N} I_i\right)\left(\sum_{i=1}^{N} M_i\right)}{\sqrt{\left[N\sum_{i=1}^{N} I_i^2 - \left(\sum_{i=1}^{N} I_i\right)^2\right]\left[N\sum_{i=1}^{N} M_i^2 - \left(\sum_{i=1}^{N} M_i\right)^2\right]}} \tag{1-7}$$

式中，I_i为待处理图像像素灰度；M_i为模板图像像素灰度；N为像素数。r越大，表明匹配越精确，反之，匹配越差。相关运算的运算量很大，为减小运算量，提高处理速度，通常采用“金字塔”算法，由粗到精，图像分辨率逐渐细化，有效地减小运算量，显著提高测量速度。基于灰度相关匹配的方法有优良的抗干扰性能和处理精度，其前提是待处理图像特征点的模式应当是先验已知的，并且图像变形对处理精度有一定影响。

基于边缘的拟合法是一种解析处理方法，建立在图像边缘提取和跟踪的基础上。采用边缘提取算法提取特征点的图像边缘并跟踪边缘曲线，以此为基础，运用曲线拟合技术，得到特征点的位置坐标。边缘拟合法对图像质量和场景有严格要求，首先，为保证边缘提取可

靠、精确，要求图像有足够的对比度和很好的信噪比；其次，为保证边缘跟踪准确，算法稳健，场景模式应当尽可能简单。基于上述原因，和质心法、相关匹配法相比较，基于边缘拟合法算法的抗干扰性较差，只能应用在图像质量理想且编码模式简单的场合。

1.3.5 光学编码与辅助光学靶标

理论上，视觉测量只能实现对光学目标点的测量，测量对象应当具有明显、可识别的图像特征。通常的被测物体没有明显的图像特征，为保证图像处理精度和测量自动化的可靠实现，需要在被测物体上放置光学标记（点），并且需要对目标点进行光学编码，便于自动处理和识别，图 1-10 给出了几种典型的光学编码方案。

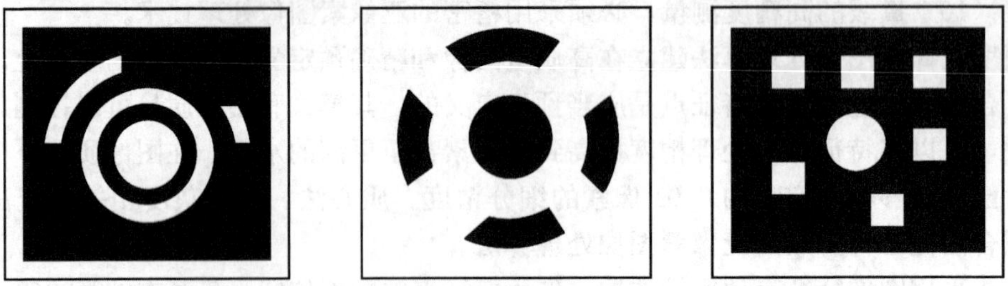

图 1-10　光学编码方案

设计编码方案时，应考虑以下几个方面：

1）编码容量：不同的测量系统需要测量点的数量是不同的，如果需要同时测量多个点，则必须保证编码有足够的容量，使每个编码对应一个测量点。

2）编码距离：为确保编码的自动识别率，应设计合理的编码距离。

3）对比度：应当使光学编码有足够的对比度，保证图像质量。

4）定位标记：编码中，应设计合理的精密定位标记，该标记作为编码特征点的基准位置，如圆心、十字线等。

对于更一般的被测点，如复杂工件（物体）表面上的点，由于视场条件的限制，不能直接通过光学编码标记的方法进行测量，可以借助精密光学靶标来解决，光学靶标是一种辅助测量工具，由精密测球和若干光学编码标记点组成，典型结构如图 1-11 所示。

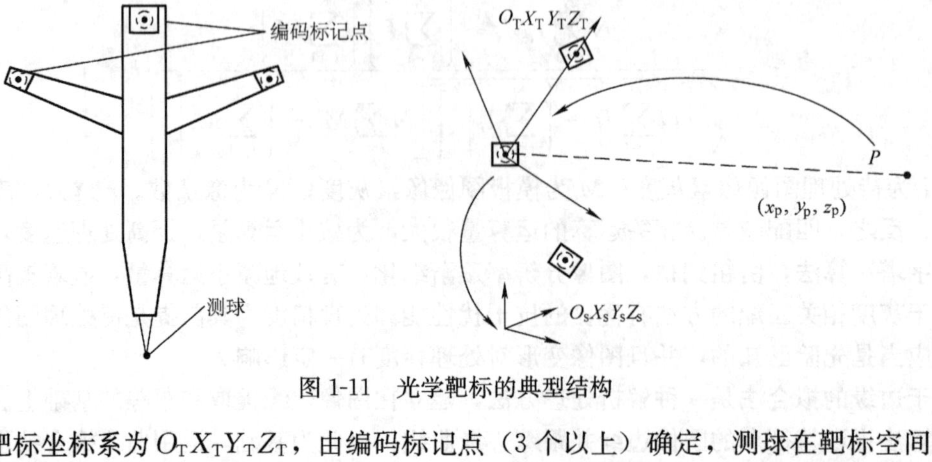

图 1-11　光学靶标的典型结构

设靶标坐标系为 $O_TX_TY_TZ_T$，由编码标记点（3 个以上）确定，测球在靶标空间内的坐标通过适当的标定方法预先得到。测量时，测球接触被测点，通过测量光学靶标上的光学编码标记，可以得到靶标坐标系 $O_T X_T Y_T Z_T$ 在测量系统坐标系 $O_s X_s Y_s Z_s$ 中的位姿，因测球 P 在靶标坐标系中的位置已知，由此可以得到测球 P 在测量系统坐标系中的坐标。采用辅助光学靶标技术，以点测量为基础，原则上可以实现通用的坐标测量，但这种测量方法对于某些应用效率较低，如工装夹具中的平面、棱边直线、空间平面交点的测量等。针对这些问题，可以充分利用光学非接触自动测量的优点，设计专用辅助靶标，适用特定的被测对象，实现高效测量，如图 1-12 所示，图中设计了很多测量夹具中定位平面的专用辅助靶标，一次测量就可以确定被测平面的空间位置。

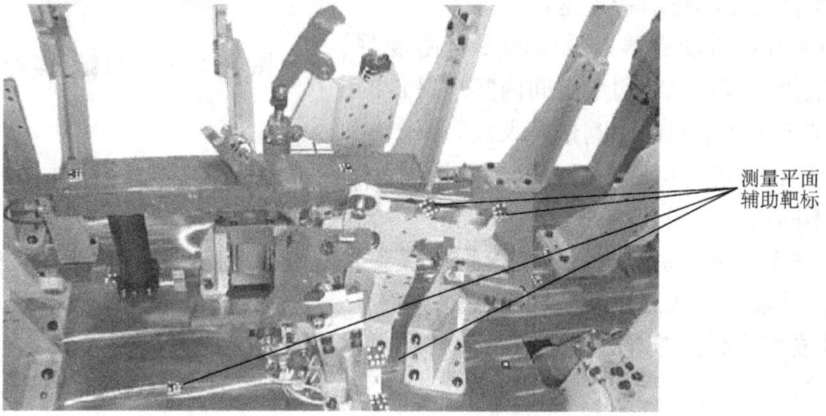

图 1-12 专用光学靶标测量工装夹具

1.3.6 大范围视觉测量系统

在大型工业制造现场，测量空间大，被测物体（工件）外形复杂，采用单个或少量摄像机测量，精度得不到保证，且往往存在严重的视线遮蔽，不能完成测量任务。为此需要以单个视觉传感器为基础，组建大型（空间）视觉测量系统，一般有两类技术方案：多传感器固定式视觉测量系统和基于测量机器人的柔性视觉测量系统。

多传感器固定式视觉测量系统由多个传感器（根据需要选择结构光传感器或立体视觉传感器）组成，每个传感器对应一个或多个被测点，传感器数量由具体测量要求决定，所有传感器固定安装在一个基础支撑结构（框架）上，并通过总线连接到主计算机（Host Computer），组成一个完整的系统。多传感器固定式视觉测量系统在功能上相当于多测头同时工作的坐标测量机（CMM），如图 1-13 所示。

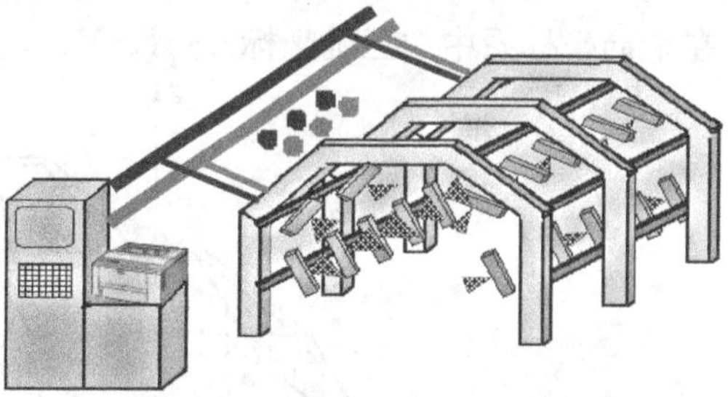

图 1-13 多传感器固定式视觉测量

多传感器固定式视觉测量系统的特点是：

1）测量精度高：在系统校准后，测量精度只和传感器（测头）的测量精度有关，理论上可以达到传感器的测量精度。

2）测量速度快：多传感器同时工作，可以获得很高的测量速度。

3）可维护性好，精度易于保证：检测站中没有任何运动部件，不存在机械磨耗，长期运行精度可以得到有效保证。

4）成本较高：随着测量点数量增多，传感器数量增加，系统成本会相应提高。

对于测量点较多，且空间（姿态）复杂的应用，可以考虑采用基于机器人的柔性测量方案。由一台机器人和一个传感器组成一个柔性测量部件，完整的测量系统可以包含多个测量部件，采用的传感器数量较少，并且借助机器人的灵活运动形式，可以满足复杂空间的测量要求，如图 1-14 所示。基于机器人柔性视觉测量的特点是：

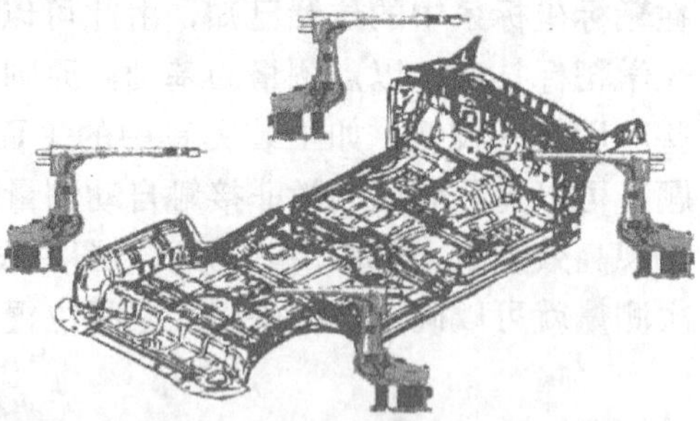

图 1-14　基于机器人柔性视觉测量

1）适用性好：借助机器人灵活的多自由度关节运动，测量传感器可以在测量空间内实现最佳的测量姿态，满足复杂空间内的测量要求。

2）柔性好：通过对机器人平台的编程控制，可以方便地改变测量空间内的传感器分布，快速地实现不同的测量任务。

3）测量精度适中：系统测量精度受到传感器（测头）精度和机器人运动精度两方面影响，低于多传感器固定式测量系统的精度。

4）有效成本控制：随着测量点数量的增加，系统的制造成本显著降低，但测量速度也受到一定影响。

1.3.7　移动视觉测量

工业现场测量中，还有一类静态测量问题，测量空间大，需要从多个方位（视角）测量，移动式多站视觉测量是较好的方法。所谓移动视觉测量是指使用单个手持相机（如数码相机），从不同的方位姿态拍摄被测物体，得到多幅测量图像，根据摄影测量理论中的共线性约束、共面性约束等约束条件，解算被测物点的空间三维坐标，其原理如图 1-15 所示。图中，Az、EI、Roll、(X^0，Y^0，Z^0）共 6 个自由度，表示了每张测量图像的方位信息，即图像所在测站坐标系与全局坐标系间的关系，其中 Az、EI、Roll 是 3 个角度信息，分别代表测站坐标系变换到全局坐标系时分别绕 X 轴、Y 轴、Z 轴旋转的角度，(X^0、Y^0、Z^0）表示测站坐标系原点在全局坐标系中的三维坐标。$(X，Y，Z)_J$ 表示物点 J 在全局坐标系中的空间三维坐标。

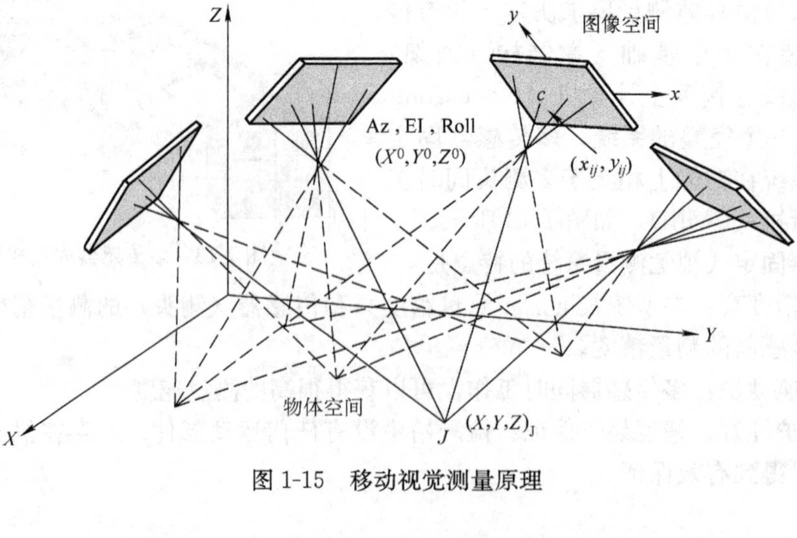

图 1-15　移动视觉测量原理

移动视觉测量最初主要用于三维场景及实体的重构，随着视觉测量原理、方法及硬件技术的发展，逐步应用于大空间三维坐标测量中。该方法采用单个相机模拟空间内不同位姿下的摄像机，使用灵活，硬件成本低，非常适合于静止状态下的工件测量，如大型工件、设备安装的现场测量等，典型应用如图 1-16 所示，图中大型天线形状以及大型机电设备（装置及构件）安装精度的测量，都是采用移动视觉测量技术实现的。

a) 天线视觉测量

b) 大型装置及构件测量

图 1-16 移动视觉坐标测量系统的应用

1.3.8 视觉测量自动化

视觉测量建立在光学成像、图像处理基础上，信息量大、非接触和高效率是其最主要的优势，测量自动化技术与算法在视觉测量的研究中占有重要地位，视觉测量的概略数据处理流程如图 1-17 所示。

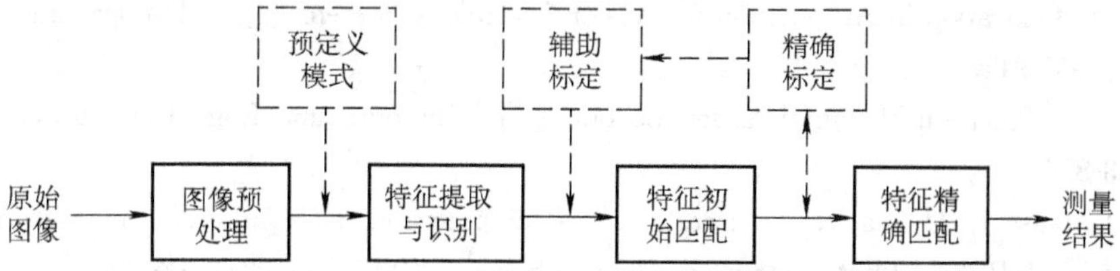

图 1-17 视觉测量的概略数据处理流程

视觉测量中的图像分析和处理是一个复杂的过程，要同时满足高可靠性和高精度两方面要求，有两条主要解决途径。其一，根据应用条件，对场景（图像）做出有效的约束，提供充分的先验知识，降低算法复杂性，提高可靠性。例如，结构光测量中使用的结构光，突出了测量特征，又如，视觉测量中采用的光学标记点技术，提供了足够的预定义特征信息。其二，借助共线性和共面性等几何约束条件，消除特征识别和匹配中的多义性，减小搜索空间，保证算法可靠。例如，在移动视觉测量中，每幅图像中均包含大量的特征点，有效地提取特征并建立不同场景图像中特征点之间的对应关系是图像分析的主要任务，可以借助外部定向技术，粗略地确定每个图像的位置和方位，由此建立不同场景图像之间的空间关系，再利用共面（极线）约束，完成所有特征点的精确分类和对应（匹配）。

优化问题和优化算法是视觉测量自动化的另一个重要方面。视觉测量中涉及的摄像机空间位姿确定（定向）、各个摄像机之间空间关系确定（标定）、特征点对应与匹配等都涉及非线性优化问题，随着对精度要求的提高和测量点的增加，优化问题的规模和难度明显增大。对视觉测量而言，建立合理的优化模型，研究有效的优化算法对提高测量精度，保证测量稳定性，增强应用方便性非常重要。

参考文献

[1] 国家基金委工材学部．机械与制造科学［M］．北京：科学出版社，2006.

[2] D. Marr. 视觉计算理论［M］．北京：科学出版社，1988.

[3] 郑南宁．计算机视觉与模式识别［M］．北京：国防工业出版社，1998.

[4] 叶声华，邾继贵．视觉测量技术及应用［J］．中国工程科学，1999，1（1）．

[5] Shortis M，Fraser C S. Current trends in close range optical 3D measurement for industrial and engineering applications［J］. Survey Review，1991，31（242）：188-200.

[6] Beyer H A. Digital Photogrammetry in Industrial Application［J］. IAPRS，1995，Vol. 30，Part 5W1：373-378.

[7] 邹定海，叶声华．用于在线测量的视觉检测系统［J］．仪器仪表学报，1995，16（4）．

[8] 邾继贵，杨学友，叶声华．车身三维尺寸视觉检测及其最新进展［J］．汽车工艺与材料，2002（3）：22-25.

[9] Pierre Trepagnier. Recent development in visual gaging［J］. Vision，85，1985.

[10] Tsai R Y. A Versatile Camera Calibration Technique for High-Accuracy 3D Machine Vision Metrology Using Off-the-Shelf TV Cameras and Lenses［J］. IEEE Journal of Robotics and Automation，1987，Vol. RA—3（4）：323-341.

[11] Fraser C S. Digital camera self-calibration［J］. ISPRS J. Photogramm. & Remote Sensing，1997，52：149-159.

[12] Fraser C S. Innovation in Automation for Vision Metrology System［J］. Photogramm. Record，1997，15（90）：901-911.

[13] Trinder J C. Precision of digital target location［J］. Photogramm. Eng. Remote Sensing，1989，55（6）：883-886.

[14] Trinder J，Jansa J，Huang Y. An assessment of the precision and accuracy of methods of digital target location［J］. ISPRS J. Photogramm. & Remote Sensing，1995，50（2）：12-20.

[15] J G Zhu，S H Ye，X Y Yang. On-Line Industrial 3D Measurement Techniques for Large Volume Objects［J］. KEY ENG MAT 2005，295—296：423-428.

[16] 邾继贵，王仲，周富强．IVECO 车身视觉检测系统现场溯源研究［J］．计量学报，2000，21（1）：28-33.

[17] 邾继贵，叶声华．基于近景数字摄影的坐标精密测量关键技术研究［J］．计量学报，2005，26（3）：207-211.

[18] 薛婷，邾继贵，吴斌．自由曲面数字化测量中粘性目标的设计与定位［J］．机械工程学报，2005. 41（1）：98-101.

[19] 邾继贵，王浩，任同群，吴斌，刘常杰．便携式激光扫描三维形貌测量系统［J］．机械工程学报，2005，41（2）：166-169.

第 2 章　视觉测量的数学基础

视觉测量建立在图像处理与分析基础上，通过对视觉成像系统所摄图像特征的提取，结合不同的几何约束和精度控制条件，解算并测量被测物体特征在三维空间中的几何参数信息。本质上，视觉测量可以理解为受约束条件下的三维空间到二维空间透视成像过程的逆过程，涉及三维空间刚体变换、透视成像、多约束优化等数学问题。

2.1　视觉测量坐标系

视觉成像过程本质上是三维空间到二维平面的变换过程，图像处理是在图像空间中进行的。为准确描述成像过程，方便计算机处理，需要建立多个参考坐标系，包括图像坐标系、摄像机坐标系、物体坐标系和世界坐标系。

2.1.1　视觉测量常用坐标系

视觉成像建立物体空间和图像空间之间的坐标转换关系，涉及的坐标系如图 2-1 所示。

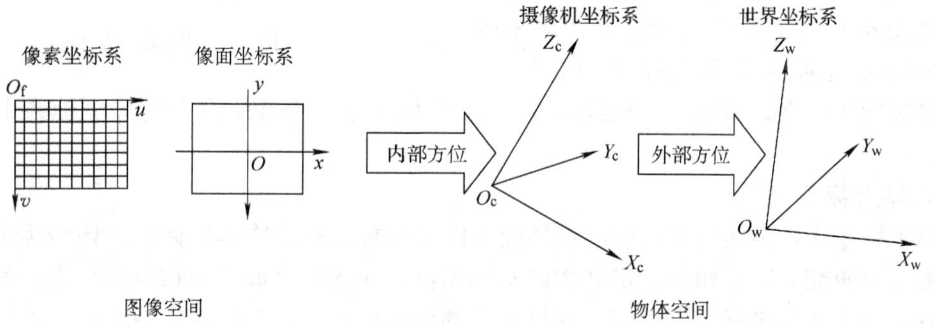

图 2-1　视觉成像坐标系

1. 图像坐标系

图像坐标系建立在图像平面上，通常分为像素坐标系和像面坐标系。如图 2-2 所示，在图像像素平面上建立直角坐标系 $O_f uv$，以图像左上角 O_f 点为坐标原点，像素为坐标单位，每一像素点坐标（u，v）表示该像素点在图像上的行数和列数，该直角坐标系被称为图像像素坐标系，像素坐标系定义了视觉测量图像传感器（CCD）的信号采集过程。

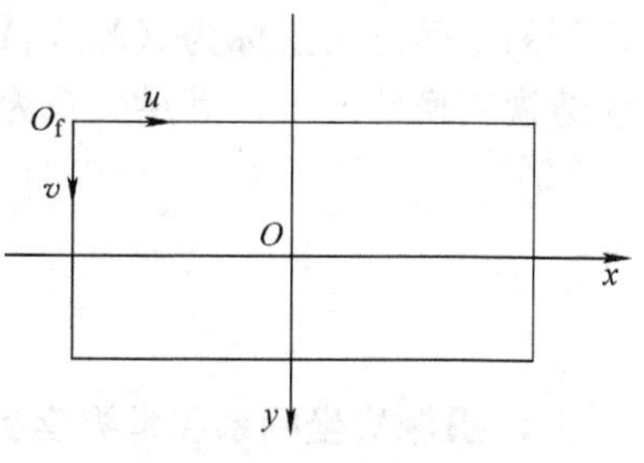

图 2-2　图像坐标系

为了建立物体空间三维坐标与图像空间二维坐标间的透视投影关系，需将图像像素坐标系转换为公制单位表示，由此产生了像面坐标系。在图 2-2 中，像面坐标系 Oxy 以图像的主点（光轴与像平面的交点）O 为原点，以公制长度单位（一般为 mm）为坐标单位，坐标系中的 x

轴、y 轴分别和图像像素坐标系的 u 轴、v 轴平行。

设 O 点在 $O_{\mathrm{f}}uv$ 坐标系中的坐标为（u_0，v_0），每一像素在 x 轴、y 轴上对应的物理尺寸为 $\mathrm{d}x$、$\mathrm{d}y$，则图像中任意一个像素点在两坐标系下的坐标关系如下：

$$\begin{cases} u=\dfrac{x}{\mathrm{d}x}+u_0 \\ v=\dfrac{y}{\mathrm{d}y}+v_0 \end{cases} \tag{2-1}$$

2. 摄像机坐标系

摄像机坐标系固定在摄像机实体上，以光心（透视中心）和图像传感器（CCD）为基础，通常以光心为原点，以图像传感器的两个轴向作为两个坐标轴方向。摄像机坐标系 $O_{\mathrm{c}}X_{\mathrm{c}}Y_{\mathrm{c}}Z_{\mathrm{c}}$ 的定义如图 2-3 所示，坐标系原点 O_{c} 为摄像机的光心，X_{c} 轴、Y_{c} 轴分别和图像坐标系的 x 轴、y 轴平行，Z_{c} 轴和摄像机的光轴重合，垂直于图像平面，取摄像方向为正向，$O_{\mathrm{c}}O$ 为摄像机的有效焦距。

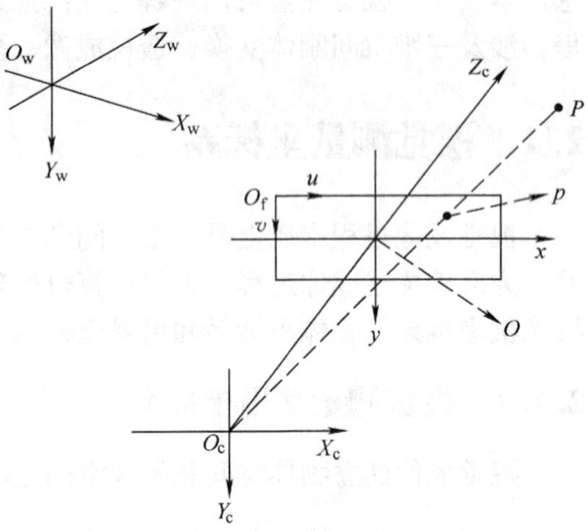

图 2-3 摄像机坐标系

3. 世界坐标系

世界坐标系是独立于摄像机坐标系之外，根据环境场景和对象条件自行定义，用来描述环境中物体位置的基准坐标系。在图 2-3 中，世界坐标系由 X_{w}、Y_{w}、Z_{w} 轴组成，空间点 P 的位置通常用其在世界坐标系中的坐标来描述。

4. 物体坐标系

世界坐标系中，为实物空间中的物体建立的子坐标系称为物体坐标系，该坐标系的建立准则通常与被研究的物体相关。定义物体坐标系可以表述单个或多个物体在世界坐标系中的相对关系。一个物体坐标系可以建立在另一个物体坐标系上，有时为方便描述，物体坐标系常和世界坐标系统一成一个坐标系。

2.1.2 常用坐标系之间的关系

1. 摄像机坐标系和图像坐标系之间的关系

图 2-3 中，设空间物点 P 在像面上像点 p 的图像物理坐标为（x_{p}，y_{p}），在摄像机坐标系下的空间三维坐标为（X_{cp}，Y_{cp}，Z_{cp}），c 为摄像机的有效焦距，在不考虑成像畸变的理想透视变换情况下，满足关系为

$$\begin{cases} \dfrac{x_{\mathrm{p}}}{c}=\dfrac{X_{\mathrm{cp}}}{Z_{\mathrm{cp}}} \\ \dfrac{y_{\mathrm{p}}}{c}=\dfrac{Y_{\mathrm{cp}}}{Z_{\mathrm{cp}}} \end{cases} \tag{2-2}$$

2. 摄像机坐标系和世界坐标系之间的关系

设空间物点 P 在世界坐标系和摄像机坐标系中的坐标分别是（X_{wp}，Y_{wp}，Z_{wp}）和

(X_{cp}, Y_{cp}, Z_{cp})，两坐标系间的关系可以用一个 3×3 阶旋转矩阵 $\boldsymbol{R}$ 和一个 3×1 阶平移矩阵 $\boldsymbol{T}$ 做如下描述：

$$\begin{pmatrix} X_{cp} \\ Y_{cp} \\ Z_{cp} \end{pmatrix} = \boldsymbol{R} \begin{pmatrix} X_{wp} \\ Y_{wp} \\ Z_{wp} \end{pmatrix} + \boldsymbol{T} \tag{2-3}$$

用齐次坐标与矩阵形式表达为

$$\begin{pmatrix} X_{cp} \\ Y_{cp} \\ Z_{cp} \\ 1 \end{pmatrix} = \begin{pmatrix} \boldsymbol{R} & \boldsymbol{T} \\ \boldsymbol{0}^{\mathrm{T}} & 1 \end{pmatrix} \begin{pmatrix} X_{wp} \\ Y_{wp} \\ Z_{wp} \\ 1 \end{pmatrix} \tag{2-4}$$

3. 图像坐标系和世界坐标系之间的关系

用齐次坐标和矩阵表示式(2-2) 的透视投影关系为

$$\rho \begin{pmatrix} x_p \\ y_p \\ 1 \end{pmatrix} = \begin{pmatrix} c & 0 & 0 & 0 \\ 0 & c & 0 & 0 \\ 0 & 0 & 1 & 0 \end{pmatrix} \begin{pmatrix} X_{cp} \\ Y_{cp} \\ Z_{cp} \\ 1 \end{pmatrix} \tag{2-5}$$

将式(2-1) 和式(2-4) 代入式(2-5)，得到 P 点的世界坐标与像素坐标的关系：

$$\begin{aligned} \rho \begin{pmatrix} u \\ v \\ 1 \end{pmatrix} &= \begin{pmatrix} \frac{1}{\mathrm{d}x} & 0 & u_0 \\ 0 & \frac{1}{\mathrm{d}y} & v_0 \\ 0 & 0 & 1 \end{pmatrix} \begin{pmatrix} c & 0 & 0 & 0 \\ 0 & c & 0 & 0 \\ 0 & 0 & 1 & 0 \end{pmatrix} \begin{pmatrix} \boldsymbol{R} & \boldsymbol{T} \\ \boldsymbol{0}^{T} & 1 \end{pmatrix} \begin{pmatrix} X_{wp} \\ Y_{wp} \\ Z_{wp} \\ 1 \end{pmatrix} \\ &= \begin{pmatrix} a_x & 0 & u_0 & 0 \\ 0 & a_y & v_0 & 0 \\ 0 & 0 & 1 & 0 \end{pmatrix} \begin{pmatrix} \boldsymbol{R} & \boldsymbol{T} \\ \boldsymbol{0}^{\mathrm{T}} & 1 \end{pmatrix} \begin{pmatrix} X_{wp} \\ Y_{wp} \\ Z_{wp} \\ 1 \end{pmatrix} = \boldsymbol{M}_1 \boldsymbol{M}_2 \begin{pmatrix} X_{wp} \\ Y_{wp} \\ Z_{wp} \\ 1 \end{pmatrix} = \boldsymbol{M} \begin{pmatrix} X_{wp} \\ Y_{wp} \\ Z_{wp} \\ 1 \end{pmatrix} \end{aligned} \tag{2-6}$$

式中，$a_x = c/\mathrm{d}x$，为 u 轴上的尺度因子，也称为 u 轴上的等效（归一化）焦距；$a_y = c/\mathrm{d}y$，为 v 轴上的尺度因子，也称为 v 轴上的等效（归一化）焦距；$\boldsymbol{M}$ 为 3×4 矩阵，称为投影矩阵；$\boldsymbol{M}_1$ 由摄像机内参数 a_x、a_y、u_0、v_0 决定，称为内参数矩阵，$\boldsymbol{M}_2$ 由摄像机相对于世界坐标系的外参数决定，称为外参数矩阵。

2.1.3　共线方程

在不考虑畸变的成像模型中，三维空间物点和像面成像点满足一定的几何约束关系：空间点 P、像点 p 和摄像机透视中心 O_c 在一条直线上，即空间目标点、透视中心（摄像机原点）和成像点在不考虑光路成像误差的基础上满足共线性约束准则，如图 2-4 所示。

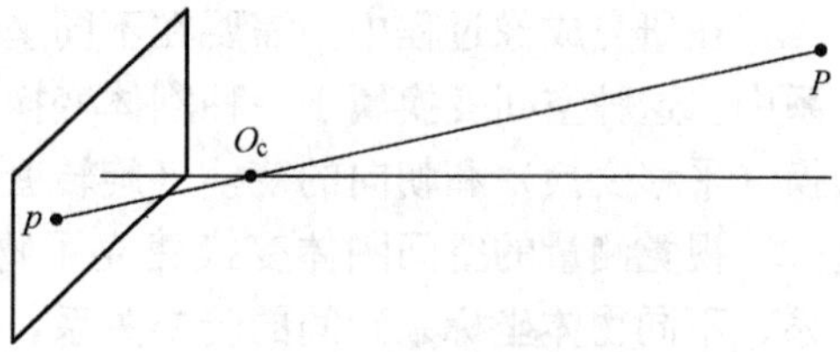

图 2-4　共线性约束

共线性条件用矢量表示为

$$\overrightarrow{pO_c}=\lambda\overrightarrow{O_cP} \tag{2-7}$$

式中，$\overrightarrow{pO_c}$为像点到摄像机投影中心的矢量；$\overrightarrow{O_cP}$为投影中心到空间点的矢量；λ为比例因子。

像点 p 到投影中心的矢量在摄像机坐标系中表示为

$$\boldsymbol{V}_c=\begin{pmatrix}0\\0\\0\end{pmatrix}-\begin{pmatrix}x_p\\y_p\\-c\end{pmatrix}=\begin{pmatrix}-x_p\\-y_p\\c\end{pmatrix} \tag{2-8}$$

式中，c 为摄像机的有效焦距。

投影中心到空间点的矢量在世界坐标系中表示为

$$\boldsymbol{V}_w=\begin{pmatrix}X_P\\Y_P\\Z_P\end{pmatrix}-\begin{pmatrix}X_0\\Y_0\\Z_0\end{pmatrix}=\begin{pmatrix}X_P-X_0\\Y_P-Y_0\\Z_P-Z_0\end{pmatrix} \tag{2-9}$$

式中，(X_P,Y_P,Z_P) 为空间点 P 在世界坐标系中的坐标；(X_0,Y_0,Z_0) 为摄像机坐标系原点在世界坐标系中的坐标。

将世界坐标系中的矢量转换到摄像机坐标系（设转换矩阵为 $\boldsymbol{M}_0$），并将式(2-7) 代入，得到共线性方程：

$$\boldsymbol{V}_c=\lambda\boldsymbol{M}_0\boldsymbol{V}_w \tag{2-10}$$

即

$$\begin{pmatrix}-x_p\\-y_p\\c\end{pmatrix}=\lambda\begin{pmatrix}m_{11}&m_{12}&m_{13}\\m_{21}&m_{22}&m_{23}\\m_{31}&m_{32}&m_{33}\end{pmatrix}\begin{pmatrix}X_P-X_0\\Y_P-Y_0\\Z_P-Z_0\end{pmatrix} \tag{2-11}$$

展开并消去比例因子，得

$$\begin{cases}x_p=-c\dfrac{m_{11}(X_P-X_0)+m_{12}(Y_P-Y_0)+m_{13}(Z_P-Z_0)}{m_{31}(X_P-X_0)+m_{32}(Y_P-Y_0)+m_{33}(Z_P-Z_0)}\\[2ex]y_p=-c\dfrac{m_{21}(X_P-X_0)+m_{22}(Y_P-Y_0)+m_{23}(Z_P-Z_0)}{m_{31}(X_P-X_0)+m_{32}(Y_P-Y_0)+m_{33}(Z_P-Z_0)}\end{cases} \tag{2-12}$$

共线性约束是视觉测量三大约束条件（共角性约束、共面性约束和共线性约束）之一。共线性方程以此为基础建立，描述的是空间目标点与成像点之间的约束关系，是实现摄像机内参数求解、移动视觉测量优化平差等算法的重要基础模型之一。

2.2 空间刚体变换

在研究成像过程中，需要在不同坐标系中观测物体，可以理解为将物体变换到不同坐标系中。这种空间变换属于一种刚体变换，可用平移变换和旋转变换来综合描述，即位置的变换（平移变换）和朝向的变换（旋转变换）。

视觉测量的空间刚体变换建立了物方空间内不同坐标系（如摄像机坐标系、世界坐标系、不同物体坐标系）间的转换关系，便于从不同视角描述物体在三维空间中的位姿参数。通过空间刚体变换所建立的坐标系相对位姿关系可描述为：首先旋转原始坐标系，使其方向和变换后的坐标系一致，然后把原始坐标系平移到变换后的坐标系上。整个过程可用旋转矩阵和平移矩阵来描述，旋转矩阵 $\boldsymbol{R}$ 定义如下：

$$\boldsymbol{R}=\begin{pmatrix} r_{11} & r_{12} & r_{13} \\ r_{21} & r_{22} & r_{23} \\ r_{31} & r_{32} & r_{33} \end{pmatrix}$$

旋转矩阵 $\boldsymbol{R}$ 中含有 9 个未知元素，为正交矩阵，根据正交矩阵的性质，存在 6 个独立约束：

$$\begin{cases} \sum_{j=1}^{3} r_{ij}^2 = 1,\ i = 1,2,3 \\ \sum_{k=1}^{3} r_{ik} r_{jk} = 0,\ i,j = 1,2,3,\ i \neq j \end{cases} \tag{2-13}$$

故旋转矩阵 $\boldsymbol{R}$ 仅有 3 个独立变量，可用 3 个独立参数来表示，即旋转矩阵的取向可用 3 个独立参数来决定。常用的旋转矩阵表示形式有以下几种：

1）采用 3 个欧拉角（进动角 ψ，章动角 θ，自转角 φ）来表示。

如图 2-5 所示，由定点 O 建立固定坐标系 $OXYZ$ 和固连于刚体的动坐标系 $OX'Y'Z'$。以轴 OZ 和 OZ' 为基本轴，其垂直面 OXY 和 $OX'Y'$ 为基本平面。由轴 OZ 量到 OZ' 的角 θ 称章动角。平面 ZOZ' 的垂线 ON 称节线，它又是基本平面 OXY 和 $OX'Y'$ 的交线。在右手坐标系中，由 ON 的正端看，角 θ 应按逆时针方向计量。由固定轴 OX 量到节线 ON 的角 ψ 称为进动角；由节线 ON 量到动轴 OX' 的角 φ 称为自转角。

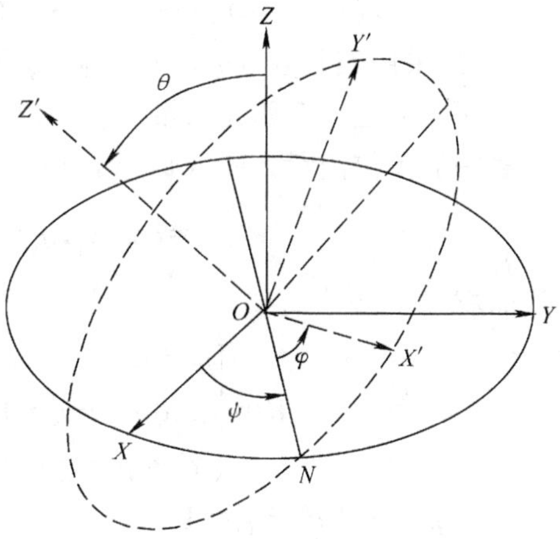

图 2-5　欧拉角表示法

欧拉角确定的旋转矩阵表示如下：

$$\boldsymbol{R}=\begin{pmatrix} \cos\varphi\cos\psi-\cos\theta\sin\varphi\sin\psi & \sin\psi\cos\varphi+\cos\theta\cos\psi\sin\varphi & \sin\theta\sin\varphi \\ -\cos\psi\sin\varphi-\cos\theta\sin\psi\cos\varphi & -\sin\varphi\sin\psi+\cos\theta\cos\varphi\cos\psi & \sin\theta\cos\varphi \\ \sin\theta\sin\psi & -\sin\theta\cos\psi & \cos\theta \end{pmatrix}$$

各个角变量变化范围为

$$0\leqslant\varphi\leqslant2\pi,0\leqslant\theta\leqslant\pi,0\leqslant\psi\leqslant2\pi$$

2）采用绕右手笛卡儿坐标系的 x、y、z 三个坐标轴旋转的旋转角 ω、φ、κ 来表示（见图 2-6）。

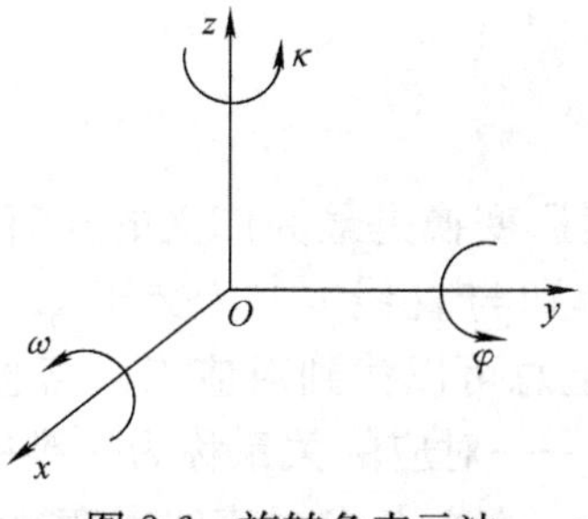

图 2-6　旋转角表示法

$$R=R_\omega R_\varphi R_\kappa=\begin{bmatrix}1&0&0\\0&\cos\omega&-\sin\omega\\0&\sin\omega&\cos\omega\end{bmatrix}\begin{bmatrix}\cos\varphi&0&\sin\varphi\\0&1&0\\-\sin\varphi&0&\cos\varphi\end{bmatrix}\begin{bmatrix}\cos\kappa&-\sin\kappa&0\\\sin\kappa&\cos\kappa&0\\0&0&1\end{bmatrix}$$

$$=\begin{bmatrix}\cos\varphi\cos\kappa&-\cos\varphi\sin\kappa&\sin\varphi\\\sin\omega\sin\varphi\cos\kappa+\cos\omega\sin\kappa&-\sin\omega\sin\varphi\sin\kappa+\cos\omega\cos\kappa&-\sin\omega\cos\varphi\\-\cos\omega\sin\varphi\cos\kappa+\sin\omega\sin\kappa&\cos\omega\sin\varphi\sin\kappa+\sin\omega\cos\kappa&\cos\omega\cos\varphi\end{bmatrix}$$

3）采用角—轴表示，即通过单一的旋转角 θ 和所围绕的单位向量方向（x，y，z）来表示。

$$R=\begin{bmatrix}\cos\theta+(1-\cos\theta)x^2&(1-\cos\theta)xy-(\sin\theta)z&(1-\cos\theta)xz+(\sin\theta)y\\(1-\cos\theta)xy+(\sin\theta)z&\cos\theta+(1-\cos\theta)y^2&(1-\cos\theta)yz-(\sin\theta)x\\(1-\cos\theta)xz-(\sin\theta)y&(1-\cos\theta)yz+(\sin\theta)x&\cos\theta+(1-\cos\theta)z^2\end{bmatrix}$$

4）采用四元数（q_0，q_1，q_2，q_3），$q_0>0$ 来表示。

四元数是一个四元矢量（q_0，q_1，q_2，q_3），用来描述坐标旋转十分方便。它与角一轴表示法中的单位向量方向（x，y，z）和旋转角 θ 之间的关系如下：

$$q_0=\cos\frac{\theta}{2},q_1=x\sin\frac{\theta}{2},q_2=y\sin\frac{\theta}{2},q_3=z\sin\frac{\theta}{2}$$

从而有

$$R=\begin{bmatrix}q_0^2+q_1^2-q_2^2-q_3^2&2(q_1q_2-q_0q_3)&2(q_1q_3+q_0q_2)\\2(q_1q_2+q_0q_3)&q_0^2-q_1^2+q_2^2-q_3^2&2(q_2q_3-q_0q_1)\\2(q_1q_3-q_0q_2)&2(q_2q_3+q_0q_1)&q_0^2-q_1^2-q_2^2+q_3^2\end{bmatrix}$$

式中，$q_0^2+q_1^2+q_2^2+q_3^2=1$。

2.3 仿射变换与透视变换

视觉测量获得的图像是空间中物体在像平面上的映射，实际上是三维空间到二维空间的几何变换。仿射变换和透视变换是研究几何变换的重要工具，描述的是空间几何元素从一种状态转换到另外一种状态的规律和特点，其不变量和不变性质在视觉测量中具有重要作用。

仿射变换存在于视觉成像坐标系之间的变换中，由于仿射变换与摄像机的位姿无关，常利用仿射变换的不变性质来解算相应的几何信息。透视变换属于计算机视觉的基本变换，其利用透视中心、像点、目标点三点共线的条件，对图像空间到物体空间进行透视性质的坐标变换。

2.3.1 仿射变换

仿射变换源于射影变换，射影变换是最为广义的几何变换。一维射影变换如图 2-7 所示，交于中心点 O 的直线束分别与直线 a_1、l 交于 A、B、C、D、…和 A'、B'、C'、D'、…。对于 a_1 上的点，在 l 上总可以找到对应点。若直线束正好与 l 平行，则交点为 l 上的无穷点。a_1 和 l 之间的这种一一对应的关系称为一维中心射影。同样，l 上的点列 A'、B'、C'、D'、…又可通过交于另一中心点 O' 的直线束变换为直线 a_2 上的点列 A''、B''、C''、

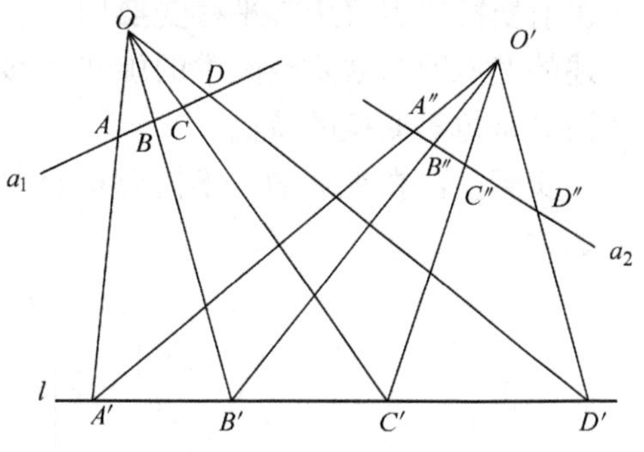

图 2-7　一维射影变换

D''、…，以上两个中心射影的复合所定义的 a_1 和 a_2 间一一对应的变换关系称为一维射影变换。同样可以定义三维空间中两个平面间的二维射影变换。

仿射变换是射影变换的特殊形式，当射影变换中的直线束为相互平行的直线时，变换称为仿射变换。如图 2-8 所示，设同一平面内的 n 条直线 a_1、a_2、…、a_n，l 是此平面上与 a_1、a_2 均不平行的另一直线，通过 a_1 上的任意点 A_1、B_1、C_1、…分别做与 l 平行的直线，交 a_2 于 A_2、B_2、C_2、…，得到 a_1 与 a_2 上点之间的一一对应，称为从 a_1 到 a_2 的仿射对应。设 $\boldsymbol{K}_1$、…、$\boldsymbol{K}_{n-1}$ 分别是 a_1 到 a_2、a_2 到 a_3、…、a_{n-1} 到 a_n 的仿射对应，这些对应的复合，建立起 a_1 上的点到 a_n 上的点之间的一一对应关系，即直线 a_1 到直线 a_n 的仿射对应，用 $\boldsymbol{K}$ 表示为

$$\boldsymbol{K}=\boldsymbol{K}_{n-1}\boldsymbol{K}_{n-2}\cdots\boldsymbol{K}_2\boldsymbol{K}_1: a_1\rightarrow a_n \tag{2-14}$$

特别地，当 a_1 和 a_n 重合时，则直线 a_1 到直线 a_n 的仿射对应称为直线 a_1 到自身的仿射变换。

类似地，可以得到空间两平面之间的仿射对应，如图 2-9 所示，设 π 与 π' 是两个平面，m 是 π 与 π' 的交线，直线 l 不与 π 和 π' 平行，过 π 上的任意点做与 l 平行的直线，交 π' 形成另一个对应点，得到从 π 到 π' 的一一对应关系，即平面 π 到平面 π' 的仿射对应。

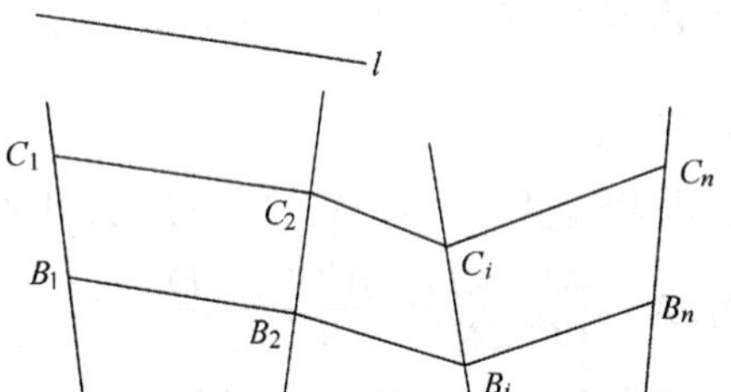

图 2-8　平面内的仿射变换

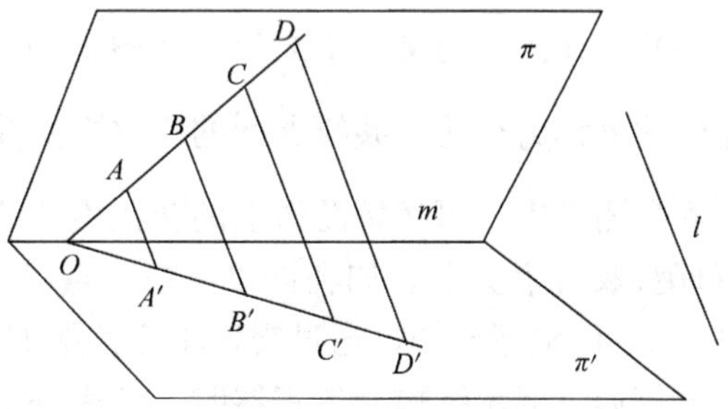

图 2-9　空间内的仿射对应

同样地，设同一空间的 n 个平面 π_1、π_2、…、π_n，$\boldsymbol{K}_1$、…、$\boldsymbol{K}_{n-1}$ 分别是 π_1 与 π_2、π_2 与 π_3、…、π_{n-1} 与 π_n 之间的仿射对应，这些对应的复合，就建立了 π_1 上的点到 π_n 上的点的一一对应关系，即平面 π_1 到平面 π_n 的仿射对应，用 K 表示为

$$\boldsymbol{K}=\boldsymbol{K}_{n-1}\boldsymbol{K}_{n-2}\cdots\boldsymbol{K}_2\boldsymbol{K}_1: \pi_1\rightarrow \pi_n \tag{2-15}$$

特别地，如果 π_1 与 π_n 之间重合时，则平面 π_1 到平面 π_n 的仿射对应称为平面 π_1 到自身的仿射变换。

仿射变换可以用空间点的非齐次坐标定义如下：

$$\boldsymbol{y}_2=\boldsymbol{M}\boldsymbol{y}_1+\boldsymbol{T} \tag{2-16}$$

式中，$\boldsymbol{y}_1$、$\boldsymbol{y}_2$ 为 n 维向量，分别为变换前后点的非齐次坐标；$\boldsymbol{M}$ 为 $n\times n$ 满秩矩阵。可以看

出仿射变换代表着旋转平移变换加上非各向同性缩放。若 $\boldsymbol{M}$ 为单位正交矩阵时，式（2-16）描述的变换即为欧式空间中的旋转平移变换。由此可知，仿射变换是射影变换的特例，刚体变换又是仿射变换的特例。

实际上，在视觉的三维仿射空间中，对于任意建立的世界坐标系，仿射变换用齐次坐标表达为

$$\begin{pmatrix} X \\ Y \\ Z \\ 1 \end{pmatrix} = \boldsymbol{Q} \begin{pmatrix} x \\ y \\ z \\ 1 \end{pmatrix} = \begin{pmatrix} a_{11} & a_{12} & a_{13} & b_1 \\ a_{21} & a_{22} & a_{23} & b_2 \\ a_{31} & a_{32} & a_{33} & b_3 \\ 0 & 0 & 0 & 1 \end{pmatrix} \begin{pmatrix} x \\ y \\ z \\ 1 \end{pmatrix} \tag{2-17}$$

它是三维空间内由点（$x \quad y \quad z \quad 1$）到（$X \quad Y \quad Z \quad 1$）的一个变换。其中，变换矩阵 $\boldsymbol{Q}$ 是一个 4×4 的矩阵，称为三维仿射变换矩阵，它有 12 个自由度，一般用它来讨论三维图形的各种变换。

对于仿射变换，具有以下性质：

（1）同素性　同素性是指在同一对应下，几何元素保持同一个类不改变的性质，即点对应点、直线对应直线。

（2）结合性　结合性是指在同一对应下，不同几何元素的结合关系保持同一个类不改变的性质，即点在直线上，其对应点在对应直线上。

（3）直线的平行性　直线的平行性是指在同一对应下，两平行直线保持平行特性不改变的性质。

（4）共线三点的简比不变性　在图 2-9 中，平面 π 内共线的 3 个点 A、B、C 与平面 π' 内共线的 3 个点 A'、B'、C' 有如下简比不变关系：$\frac{AC}{BC}=\frac{A'C'}{B'C'}$。

（5）共线点列的交比不变性　在图 2-9 中，平面 π 内共线的 4 个点 A、B、C、D 中两个简比的比值称为交比，共线点列的交比不变性可以表示为：$\frac{AC}{BC}/\frac{AD}{BD}=\frac{A'C'}{B'C'}/\frac{A'D'}{B'D'}$。

视觉测量中，摄像机图像上的交比不变性与摄像机的位姿无关，因此可以利用交比不变性原理获取约束关系。如在图 2-9 中，点 A'、B'、C'、D' 的坐标可以通过图像处理获取，点 A、B、C 坐标已知，通过交比不变性能够获得点 D 的坐标，进而解算其他参数。

又例如，标定结构光传感器时，利用一个至少含有 3 个共线点（点的空间坐标已知）的靶标，将结构光平面投射到靶标平面，与靶标上共线点所在直线相交，利用交比不变性可获取光平面上的另一个交点坐标，进而标定出传感器的结构参数。

另外，仿射变换也应用于视觉成像坐标系之间的变换中，以双摄像机交会测量模型为例，两幅图像中的同名点（三维空间中同一个点对应的不同图像上的像点）表示的是对同一平面场景的不同图像之间的仿射变换，包括平移、旋转和缩放。

2.3.2　透视变换

透视变换是中心投影的射影变换，其不同点列所有对应点的连线都交会于一点，称为透视中心。视觉测量中，透视变换反映了三维空间到二维像面空间的对应关系。例如，式(2-6）中的矩阵 $\boldsymbol{M}$ 描述了三维空间点到二维图像点的透视变换关系，称为透视变换矩阵。

式(2-17) 定义了三维仿射变换的表达式，对于 4×4 的矩阵 $\boldsymbol{Q}$，常用的透视变换矩阵为 $\boldsymbol{Q}=\begin{pmatrix}1&0&0&p\\0&1&0&q\\0&0&1&r\\0&0&0&1\end{pmatrix}$，最后一列的前 3 个参数控制的是三维图形的透视变换，称为透视参数。对空间任意点的透视变换为

$$\rho(x\quad y\quad z\quad 1)\begin{pmatrix}1&0&0&p\\0&1&0&q\\0&0&1&r\\0&0&0&1\end{pmatrix}=\rho(x\quad y\quad z\quad px+qy+rz+1)=(X\quad Y\quad Z\quad 1) \tag{2-18}$$

可得

$$\begin{cases}X=x/(px+qy+rz+1)\\Y=y/(px+qy+rz+1)\\Z=z/(px+qy+rz+1)\end{cases}$$

由于分母 $px+qy+rz+1$ 是一个变量，经透视变换后图形产生了变形。根据 p、q、r 的取值不同，透视变换的分类如下：当 p、q、r 有一项不为零，其他两项为零时，定义为平行透视，也称一点透视，即存在一个灭点；当 p、q、r 有两项值不为零，一项值为零时，定义为成角透视，也称二点透视，即存在两个灭点；当 p、q、r 均不为零时，定义为倾斜透视，也称三点透视，即存在 3 个灭点。

若是平行透视，只有一个灭点，通常在对象中间的后方，可以延长物体左右纵深的两条有会聚趋势的线，向后方会聚于一点。如图 2-10a 所示，物体上下两条边界与视平线平行时，它的消失点只有一个，正好与心点在同一个位置。平行透视能产生纵深感。

由式(2-18)，设 $p=0$、$q=0$、$r\neq0$，当 $z=0$ 时，$X=x$，$Y=y$，表示 $z=0$ 平面在透视变换中是个不动平面；当 $z\to\infty$时，则 $Z\to\frac{1}{r}$，表示平行于 z 轴的直线经变换后交会于 Z 轴上的一点$\left(0,\ 0,\ \frac{1}{r}\right)$，无限远点对应于有限远点；当 $z\to-\frac{1}{r}$时，$Z\to\infty$，表示有限远点$\left(0,\ 0,\ -\frac{1}{r}\right)$经变换后对应无限远点，原来交于轴上的一点$\left(0,\ 0,\ -\frac{1}{r}\right)$的直线变换后平行于 Z 轴。

若是成角透视，有两个灭点，一般在对象两侧的后方。如图 2-10b 所示，当一个物体斜放在面前，它的上下两条边界就产生了透视变化，其延长线分别消失在视平线上的两个点。成角透视是最符合视觉习惯的透视，富有立体感。

由式(2-18)，设 $r\neq0$，$p\neq0$，x 轴上也有无限远点对应变换后有限远点，平行于 z 轴的直线交于 Z 轴上的一点$\left(0,\ 0,\ \frac{1}{r}\right)$，而平行于 x 轴的直线则交于 X 轴上的一点$\left(\frac{1}{p},\ 0,\ 0\right)$。

若是倾斜透视，在基于成角透视现象中，物体上下方向的各边界与视心线不垂直时，物体各边延长线分别消失于 3 个点，如图 2-10c 所示。变换将无限远处的点 $x=\infty$，$y=\infty$，

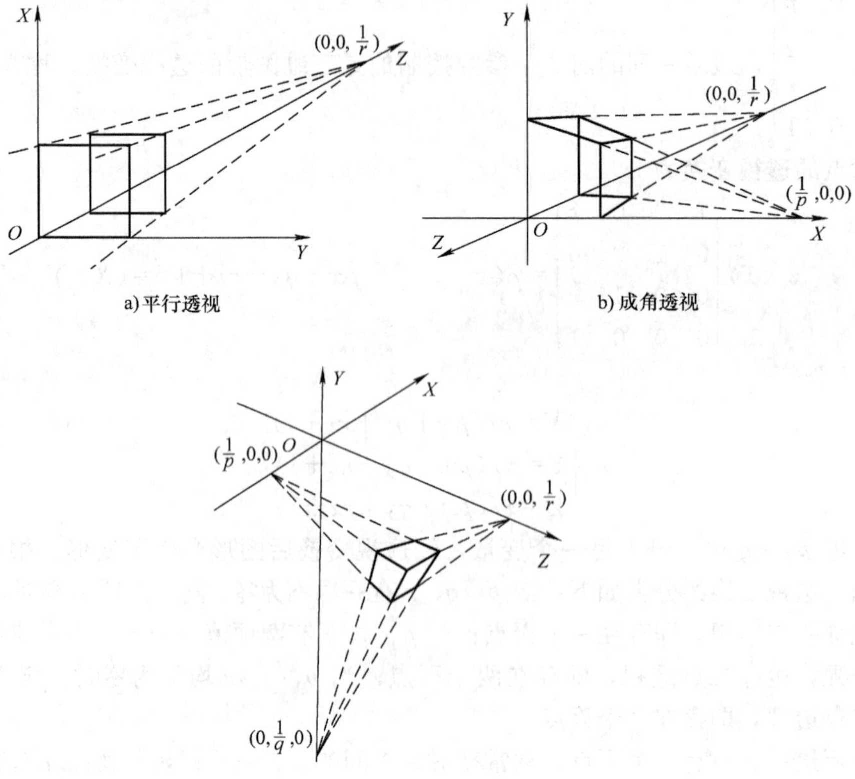

图 2-10　各种透视变换

$z=\infty$分别映射成 $X=1/p$，$Y=1/q$ 和 $Z=1/r$。这时，平行于三坐标轴的直线经变换后分别交会于 X、Y、Z 轴上的一固定点。

视觉测量中，小孔成像属于透视变换，如图 2-11 所示，透视中心为摄像机的光心 O_c，空间中的平行直线 l_1、l_2 通过透视中心在像面中成像为不平行的直线 l_1'、l_2'，两者交于一点 m，这一交点称为该组平行线的灭点。灭点坐标与形成灭点的平行直线方向向量、相机内外部参数矩阵有关，可以利用灭点理论进行摄像机的标定，或者用于其他有关摄像机姿态确定、场景空间结构等方面的分析。

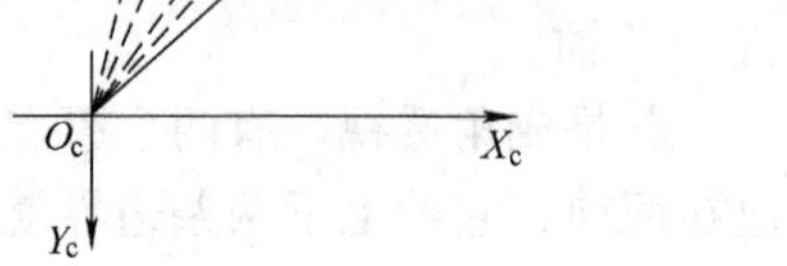

图 2-11　灭点的形成

2.4　非线性优化

优化问题是分析与解决复杂工程问题的有效手段和主要工具。视觉测量中，精度问题是关注的关键问题之一，常常通过引入高阶非线性补偿因子、增加观测量、补充约束条件等方法提高测量精度，由此也产生大量的非线性优化问题，非线性优化技术是视觉测量分析的基本工具，合理地使用优化技术与算法对于视觉测量具有重要意义。

2.4.1　非线性优化的定义

优化是指在有限维实空间上确定某个目标函数的最优值，一般以最小值作为目标函数的最优值，目标函数的自变量可能受限制于有限个等式或不等式约束，优化可以分为线性优化和非线性优化两类。

优化问题的数学模型可以表示如下：

$$\begin{cases}\min f(x_1,x_2,\cdots,x_n) \\ g_i(x_1,x_2,\cdots,x_n)\geqslant 0, \quad i=1,2,\cdots,p \\ h_j(x_1,x_2,\cdots,x_n)=0, \quad j=1,2,\cdots,q\end{cases} \tag{2-19}$$

式中，$f(x_1, x_2, \cdots, x_n)$ 为目标函数，求的是极值；$g_i(x_1, x_2, \cdots, x_n)$，$h_j(x_1, x_2, \cdots, x_n)$ 为约束函数，其中，$h_j(x_1, x_2, \cdots, x_n)=0$ 是等式约束，$g_i(x_1, x_2, \cdots, x_n)\geqslant 0$ 是不等式约束，线性优化中，它们都是线性函数。

若目标函数或约束函数中包含非线性函数，即 $f(x_1, x_2, \cdots, x_n)$ 或 $g_i(x_1, x_2, \cdots, x_n)$、$h_j(x_1, x_2, \cdots, x_n)$ 中至少含有一个非线性函数，称为非线性优化问题。一般说来，求解非线性优化问题比线性优化问题困难得多，且没有通用方法，每种方法都有各自的适用范围。

若线性优化的最优解存在，只能在其变量可行域（满足约束条件的集合）的边界上达到；非线性优化的最优解（设最优解存在）可能在其变量可行域的任意一点达到。

2.4.2　一维搜索方法

一维搜索方法是指求解一维目标函数最优值的数值迭代方法，是非线性优化方法中最基本的方法，很多多维优化问题的迭代解法都可归结为一维搜索方法来处理。

很多实际的非线性优化问题无法运用极值条件解析求解，通常采用数值计算的迭代方法。迭代是指在函数可行域内，从一个选定的初始点 $\boldsymbol{x}^1\in R^n$ 出发，按照选定的迭代规则计算产生一个点列 $\{\boldsymbol{x}^k\}$，当 $\{\boldsymbol{x}^k\}$ 是有穷点列时，最后一个点是最优解；当 $\{\boldsymbol{x}^k\}$ 是无穷点列时，若其存在极限点，极限点是最优解。

设 $\boldsymbol{x}^k\in\boldsymbol{R}^n$ 是采取特定迭代方法的第 k 轮迭代点，$\boldsymbol{x}^{k+1}\in\boldsymbol{R}^n$ 是第 $k+1$ 轮迭代点，非线性优化模型基本迭代格式如下：

$$\boldsymbol{x}^{k+1}=\boldsymbol{x}^k+t_k\boldsymbol{p}^k \tag{2-20}$$

式中，$\boldsymbol{p}^k$ 为由点 $\boldsymbol{x}^k$ 到点 $\boldsymbol{x}^{k+1}$ 的第 k 轮搜索方向；参数 t_k 为沿 $\boldsymbol{p}^k$ 方向的步长，$t_k\in\boldsymbol{R}^1$，$\boldsymbol{p}^k\in\boldsymbol{R}^n$，$\|\boldsymbol{p}^k\|=1$。构造 $\boldsymbol{p}^k$ 的一般原则是，从 $\boldsymbol{x}^k$ 出发，沿着搜索方向 $\boldsymbol{p}^k$ 能找到适当的步长 t^k，使目标函数值有某种意义的下降；然后按基本迭代格式式(2-20) 求出下一个迭代点 $\boldsymbol{x}^{k+1}$，作为起始点继续搜索下降，直至满足某种终止条件，停止迭代。

可以看出，求解非线性优化问题的迭代算法一般要按算法规则构造出搜索方向 $\boldsymbol{p}^k$ 和步长 t_k，在初始迭代点和搜索方向确定以后，求解多维优化问题的极小值变成求解一个最优步长 t_k 最优值的一维问题，故称为一维搜索。一维搜索是最简单的最优化问题，实现算法的好坏，对整个非线性优化方法的可靠性、有效性和收敛速度都有影响。

求解一维搜索的方法很多，例如“成功-失败”法、黄金分割法（0.618 法）、插值法、斐波那契法（Fibonacci 法）等。

（1）“成功-失败”法　成功-失败”法是简单的试探法，在迭代过程中，每次从一个点迭代到下一个点时，都使目标函数值减小，只有在搜索成功时才转到下一个点。随着迭代过程的深入，极限必趋向目标函数极小值。

（2）黄金分割法（0.618 法）　黄金分割法适用于在某一区间内存在唯一极小值的函数（单谷函数）。首先确定包含极值点的初始搜索区间，然后按照黄金分割点分割搜索区间，并比较区间内的函数值，不断缩小搜索区间且不丢失最优解，如此迭代下去，使函数值逐渐趋向最优解。当区间长度小于所需精度范围时，认为区间中点为极小值的近似值。

（3）插值法　插值法是指当函数在区间上连续时，用简单的低次多项式（一般不超过 3 次）拟合原函数，以多项式的最优解作为原目标函数的最优解。例如采用二次多项式进行拟合时，目标函数的最优解可以通过原函数上满足“高-低-高”条件的 3 个点唯一确定。

2.4.3　无约束非线性优化方法

若式(2-19) 不存在约束函数，且目标函数又是非线性的，优化问题转化为无约束非线性优化问题，求解方法一般可以分为两大类：一是直接搜索法，在计算过程中只需计算目标函数值，不需要计算目标函数的导数，如坐标轮换法、Powell 方法、模式搜索法、单纯形法等；二是解析法，在计算过程中需要计算目标函数的导数，然后根据梯度及海塞矩阵提供的信息，构造各种算法，间接地求出目标函数的最优解，如最速下降法、牛顿法、共轭梯度法、变尺度法及 Levenberg-Marquardt 法等。

1. 直接搜索法

直接搜索法收敛速度比解析法慢，但它比较直观且易于理解，适用于目标函数不可导或导函数解析式难以表示的情况，在实际应用中常被采用。下面以 Powell 法为例。

Powell 法又称为方向加速法，是直接搜索法中最有效的算法，主要由基本搜索、构造方向和方向调整三部分组成，算法具体步骤如下：

1）选取初始数据：选取初始点 $\boldsymbol{x}^0$，n 个线性无关初始方向，组成初始搜索方向组 $\{\boldsymbol{p}^0, \boldsymbol{p}^1, \cdots, \boldsymbol{p}^{n-1}\}$。给定终止误差 $\varepsilon>0$，置 $k=0$。

2）基本搜索：令 $\boldsymbol{y}^0=\boldsymbol{x}^k$，依次沿 $\{\boldsymbol{p}^0, \boldsymbol{p}^1, \cdots, \boldsymbol{p}^{n-1}\}$ 中的方向进行一维搜索，求得该方向近似最佳因子 t。由式

$$\begin{cases} \boldsymbol{y}^j=\boldsymbol{y}^{j-1}+t_{j-1}\boldsymbol{p}^{j-1} \\ f(\boldsymbol{y}^{j-1}+t_{j-1}\boldsymbol{p}^{j-1})=\min\limits_{t\geqslant 0} f(\boldsymbol{y}^{j-1}+t_{j-1}\boldsymbol{p}^{j-1}),j=1,\cdots,n \end{cases} \tag{2-21}$$

得到辅助迭代点 $\boldsymbol{y}^1$，$\boldsymbol{y}^2$，…，$\boldsymbol{y}^n$。

3）构造加速方向：$\boldsymbol{p}^n=\boldsymbol{y}^n-\boldsymbol{y}^0$，若 $\|\boldsymbol{p}^n\|\leqslant\varepsilon$，迭代终止，输出 $\boldsymbol{x}^{k+1}=\boldsymbol{y}^n$；否则，从点 y^n 出发沿 $\boldsymbol{p}^n$ 进行一维搜索，求出 t_n，使得

$$f(\boldsymbol{y}^n+t_n\boldsymbol{p}^n)=\min_{t\geqslant 0} f(\boldsymbol{y}^n+t_n\boldsymbol{p}^n) \quad n=1,2,\cdots,n \tag{2-22}$$

记 $\boldsymbol{x}^{k+1}=\boldsymbol{y}^n+t_n\boldsymbol{p}^n$，转到 4）。

4）调整搜索方向：在原来 n 个方向 $\boldsymbol{p}^0$、$\boldsymbol{p}^1$、…、$\boldsymbol{p}^{n-1}$ 中，除去 $\boldsymbol{p}^0$，添加 $\boldsymbol{p}^n$，构造新的搜索方向，令 $k=k+1$，转到 2）。

2. 解析法

解析法适用于目标函数 $f(x)$ 具有一阶连续偏微商（或二阶连续偏微商），即目标函数在最优点附近的解析性质已知的情况。无约束极值问题中常用的解析法有两种：一是最速下降法，基于负梯度方向具有最速下降的性质建立，要求函数 $f(x)$ 具有一阶连续偏微商；二是牛顿法，以二次严格凸函数为基础，要求函数 $f(x)$ 具有二阶连续偏微商。

(1) 最速下降法（梯度法） 对于优化的基本迭代格式，为使目标函数 f 下降得最快，必须选定合适的下降方向 $\boldsymbol{p}^k$。在微积分中，初始点 $\boldsymbol{x}^k$ 的负梯度方向是使 f 下降最快的方向，即 $\boldsymbol{p}^k=-\nabla f(\boldsymbol{x}^k)$，称为 f 在点 $\boldsymbol{x}^k$ 处的最速下降方向。最速下降法是每一轮从点 $\boldsymbol{x}^k$ 出发沿最速下降方向 $\boldsymbol{p}^k=-\nabla f(\boldsymbol{x}^k)$ 作一维搜索，直至满足停止条件（$\nabla f(\boldsymbol{x}^k)=0$ 或 $\|\nabla f(\boldsymbol{x}^k)\|\leqslant\varepsilon$），建立求解无约束极值问题的方法。

(2) 牛顿法 首先假定目标函数 f 二阶可微，以其二阶偏导数为元素构成下述 $n\times n$ 矩阵，称为 Hesse（海塞）矩阵，记为$\nabla^2 f(x)$。

$$\nabla^2 f(x)=\begin{bmatrix}\dfrac{\partial^2 f(x)}{\partial x_1^2} & \cdots & \dfrac{\partial^2 f(x)}{\partial x_1\partial x_n}\\ \vdots & \cdots & \vdots\\ \dfrac{\partial^2 f(x)}{\partial x_n\partial x_1} & \cdots & \dfrac{\partial^2 f(x)}{\partial x_n^2}\end{bmatrix} \tag{2-23}$$

设目标函数 f 在点 $\boldsymbol{x}^k$ 处的二次逼近式为

$$f(\boldsymbol{x})\approx P(\boldsymbol{x})=f(\boldsymbol{x}^k)+\nabla f(\boldsymbol{x}^k)^{\mathrm{T}}(\boldsymbol{x}-\boldsymbol{x}^k)+\frac{1}{2}(\boldsymbol{x}-\boldsymbol{x}^k)^{\mathrm{T}}\nabla^2 f(\boldsymbol{x}^k)(\boldsymbol{x}-\boldsymbol{x}^k) \tag{2-24}$$

若海塞矩阵$\nabla^2 f(\boldsymbol{x}^k)$ 正定，函数 P 的稳定点 $\boldsymbol{x}^{k+1}$是 $P(\boldsymbol{x})$ 的最小点。令

$$\nabla P(\boldsymbol{x}^{k+1})=\nabla f(\boldsymbol{x}^k)+\nabla^2 f(\boldsymbol{x}^k)(\boldsymbol{x}^{k+1}-\boldsymbol{x}^k)=0 \tag{2-25}$$

可解得函数 P 的最小点

$$\boldsymbol{x}^{k+1}=\boldsymbol{x}^k-[\nabla^2 f(\boldsymbol{x}^k)]^{-1}\nabla f(\boldsymbol{x}^k) \tag{2-26}$$

按照优化的基本迭代格式，取步长 $t_k=1$，从点 $\boldsymbol{x}^k$ 出发的搜索方向为

$$\boldsymbol{p}^k=-[\nabla^2 f(\boldsymbol{x}^k)]^{-1}\nabla f(\boldsymbol{x}^k) \tag{2-27}$$

定义此方向 $\boldsymbol{p}^k$ 为从点 $\boldsymbol{x}^k$ 出发的 Newton 方向，可得 $P(\boldsymbol{x})$ 的最小点 $\boldsymbol{x}^{k+1}$。牛顿法是从初始点开始，每一轮以步长为 1 沿 Newton 方向进行迭代的方法。牛顿法的优点是收敛速度快，比较适用于二维函数。但当维数较高时，计算搜索方向的工作量很大，通过有限轮迭代并不能保证求得最优解。

另外，还有一类方法被称为变尺度方法，它是介于最速下降法和牛顿法之间，既不像最速下降法那样，在最优解附近往往会收敛缓慢；也不像牛顿法那样，虽然有较好的收敛速度，但需要函数的二阶偏导数，并计算海赛矩阵的逆矩阵。

(3) Levenberg-Marquardt 算法 Levenberg-Marquardt（列文伯格-马夸尔特）算法是介于梯度法和牛顿法之间的一种非线性优化算法，是最有效的非线性算法之一，在计算机视觉领域得到广泛的应用。它吸收了梯度法和牛顿法的优点，能有效地处理冗余参数问题，使得函数陷入局部极值的几率大大减小。

Levenberg-Marquardt 算法的迭代式如下：

$$\boldsymbol{x}^{k+1}=\boldsymbol{x}^k-(\boldsymbol{J}^{\mathrm{T}}\boldsymbol{J}+\mu\boldsymbol{I})^{-1}\boldsymbol{J}^{\mathrm{T}}e \tag{2-28}$$

式中，$\boldsymbol{J}$ 为 Jacobi（雅克比）矩阵，以一阶偏导数为元素所构成；$\mu>0$ 为常数；$\boldsymbol{I}$ 为单位矩阵。

可以看出，当 μ 增大时，L-M 法类似于梯度法，步长约等于梯度下降法的步长；当 μ 减小时，L-M 法类似于牛顿法，其步长等于牛顿法步长。L-M 法每次迭代对 μ 均进行自适应调整，一方面，采用二阶导数使下降速度比梯度法快得多；另一方面，由于 $(\boldsymbol{J}^{\mathrm{T}}\boldsymbol{J}+\mu\boldsymbol{I})$ 正定，式(2-28) 的解总是存在，算法稳定性方面优于牛顿法。初值的选定、μ 值的判定以及雅克比矩阵的计算问题是 L-M 法解算过程中应该注意的关键问题。

2.4.4 约束非线性优化方法

含有约束条件的非线性优化问题也称为约束极值问题，是实际中经常遇到的问题。求解有约束条件的问题比无约束问题困难得多，可以采用将有约束问题转化为无约束问题或将非线性问题转化为线性问题的方法。罚函数法就是一类典型方法。

罚函数法求解约束非线性优化问题的思想是，利用约束函数构造适当的罚函数，建立带参数的增广目标函数，把约束非线性问题优化转化为无约束非线性优化问题。罚函数法也称为序列无约束最小化技术，简记为 SUMT（Sequential Unconstrained Minimization Technique)，罚函数法主要有两种形式，一是外点罚函数法（外点法），二是内点罚函数法（内点法)，下面着重介绍外点罚函数法。

外点罚函数法能够解决只含有等式约束、只含有不等式约束或同时含有等式和不等式约束的优化问题。

考虑如下问题：

$$\min f(x)$$
$$\text{s.t.}\begin{cases} g_i(x)\leqslant 0,\ i=1,\cdots,r, \\ h_i(x)\geqslant 0,\ i=1,\cdots,s, \\ k_i(x)=0,\ i=1,\cdots,t. \end{cases}$$

取一个充分大的数 $M>0$ ，构造函数

$$P(x,M)=f(x)+M\sum_{i=1}^{r}\max(g_i(x),0)+M\sum_{i=1}^{s}\min(h_i(x),0)+M\sum_{i=1}^{t}|k_i(x)| \tag{2-29}$$

以增广目标函数 $P(x,M)$ 为目标函数的无约束极值问题的最优解 x 也是原优化问题的最优解。

视觉测量中，非线性优化方法是一种基本数学工具。下面以双摄像机交会测量系统中摄像机间空间位置姿态关系的标定过程为例，说明非线性优化方法的具体应用。在精确标定两摄像机空间位置姿态关系时，需要在两摄像机的公共视场内设置控制点（点的空间坐标无需已知)，控制点在两个摄像机中的成像光束必定在空间交会，以此作为约束条件，建立空间交会测量系统的测量模型，结合 $\boldsymbol{R}$ 的正交性约束，建立以 $\boldsymbol{R}$ 和 $\boldsymbol{T}$ 为未知数的非线性方程组。由于 $\boldsymbol{R}$ 的正交性约束是强约束条件，可采用罚函数法求解该方程组，得到两摄像机间精确的空间变换关系。

根据摄像机透视变换模型，在传感器坐标系下表示的空间被测点与两摄像机像面点之间的对应变换关系为

$$\rho_1\begin{pmatrix}x_1\\y_1\\1\end{pmatrix}=\begin{pmatrix}c_1&0&0&0\\0&c_1&0&0\\0&0&1&0\end{pmatrix}\begin{pmatrix}X_w\\Y_w\\Z_w\\1\end{pmatrix}\tag{2-30}$$

$$\rho_2\begin{pmatrix}x_2\\y_2\\1\end{pmatrix}=\begin{pmatrix}c_2r_{11}&c_2r_{12}&c_2r_{13}&c_2t_1\\c_2r_{21}&c_2r_{22}&c_2r_{23}&c_2t_2\\r_{31}&r_{32}&r_{33}&t_3\end{pmatrix}\begin{pmatrix}X_w\\Y_w\\Z_w\\1\end{pmatrix}\tag{2-31}$$

进而得到双目视觉测量模型如下：

$$\begin{aligned}f(x)=&(c_2t_1-x_2t_3)(r_{21}x_1+r_{22}y_1+c_1r_{23})-(c_2t_2-y_2t_3)(r_{11}x_1+r_{12}y_1+c_1r_{13})\\&-(y_2t_1-x_2t_2)(r_{31}x_1+r_{32}y_1+c_1r_{33})=0\end{aligned}\tag{2-32}$$

式中，(x, y) 为物点的像面坐标；$(r_{11}, r_{12}, r_{13}, r_{21}, r_{22}, r_{23}, r_{31}, r_{32}, r_{33})$ 和 (t_1, t_2, t_3) 为两摄像机间的旋转关系和平移关系；c_1，c_2 分别为两摄像机的有效焦距。

由 $r_{11}\sim r_{33}$ 的正交约束条件可以构造 6 个正交约束方程：

$$\begin{cases}h_1(x)=r_{11}^2+r_{21}^2+r_{31}^2-1=0\\h_2(x)=r_{12}^2+r_{22}^2+r_{32}^2-1=0\\h_3(x)=r_{13}^2+r_{23}^2+r_{33}^2-1=0\\h_4(x)=r_{11}r_{12}+r_{21}r_{22}+r_{31}r_{32}=0\\h_5(x)=r_{11}r_{13}+r_{21}r_{23}+r_{31}r_{33}=0\\h_6(x)=r_{12}r_{13}+r_{22}r_{23}+r_{32}r_{33}=0\end{cases}\tag{2-33}$$

定义式(2-32) 为 $f(x)$，结合式(2-33) 构造无约束最优目标函数：

$$F(x)=\sum_{i=1}^{n}f_i^2(x)+M\sum_{i=1}^{6}h_i^2(x)=\min\tag{2-34}$$

式中，M 为罚因子；n 为观测点数。由于正交方程的收敛速度较快，约束性较强，在目标函数前设置充分大的数 M，构成无约束最优化函数，利用无约束非线性优化方法（如牛顿法）求解。罚因子 M 越大，求解的 $\boldsymbol{R}$ 正交性越好；但 M 越大，方程的迭代次数越多，可能使迭代过程进入死循环，M 通常取值在几万到几十万之间。

内点罚函数法与外点罚函数法相似，利用目标函数叠加一个惩罚项来构造罚函数，不同的是，内点罚函数法要求整个迭代过程始终在可行域内进行，包括初始点和搜索点，不允许搜索点到可行域边界上。

参 考 文 献

[1] 于起峰，尚洋．摄像测量学原理与应用研究［M］．北京：科学出版社，2009.

[2] 张广军．视觉测量［M］．北京：科学出版社，2008.

[3] 高满屯，曲仕茹，李西琴．计算机视觉研究中的投影理论和方法［M］．西安：西北工业大学出版社，1998.

[4] 马颂德，张正友．计算机视觉［M］．北京：科学出版社，1998.

[5] 梅向明，刘增贤，等．高等几何［M］．3 版．北京：高等教育出版社，2008.

[6] 周建伟．高等几何 [M]．北京：高等教育出版社，2000.
[7] 袁亚湘．非线性优化计算方法 [M]．北京：科学出版社，2008.
[8] 张可村，李换琴．工程优化方法及其应用 [M]．西安：西安交通大学出版社，2007.
[9] 张光澄．非线性最优化计算方法 [M]．北京：高等教育出版社，2005.
[10] 蔡志杰，陈德强．非线性优化的直接搜索算法及收敛性证明 [J]．复旦学报（自然科学版），2006，45(3)：396-401.
[11] 任同群，郗继贵，王大为，等．立体拼接中全局控制点的定向 [J]．光电子·激光，2007，18(3)：342-344.

第3章 图像信息预处理

视觉测量中，测量图像是信息的载体，被测信息蕴含其中。测量图像中通常含有鲜明的几何特征，例如圆或椭圆的中心、直线的交点以及特定的形状特征等，它们是视觉测量关注的重点。测量图像是大数据量、高冗余度的信息体，特征信息混杂其中，且一般表现为局部、细节的形式，图像处理的目标是特征的精确定位信息，模式信息和图像理解是辅助内容。为了消除背景噪声的干扰、有效压缩图像数据量、突出有用特征信息、减少数据处理时间，需要进行图像信息预处理，这是视觉测量实现高可靠性、高速度、智能化发展的必备环节。

与一般计算机视觉图像处理有所区别，视觉测量中的图像处理大都包括预处理和精密处理两个环节，预处理是在保证算法稳定性的前提下实现特征的概略（初始）定位分析，消除对特征提取敏感的噪声数据，去除冗余信息，为后续的精密处理做好准备。常用的预处理方法主要包括图像滤波、特征增强、区域分割和边缘检测等。

3.1 图像滤波

3.1.1 图像滤波概述

数字图像处理中，图像滤波的主要目的是消除图像信号中的噪声干扰，改善图像质量。空间域中图像滤波主要利用邻域处理技术实现，对于待处理图像中某像素，将其邻域内的像素与相同维数的模板进行运算，用运算结果替代原灰度值。用来进行运算的模板称为滤波器。采用的运算形式包括算术运算、统计运算、卷积运算及微积分运算等。随着数字图像处理技术的发展，滤波器的功能逐渐多样化，改变滤波器的具体形式，就能够得到一些新的效果，例如锐化、检测边缘等。从这个意义上，图像滤波的概念十分广泛，与特征增强、边缘检测等都有交叉。

视觉测量中，主要利用图像滤波技术消除对特征提取敏感的噪声，实现直线或曲线缝隙的桥接，改善测量特征的局部图像质量、保证算法稳定性，对于实际工程应用具有重要的意义和价值。

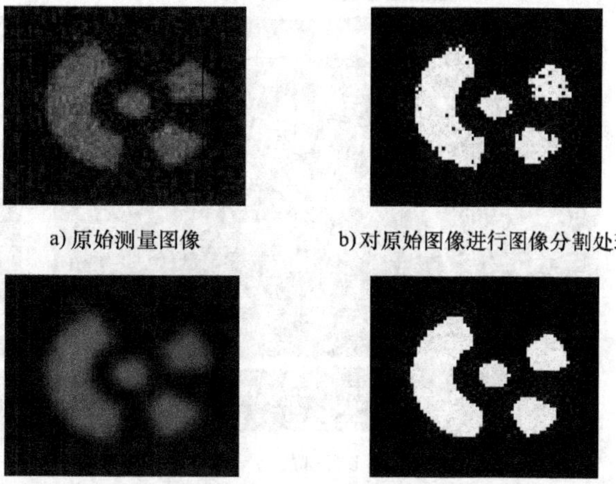

a) 原始测量图像　b) 对原始图像进行图像分割处理

c) 滤波后图像　d) 对滤波后图像进行图像分割处理

图 3-1　应用图像滤波消除噪声干扰

如图 3-1 所示，图 a 是测量现场获取的原始图像某一局部，其中白色标记是目标特征；图 b 是对图 a 直接进行图像分割处理得到的结果；图 c 是对图 a 进行均值滤波处理得到的结果；图 d 是对图 c

进行图像分割处理得到的结果。可以看出，因为原始图像中存在很多杂点噪声，直接进行图像分割处理，噪声会破坏特征区域的连通性，对后续区域分割和特征提取造成很大干扰。在图像分割处理前，对原始图像进行均值滤波操作，能够很好地消除干扰噪声，得到较理想的图像，增强了特征区域连通性，为后续分析和处理做好准备。

图 3-2 所示为汽车白车身在线检测系统中测量图像经过图像滤波实现直线缝隙桥接的实

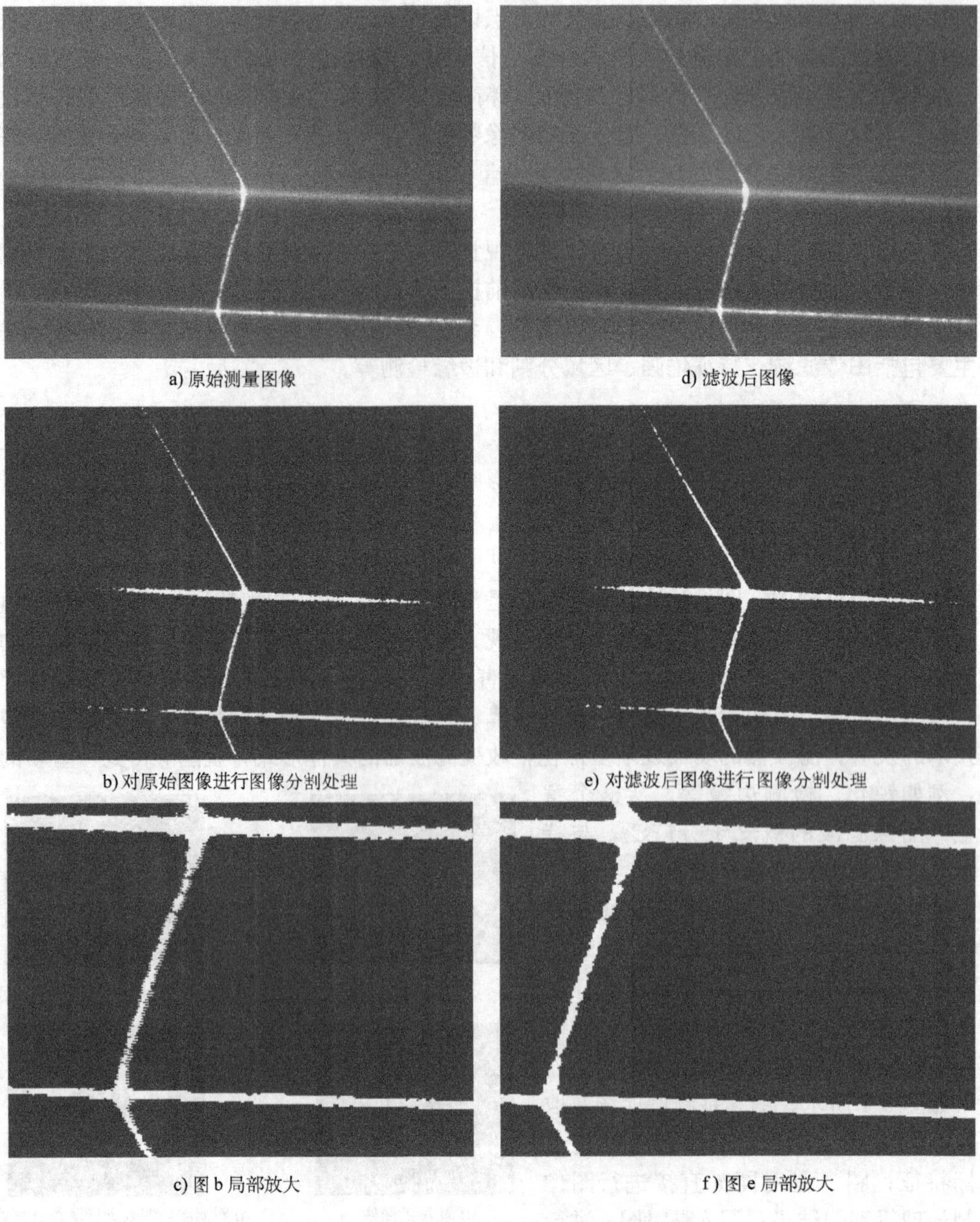

a) 原始测量图像　d) 滤波后图像

b) 对原始图像进行图像分割处理　e) 对滤波后图像进行图像分割处理

c) 图 b 局部放大　f) 图 e 局部放大

图 3-2　应用图像滤波实现直线缝隙的桥接

例。图a是原始图像，其中光条折线交点是目标特征；图b是对图a直接进行图像分割处理得到的结果；图c是图b中光条图像的局部放大；图d是对图a进行高斯滤波处理的结果；图e是对图d进行图像分割处理的结果；图f是图e中光条图像的局部放大。实际测量中，需要拟合折线中各直线段方程，求解交点坐标。从图示结果可以看出，直接利用原始测量图像进行图像分割处理，得到的图像光条质量较差，存在很多毛刺和断裂缝隙，影响了后续分析和处理算法的稳定性。将原始图像进行滤波处理后，再进行图像分割处理，消除了毛刺，实现了断裂缝隙的桥接，很好地保证了后续处理算法的稳定性。

3.1.2 图像滤波的分类

数字图像处理中，图像滤波方法可以分为空间域图像滤波和频率域图像滤波两大类。空间域图像滤波是指直接对图像像素进行操作的滤波方法；频率域图像滤波首先对图像进行前处理，然后利用离散傅里叶变换（DFT）将图像变换到频率域，乘以频域滤波，再利用反离散傅里叶变换（IDFT）及后处理获得输出图像。

空间域图像滤波分为线性滤波与非线性滤波，由运算形式是否为线性操作决定，例如均值滤波、高斯滤波属于线性滤波，中值滤波、最大值滤波、最小值滤波属于非线性滤波。频率域图像滤波一般为线性滤波器，根据通阻的频带不同分为低通滤波、高通滤波、带通滤波及带阻滤波等。空间域线性滤波与频率域滤波之间存在着对应关系，可以通过傅里叶变换与反变换实现滤波器形式上的转换。

3.1.3 典型滤波算法

视觉测量中图像滤波主要实现噪声消除、直线或曲线缝隙的桥接，平滑滤波是常用的滤波手段，典型的平滑滤波算法有均值滤波、高斯滤波及中值滤波等。

1. 均值滤波

均值滤波利用滤波器对应邻域内像素的平均灰度值代替邻域中心像素的原始灰度值。能够减少图像灰度的尖锐变化，有效去除图像中的干扰噪声，算法简单，便于实现，是一种重要且实用的图像平滑技术。根据计算均值的方法不同，均值滤波分为算术均值滤波、几何均值滤波、谐波均值滤波和逆谐波均值滤波。

（1）*算术均值滤波* 算术均值滤波是最简单的均值滤波，设测量图像为 f，滤波器 S_{xy} 为中心在点（x，y），尺寸为 $m\times n$ 的矩形子图像窗口，算术均值滤波是指在任意点（x，y）处，用 S_{xy} 所确定的邻域内像素灰度的算术平均值代替邻域中心点的像素值，令 $g(x, y)$ 表示滤波处理后邻域中心点的灰度值，即

$$g(x,y)=\frac{1}{mn}\sum_{(s,t)\in S_{xy}} f(s,t) \tag{3-1}$$

算术均值滤波的优点是算法简单，对高斯噪声有较好的抑制作用；主要缺点是在图像边缘和细节处退化，图像变得模糊，细节丢失。

（2）*几何均值滤波* 几何均值滤波用滤波器所确定的邻域内像素灰度的几何平均值代替邻域中心点的灰度值，采用上述的符号定义，几何均值滤波的数学表达如下：

$$g(x,y)=\Big[\prod_{(s,t)\in S} f(s,t)\Big]^{\frac{1}{mn}} \tag{3-2}$$

与算术均值滤波相比，几何均值滤波的优点是能够达到相当的平滑程度，同时保持更多的图像细节。

(3) 谐波均值滤波　谐波均值滤波的数学表达如下：

$$g(x,y)=\frac{mn}{\sum_{(s,t)\in S_{xy}}\frac{1}{f(s,t)}} \tag{3-3}$$

谐波均值滤波善于处理高斯噪声，对“盐”噪声㊀抑制效果也较好，但不适用于“胡椒”噪声。

(4) 逆谐波均值滤波　逆谐波均值滤波的数学表达如下：

$$g(x,y)=\frac{\sum_{(s,t)\in S_{xy}}f(s,t)^{Q+1}}{\sum_{(s,t)\in S_{xy}}f(s,t)^{Q}} \tag{3-4}$$

式中，Q 为滤波的阶数。

逆谐波均值滤波的特点是：当 Q 值为正数时，适用于消除“胡椒”噪声；当 Q 值为负数时，适用于消除“盐”噪声。特殊地，当 $Q=0$ 时，逆谐波均值滤波退变为算术均值滤波；当 $Q=-1$ 时，逆均值滤波退变为谐波均值滤波。

2. 高斯滤波

高斯滤波器也是一种常用的平滑线性低通滤波器，对高斯噪声具有很好的抑制效果。频域高斯低通滤波器的数学表达如下：

$$H(u,v)=e^{-D^2(u,v)/2\sigma^2} \tag{3-5}$$

式中，$D(u,v)$ 为 (u,v) 点距傅里叶变换中心（原点）的距离，设频率矩阵大小为 $M\times N$，则有

$$D(u,v)=[(u-M/2)^2+(v-N/2)^2]^{1/2} \tag{3-6}$$

设输入图像 $f(x,y)$ 变换到频域的表达为 $F(u,v)$，输出图像的频域表达为 $G(u,v)$，则高斯滤波的数学描述为：

$$G(u,v)=H(u,v)F(u,v) \tag{3-7}$$

将 $G(u,v)$ 经过 IDFT 及后处理即可得到输出图像 $g(x,y)$。

高斯滤波在图像两个方向上滤波的平滑程度是相同的，其平滑程度可以通过调节参数 σ 来控制：σ 越大，平滑程度越高；σ 越小，平滑程度越低。

3. 中值滤波

中值滤波是一种空间域统计排序滤波方法，属于非线性平滑滤波算法。实现方法是将滤波器所确定的邻域内像素灰度进行统计排序，取中值作为邻域中心点的灰度值。中值是指将一个数值集合中的元素按照大小进行排序，排在最中间的值。例如，3×3 滤波器确定的邻域内像素值为（100，90，110，100，120，110，130，120，130），对这组数值进行排序得到（90，100，100，110，110，120，120，130，130），中值为 110，即将 110 作为邻域中

㊀ “椒盐”噪声指图像中出现灰度突变的黑白暗点噪声，从信号角度来说，是指图像信号中突然出现的高低脉冲干扰信号，故又称为脉冲噪声。“椒盐”噪声分为“盐”噪声和“胡椒”噪声，“盐”噪声指亮点噪声，“胡椒”噪声指暗点噪声。

心点的灰度值。

中值滤波器的作用是消除那些相对邻域内其他像素更亮或更暗且区域小于滤波器区域一半的孤立像素集，在滤除噪声的同时不会丢失很多图像细节，在面对“椒盐”噪声时性能远远优于均值滤波器。

3.2　特征增强

3.2.1　特征增强概述

视觉测量中的特征增强与数字图像处理中的图像增强有所区别：数字图像处理中讨论的图像增强概念很广，涉及灰度增强、边缘检测、图像分割、图像滤波等很多方面，而视觉测量中，主要利用特征增强方法改善测量图像中的特征信号强度，提高信噪比。

如在大空间尺寸视觉测量中，为了同时满足测量范围和测量效率的要求，常常采用大视场高分辨率相机作为视觉传感器。此时，因为测量相机视场大、被测物表面法向变化剧烈等因素，导致测量图像各局部灰度分布差异显著，直接处理会丢失灰度值较低区域中的测量特征，采用特征增强技术可以很好地解决此类问题。

图 3-3 所示是实际获取的测量图像，图中同心圆状编码标记与圆形非编码标记是待提取的测量特征，区域 1 中测量特征的灰度值为 20 左右，背景的灰度值小于 10；区域 2 中测量特征的灰度值为 110 左右，背景灰度值为 30 左右，区域 1 的整体灰度分布相比区域 2 低很多。直接处理图像，提取特征会出现错误：选取较低的分割阈值以适应区域 1，将导致区域 2 内的编码图像明显失真，面积增大，噪声增加，如图 3-4 所示，严重影响后续编码识别算法的准确度和稳定性；选取较高的分割阈值以适应区域 2，将导致区域 1 中的测量特征严重丢失，如图 3-5 所示。

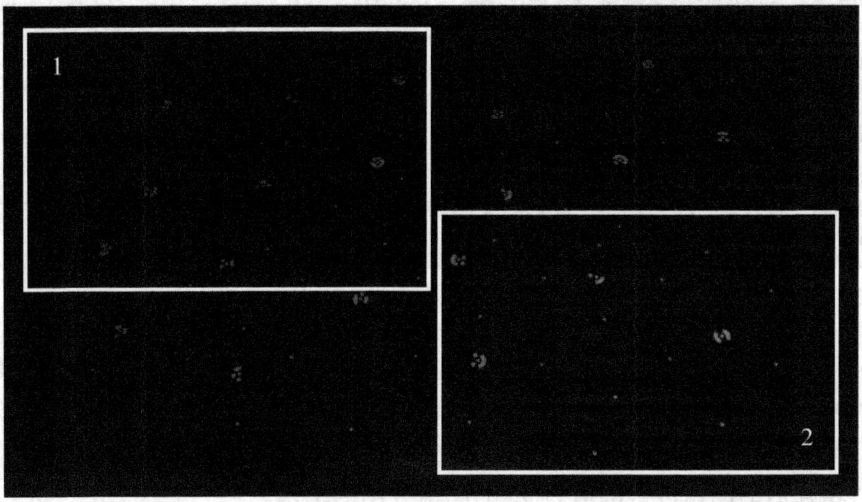

图 3-3　灰度分布差异显著的测量图像

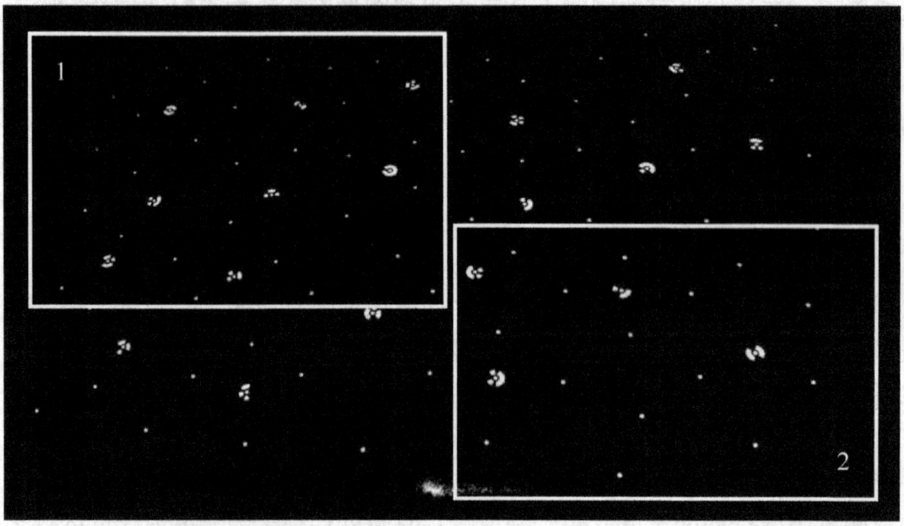

图 3-4　阈值为 10 的阈值处理结果

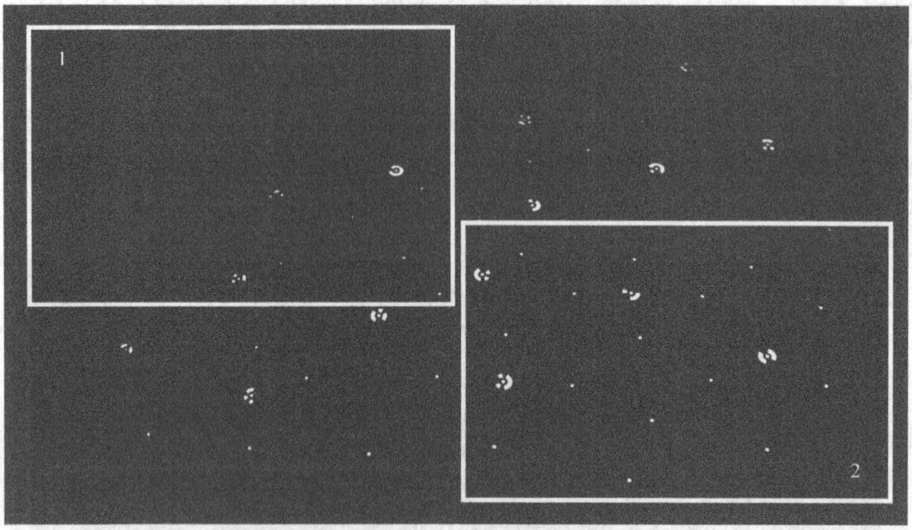

图 3-5　阈值为 30 的阈值处理结果

可以采用特征增强技术解决不同区域间整体灰度差异显著的问题。具体实现是：分析不同区域的灰度分布，对相关区域图像的灰度值进行线性变换，使整体图像的灰度分布均匀一致，再进行图像后续处理。图 3-6 给出了经过增强操作后的图像（区域 1 经过增强处理），图 3-7 是将增强后的图像进行阈值为 30 的图像分割的结果。

可以看出：特征增强方法能够有效解决图像各局部区域灰度差异显著的问题，是保证后续分析处理算法准确度和稳定性必不可少的技术手段。

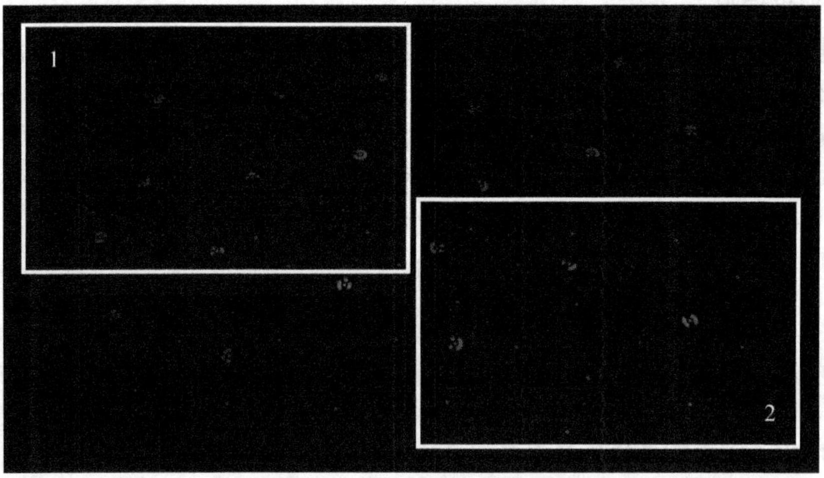

图 3-6　增强后图像

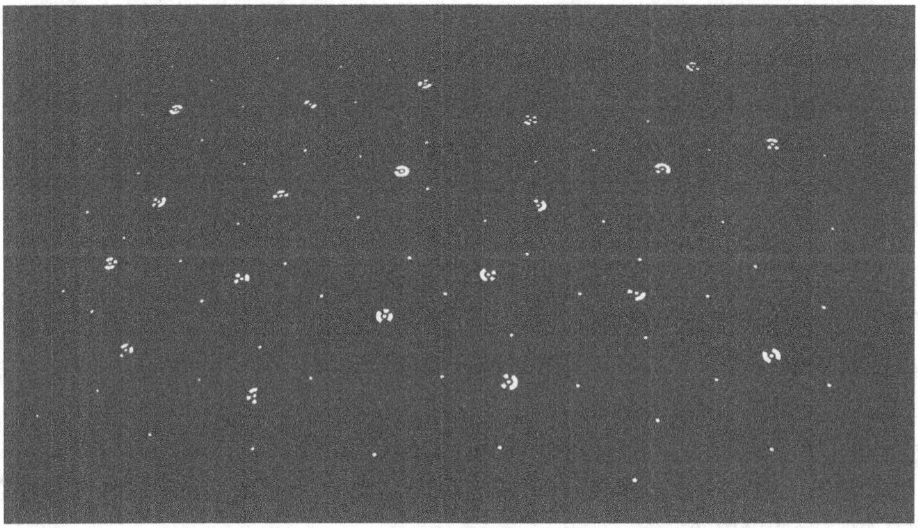

图 3-7　将增强后图像进行阈值为 30 的阈值处理

3.2.2　典型增强方法

特征增强是一种直接对图像灰度进行操作的方法，设 $f(x, y)$ 表示输入图像像素点 (x, y) 处的灰度，$g(x, y)$ 表示输出图像像素点处 (x, y) 的灰度，特征增强可以用下式表示：

$$g(x,y)=T[f(x,y)] \tag{3-8}$$

式中，T 为变换函数。

图像特征增强主要包括灰度变换增强和直方图增强两大类。灰度变换增强是通过直接对图像单个像素的灰度值进行操作，增强图像对比度；直方图增强是利用统计方法对图像进行直方图分析，通过改变直方图的形状增强图像对比度。

1. 灰度变换增强

根据变换函数 T 的不同，灰度变换方法大致分为线性变换、分段线性变换、对数变换、指数变换和幂次变换 5 种。

(1) 线性变换　设输入图像的灰度分布区间为 $[a, b]$，输入图像像素点 (x, y) 的灰度值为 $f(x, y)$，欲使输出图像达到的灰度分布区间为 $[c, d]$，输出图像像素点 (x, y) 的灰度值为 $g(x, y)$，线性变换的数学表达为

$$g(x,y)=\frac{d-c}{b-a}[f(x,y)-a]+c \tag{3-9}$$

由式(3-9) 可以看出：线性变换是通过线性的方法拉伸或压缩图像中像素灰度的分布范围。实际应用中，常常是输出图像灰度分布区间上限 d 大于输入图像度分布区间上限 b，且区间 $[c, d]$ 范围大于区间 $[a, b]$ 范围，即通过拓宽图像像素灰度分布范围，达到增强灰度值和对比度，突出测量特征的目的。

(2) 分段线性变换　线性变换是对图像灰度分布进行整体拉伸或压缩的方法，常用于处理灰度分布没有充满整个灰阶的图像。当图像灰度分布充满整个灰阶时，为了增强感兴趣的区域，抑制不感兴趣的区域，常常采用分段线性变换方法。以 8 位灰度图像为例，整个灰阶分布区间为 $[0, 255]$，3 段线性变换的数学表达式如下：

$$g(x,y)=\begin{cases}\dfrac{a_1}{a}f(x,y) & ,0\leqslant f(x,y)<a\\ \dfrac{b_1-a_1}{b-a}[f(x,y-a)]+a_1 & ,a\leqslant f(x,y)\leqslant b\\ \dfrac{255-b_1}{255-b}[f(x,y)-b]+b_1 & ,b<f(x,y)\leqslant 255\end{cases} \tag{3-10}$$

式中，$f(x, y)$ 为输入图像中像素点 (x, y) 处的灰度值；$g(x, y)$ 为输出图像中像素点 (x, y) 处的灰度值；区间 $[a, b]$ 为感兴趣区域灰度分布区间；区间 $[a_1, b_1]$ 为感兴趣区域处理后欲达到的灰度分布区间。

实际应用中，区间 $[a_1, b_1]$ 范围往往大于区间 $[a, b]$，即 $b_1>b$，$a_1<a$。由式(3-10) 可以看出：针对 3 段线性变换，灰度分布变宽，对比度增强；对于非感兴趣区域，灰度分布压缩，对比度降低。

(3) 对数变换　对数变换是一种非线性变换方法，特点是不对图像的整个灰度值范围进行扩展，而是有选择地对某一灰度值范围进行增强，其他范围不变或减弱。与分段线性变换不同，非线性变换不是在不同灰度值区间采用不同的方程，而是在整个灰度值范围内采用统一的变换函数，利用变换函数的数学性质实现对不同灰度值区间的增强与减弱。对数变换的数学描述为

$$g(x,y)=c\log_b[f(x,y)+1] \tag{3-11}$$

常取自然对数变换，具体形式如式 (3-12) 所示：

$$g(x,y)=c\ln[f(x,y)+1] \tag{3-12}$$

式(3-11)、式(3-12) 中，b、c 为常数。

对数变换曲线如图 3-8 所示。

(4) 指数变换　指数变换也是一种非线性变换方法，数学描述为

$$g(x,y)=b^{f(x,y)}-1 \tag{3-13}$$

实际应用中，为了增加变换的动态范围，加入一些调制参数，具体形式如下：

$$g(x,y)=b^{c[f(x,y)-a]}-1 \tag{3-14}$$

式中，a、b、c 为常数，a 可以改变曲线的起始位置，c 可以改变曲线的变化速率。

指数变换曲线如图 3-9 所示。

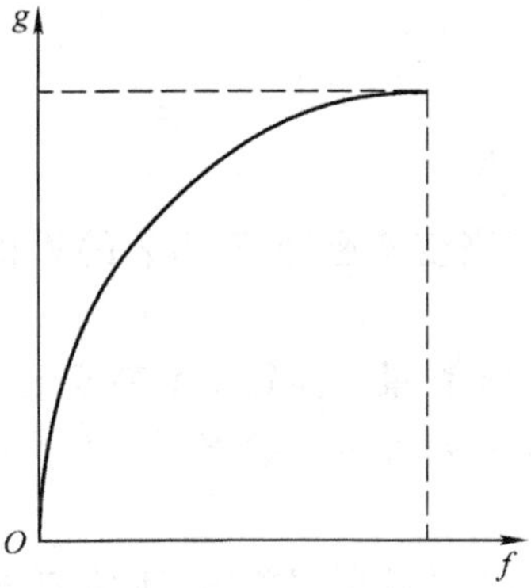

图 3-8 对数变换曲线

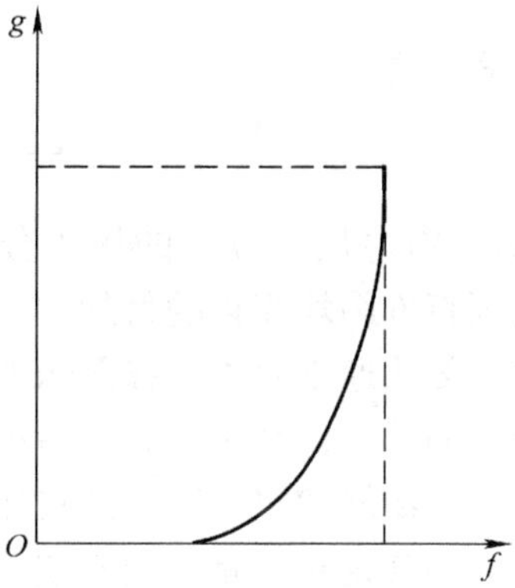

图 3-9 指数变换曲线

(5) 幂次变换 幂次变换同样是一种非线性变换方法，其基本形式为

$$g(x,y)=c\,[f(x,y)]^{\gamma} \tag{3-15}$$

式中，c、γ 为常数。

2. 直方图增强

直方图是反映图像中每个灰度级与处于该灰度级的像素数量间对应关系的图形，图像的明暗程度及对比度特征等均可以通过直方图体现，它是数字图像的重要统计特征，直方图处理是数字图像处理的重要工具。

设图像的灰度级为 $[0, L-1]$，处于第 k 级灰度的像素数为 n_k，用图像像素总数 n 去除 n_k 得到图像归一化直方图，如下式所示：

$$p(k)=n_k/n,\ k=0,1,\cdots,L-1 \tag{3-16}$$

式中，$p(k)$ 为第 k 级灰度出现的概率。

基于直方图的增强方法就是通过修正直方图的形状和分布范围，达到增强图像对比度和特征的目的。常用的方法有直方图均衡化和直方图规定化。

(1) 直方图均衡化 直方图均衡化是指通过灰度变换使图像所有灰度级出现的概率相同，即图像每个灰度级上具有相同的像素数，核心任务是寻找灰度变换函数。设 r 表示原始图像的灰度级，r 进行归一化后满足 $0\leqslant r\leqslant 1$，存在变换函数 T

$$s=T(r) \tag{3-17}$$

且满足下列条件：

1) $T(r)$ 在区间 $[0, 1]$ 内单调增加。

2) 当 $0\leqslant r\leqslant 1$ 时，$0\leqslant s\leqslant 1$。

条件 1 保证图像的灰度级从黑到白的次序不变，条件 2 保证变换后的像素灰度值与变换前具有相同范围。

则 T 的反变换可表示为

$$r=T^{-1}(s) \tag{3-18}$$

由概率论可知，随机变量 r 的概率密度 $p_r(r)$ 已知，由 r 到 s 的变换函数 $T(r)$ 已知，且 $T(r)$ 满足条件 1，则 s 的概率密度 $p_s(s)$ 可由式(3-19) 求出：

$$p_s(s)\mathrm{d}s = p_r(r)\mathrm{d}r \tag{3-19}$$

直方图均衡化要求 $p_s(s)$ 为常数，可令 $p_s(s)=1$，则有

$$\mathrm{d}s = p_r(r)\mathrm{d}r \tag{3-20}$$

两边积分，得

$$s = T(r) = \int_0^r p_r(w)\mathrm{d}w \tag{3-21}$$

式(3-21) 右边是 $p_r(r)$ 的累积分布函数，因此，当变换函数 T 为 r 的累积分布函数时，能够达到直方图均衡化的目的。

直方图均衡化通常用来增强图像的局部对比度，对于背景和前景均太亮或太暗的图像效果明显，操作简单，计算量小，且是可逆操作；其缺点是对处理的数据不加选择，可能会增加背景对比度，减弱感兴趣区域的对比度。

（2）*直方图规定化*　直方图规定化是通过建立原始图像和期望图像之间的关系，有选择地控制图像直方图，使其具有规定的形状。与直方图均衡化不同，直方图规定化不是增强整个图像的对比度，使直方图在整个灰度级范围内近似均匀地分布，而是有目的地增强某个灰度区间，人为地修正直方图，使之与期望的形状相匹配，又称为直方图匹配。实际上，直方图均衡化是直方图规定化的特例形式。

设 $p_r(r)$、$p_z(z)$ 分别表示原始图像和期望图像的灰度分布概率密度，直方图规定化就是调整 $p_r(r)$，使之具有 $p_z(z)$ 的形状。如何建立 $p_r(r)$ 和 $p_z(z)$ 之间的关系是直方图规定化的核心任务。首先对原始图像进行直方图均衡化处理，即要求变换函数：

$$s = T(r) = \int_0^r p_r(w)\mathrm{d}w \tag{3-22}$$

目标函数的灰度级也可用同样的变换函数进行均衡化处理：

$$s = G(z) = \int_0^z p_z(t)\mathrm{d}t \tag{3-23}$$

则有

$$z = G^{-1}(s) = G^{-1}[T(r)] \tag{3-24}$$

设 G^{-1} 存在且满足均衡化讨论中所述的条件 1 和条件 2，则直方图规定化的步骤为：

1）由式(3-22) 求得变换函数 $T(r)$。

2）由式(3-23) 求得变换函数 $G(z)$。

3）求得反变换函数 G^{-1}。

4）对输入图像按式(3-24) 求得输出图像。

3.3　区域分割与分析

3.3.1　区域分割与分析概述

测量图像中，被测特征的精确提取是图像处理环节的核心任务，实现精确提取的前提是将测量特征从图像中分离出来，区域分割技术是实现特征分离的常用方法之一。被测特征的

分布区域称为前景区域，其他区域称为背景区域。区域分割就是利用前景区域与背景区域间灰度值的差异，将前景区域与背景区域分割开来。在区域分割基础上，采用区域分析算法对前景区域进行分析，获取关键特征的几何及灰度信息，为后续算法打下基础。

以用大型曲面三维形貌测量中编码标志的提取和识别处理为例，说明区域分割与分析方法在视觉测量中的重要性和必要性。

图 3-10 中同心圆环特征是编码标志，中心圆的圆心提供定位信息，外圈环状区域是编

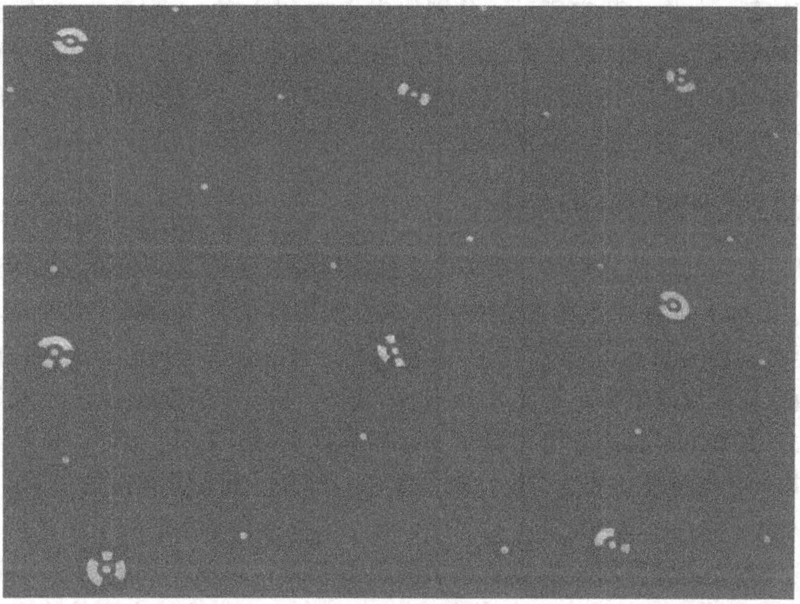

a) 原始测量图像

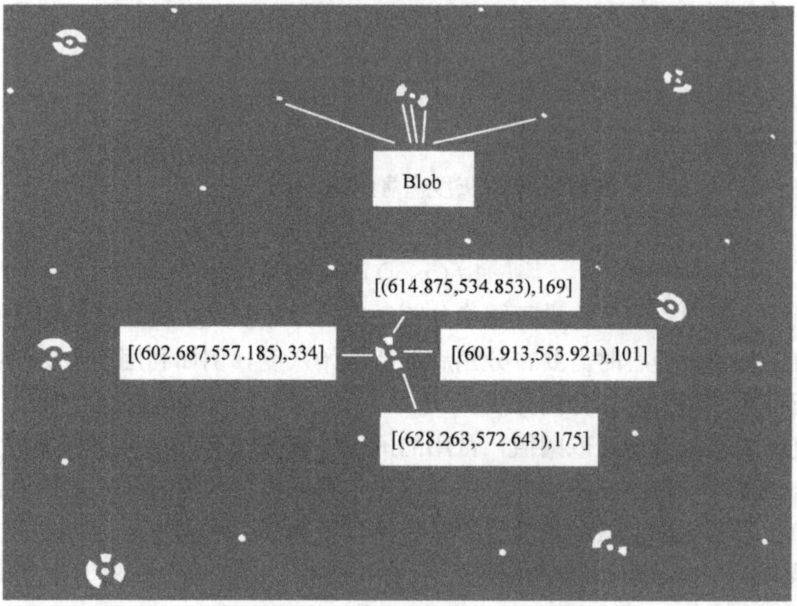

b) 处理后图像

图 3-10　编码标志的提取和识别

码带，提供编码值信息。图像处理的目的之一是实现编码标志中心的提取和编码值的识别，为后续匹配算法提供基础。

首先对图像进行分割处理，将图像前景与背景分开，然后利用区域分析算法（Blob 算法）进行分析。Blob 算法建立在图像分割的基础上，是对分割后所获前景区域进行高级分析的方法，能够提取前景区域几何、灰度的基本特征，例如各像素灰度值、周长、面积、重心等。图中每个白色块是一个 Blob，在实现编码标志的提取和识别时，首先获取所有 Blob 的重心和面积特征，如图中数字所示，分别代表相应 Blob 的 x 坐标、y 坐标和面积，单位为像素。由于编码标志在设计时令中心定位圆的面积最小，小于 1 个的编码位面积，利用同一编码标志中各 Blob 的面积比较寻找定位圆，获取其质心，实现编码标志定位；再利用编码段面积与定位圆面积的比值识别编码段的位数，进而识别整个编码标志的编码值。

3.3.2 典型区域分割与分析方法

视觉测量中常用的区域分割与分析算法方法的流程如下：首先对图像进行区域分割，在此基础上，利用 Blob 算法进行高级分析，获取前景图像的几何特征，为后续算法做准备。区域分割主要是利用图像不同区域间灰度值的差异，选取合适的阈值，将图像中每个像素的灰度值与阈值比较，以阈值为界将图像分割开。Blob 分析方法是一种以区域分割为基础的高级分析方法，其基本思想是分析图像中的像素连通区域，每个连通区域称为 Blob，进而提取 Blob 的基本几何特征和灰度特征，例如重心、周长、面积及灰度值等。

1. 阈值分割

阈值分割分为二值分割和保留前景原始灰度分割等，设输入图像为 f，输出图像为 g，$f(x, y)$表示输入图像像素（x，y）处的灰度值，$g(x, y)$ 表示输出图像像素（x，y）处的灰度值，则二值分割表示如下：

$$g(x,y)=\begin{cases}0, & f(x,y)\leqslant T\\ 1 & f(x,y)>T\end{cases} \tag{3-25}$$

式中，T 为分割阈值。

按照上述符号定义，保留前景原始灰度分割表示为

$$g(x,y)=\begin{cases}0, & f(x,y)\leqslant T\\ f(x,y), & f(x,y)>T\end{cases} \tag{3-26}$$

视觉测量中，有时不需要在进行图像分割后保持原始灰度，例如特征粗定位提取，此时可选择二值分割操作；但有时需要在分割后保持原始灰度，例如利用质心法精确定位，此时需要选择保留前景原始灰度的分割方法。

阈值分割的核心是合理选取阈值，常用的阈值计算方法有最小误差和最大方差等方法。

（1）*最小误差法* 最小误差法的思路是首先求得图像的灰度分布，然后利用统计的方法决定最佳阈值。设图像中前景的灰度分布具有平均值为 μ、标准差为 σ 的正态分布概率密度函数$p(k)$，背景的灰度分布具有平均值为 ν、标准差为 τ 的正态分布概率密度函数 $q(k)$，前景区域占整体图像的比例为 t，则整体图像的灰度概率密度为

$$o(k)=tp(k)+(1-t)q(k) \tag{3-27}$$

如果用阈值 T 将图像分开，则将背景误认为前景的概率为

$$Q(T)=\int_{T}^{\infty}q(k)\mathrm{d}k \tag{3-28}$$

将前景误认为背景的概率为

$$P(T)=\int_{-\infty}^{T}p(k)\mathrm{d}k \tag{3-29}$$

因此错误区分的概率为

$$O(T)=tP(T)+(1-t)Q(T) \tag{3-30}$$

求解式(3-29) 为最小值时的阈值 T 即是最佳阈值。

(2) *最大方差法*　最大方差法的基本思想是将图像直方图在某一阈值处分割开，计算被分开的两组间的方差，当方差达到最大值时，分割阈值为最佳阈值。设图像的灰度级为 $1\sim m$ 级，灰度级 k 的像素数为 n_k，则总像素数 N 和各灰度级的概率 p_k 用下式表示：

$$N=\sum_{k=1}^{m}n_k \tag{3-31}$$

$$p_k=\frac{n_k}{N} \tag{3-32}$$

用阈值 T 将图像分成两组：$C_0=(1\sim T)$ 和 $C_1=(T+1\sim m)$，各组产生的概率为

$$\begin{cases}\omega_0=\sum\limits_{k=1}^{T}p_k=\omega(T)\\ \omega_1=\sum\limits_{k=T+1}^{m}p_k=1-\omega(T)\end{cases} \tag{3-33}$$

C_0 和 C_1 的均值为

$$\begin{cases}\mu_0=\sum\limits_{k=1}^{T}\dfrac{kp_k}{\omega_0}=\dfrac{\mu(T)}{\omega(T)}\\ \mu_1=\sum\limits_{k=T+1}^{m}\dfrac{kp_k}{\omega_1}=\dfrac{\mu-\mu(T)}{1-\omega(T)}\end{cases} \tag{3-34}$$

式中，μ 为整体图像的灰度平均值，如下式所示：

$$\mu=\sum_{k=1}^{m}kp_k \tag{3-35}$$

两组间的方差用下式计算：

$$\sigma^2(T)=\omega_0(\mu_0-\mu)^2+\omega_1(\mu_1-\mu)^2=\omega_0\omega_1(\mu_1-\mu_0)^2 \tag{3-36}$$

式(3-36) 称为阈值选择函数。从 $1\sim m$ 之间改变阈值 T，求解式(3-36) 的最大值，当 σ^2 取最大值时，阈值 T 便是最佳阈值。

2. Blob 算法

Blob 是指图像中具有相同逻辑状态的像素连通区域，Blob 算法建立在成功区分前景与背景的基础上，自动识别连通的前景区域，计算它们的基本特征。通过 Blob 算法能够得到丰富的特征信息，包括基本几何信息（如像素位置）、基本灰度信息（如像素灰度值）以及基于这些基本特征进行二次计算得到的更多复杂信息（如质心、面积、周长、最大/最小/平均灰度值、任意方向直径大小等）。

Blob 算法的实现方法主要有像素搜索法和边缘检测法。像素搜索法以图像中满足条件

的某一像素为基础，向其周围 8 个方向进行搜索判断，进而识别连通区域，如图 3-11 所示。像素搜索法首先需要对图像进行分割处理，将图像中的前景区域和背景区域分离开，去除背景噪声，然后进行像素搜索，以某个前景像素为基准，对其 8 个邻域内的像素进行判断，如果满足前景条件，以新的前景像素为基准继续搜索，进而识别连通的前景区域。边缘检测法是采用边缘检测算子对图像进行卷积运算，检测图像中灰度变化显著的位置，进而识别像素连通区域的方法。

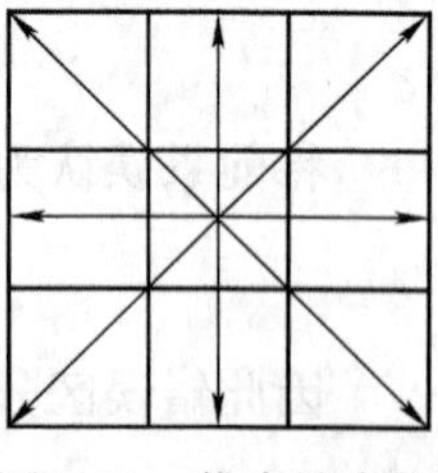

图 3-11　像素搜索法

像素搜索法对图像的阈值分割处理具有很强的依赖性，阈值选取结果直接影响 Blob 算法的提取精度。边缘检测法能够克服这一缺点，但该方法在得到边界信息后仍需某一算法识别像素连通区域，算法复杂，计算量大，运算速度慢。实际应用中，大都采用像素搜索法。

3.4　边缘检测

3.4.1　边缘检测概述

边缘信息是测量图像的基本特征之一，是测量图像的关键区域。视觉测量实践中，通常需要对测量特征进行粗定位，为后续的精密处理提供基础，某些边缘信息常常被用来实现测量特征的粗定位。边缘检测方法是测量图像预处理不可或缺的重要方法之一。

图 3-12 所示的是利用边缘检测方法实现编码标志与非编码标志的粗略提取。图 3-12a 是原始测量图像，图 3-12b 是进行索贝尔（Sobel）边缘检测后得到的图像。在图 3-12b 的基础上可以通过阈值处理得到待提取特征的边缘，根据提取的边缘位置进行椭圆拟合，由于定

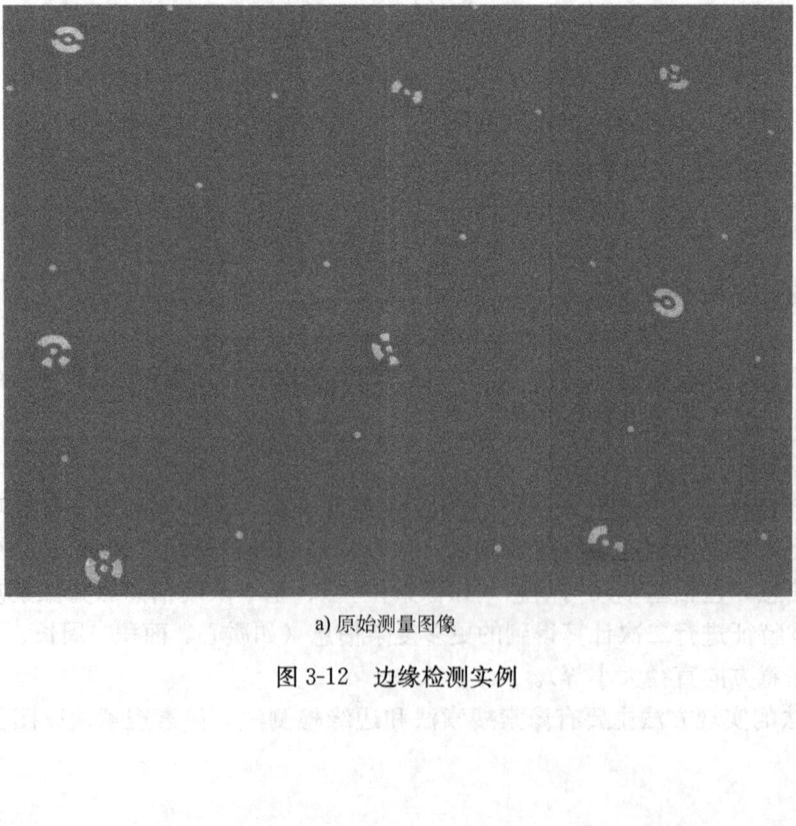

a) 原始测量图像

图 3-12　边缘检测实例

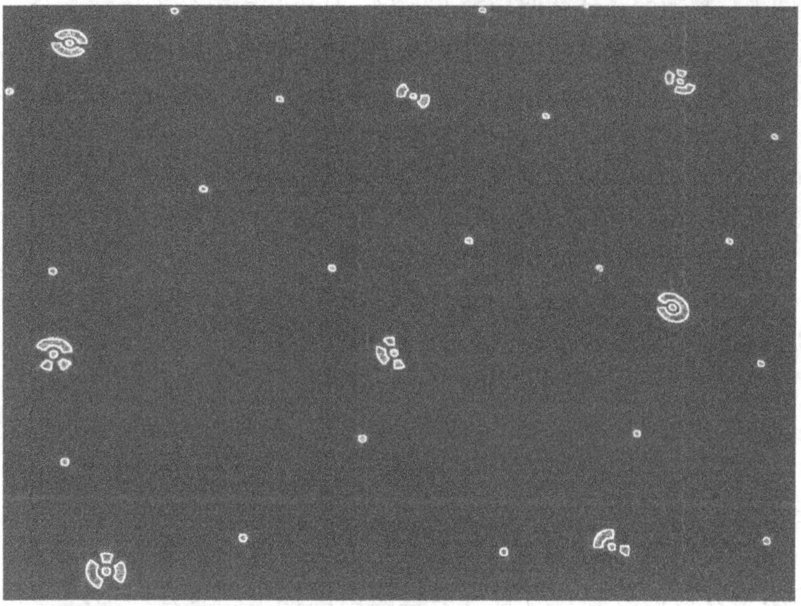

b) 处理后的图像

图 3-12 边缘检测实例（续）

位标志均是圆形标记，在测量图像中变形为椭圆，而编码弧段不是椭圆，因此利用椭圆度约束能够筛选出用于定位的圆形标记，并通过椭圆拟合确定其圆心的粗略位置，为后续精确提取提供基础。

3.4.2 典型边缘检测方法

边缘检测属于一类空间锐化操作，可以利用边缘检测算子与图像进行卷积运算实现。常用的边缘检测算子有梯度算子、LOG 算子和 Canny 算子等。

1. 梯度算子

梯度算子是一种一阶导数算子，对于图像 $f(x, y)$，其梯度定义为

$$\nabla f(x,y)=\begin{bmatrix}G_x\\G_y\end{bmatrix}=\begin{bmatrix}\dfrac{\partial f}{\partial x}\\\dfrac{\partial f}{\partial y}\end{bmatrix} \tag{3-37}$$

向量的幅值为

$$ag(f)=G_x^2+G_y^2 \tag{3-38}$$

为简化计算，幅值可以用以下三式来近似：

$$M_1=|G_x|+|G_y| \tag{3-39}$$

$$M_2=G_x^2+G_y^2 \tag{3-40}$$

$$M_\infty=\mathrm{Max}(G_x,G_y) \tag{3-41}$$

向量的方向角为

$$\alpha(x,y)=\arctan\left(\frac{G_y}{G_x}\right) \tag{3-42}$$

由于数字图像是离散的，计算偏导数 G_x 和 G_y 时，常用差分来代替微分，为计算方便，常用小区域模板或图像卷积来近似计算梯度值。采用不同的模板计算 G_x 和 G_y 可以产生不同的边缘检测算子，常见的有罗伯特（Roberts）算子、索贝尔（Sobel）算子和 Prewitt 算子等。

（1）Roberts 算子　Roberts 算子是一种利用局部差分方法寻找边缘的算子，它的两个 2×2 模板如图 3-13b 所示，图像函数 $f(x,y)$ 对 x 和 y 的偏导数计算如下：

$$G_x = Z_9 - Z_5 \tag{3-43}$$

$$G_y = Z_8 - Z_6 \tag{3-44}$$

计算出 G_x 和 G_y 后，用下式计算点（x，y）处的梯度值：

$$g = (G_x^2 + G_y^2)^{1/2} \tag{3-45}$$

计算出各点的梯度值后，设定一个合适的阈值 T，如果点（x，y）处的梯度满足

$$g \geqslant T \tag{3-46}$$

则认为该点是边缘点。

（2）Sobel 算子　Sobel 算子垂直方向和水平方向的模板如图 3-13c 所示，前者可以检测出图像中的水平方向的边缘，后者可以检测出图像中垂直方向的边缘。G_x 和 G_y 计算如下：

$$G_x = (Z_7 + 2Z_8 + Z_9) - (Z_1 + 2Z_2 + Z_3) \tag{3-47}$$

$$G_y = (Z_3 + 2Z_6 + Z_9) - (Z_1 + 2Z_4 + Z_7) \tag{3-48}$$

Z_1	Z_2	Z_3
Z_4	Z_5	Z_6
Z_7	Z_8	Z_9

a) 图像模板邻域

−1	0
0	1

$G_x = Z_9 - Z_5$

0	−1
1	0

$G_y = Z_8 - Z_6$

b)Roberts 模板

−1	−2	−1
0	0	0
1	2	1

$G_x = (Z_7 + 2Z_8 + Z_9) - (Z_1 + 2Z_2 + Z_3)$

−1	0	1
−2	0	2
−1	0	1

$G_y = (Z_3 + 2Z_6 + Z_9) - (Z_1 + 2Z_4 + Z_7)$

c)Sobel 模板

−1	−1	−1
0	0	0
1	1	1

$G_x = (Z_7 + Z_8 + Z_9) - (Z_1 + Z_2 + Z_3)$

−1	0	1
−1	0	1
−1	0	1

$G_y = (Z_3 + Z_6 + Z_9) - (Z_1 + Z_4 + Z_7)$

d)Prewitt 模板

图 3-13　几种常用的梯度算子模板

同样利用式(3-45) 计算出各点的梯度值，设定一个合适的阈值 T 检测边缘点。

(3) Prewitt 算子　Prewitt 算子的模板如图 3-10d 所示，G_x和G_y计算如下：

$$G_x=(Z_7+Z_8+Z_9)-(Z_1+Z_2+Z_3) \tag{3-49}$$

$$G_y=(Z_3+Z_6+Z_9)-(Z_1+Z_4+Z_7) \tag{3-50}$$

同样利用式(3-45) 计算出各点的梯度值，设定一个合适的阈值 T 检测边缘点。

2. LOG (Laplacian-Gauss) 算子

一阶导数边缘检测的判定准则是当梯度高于阈值 T 时，认为该点是边缘点，此方法的缺点是检测到的边缘点过多。一种更好的方法是将梯度局部最大值对应的点作为边缘点，此方法能够检测出更精细的边缘。一阶导数的局部最大值对应着二阶导数的零交叉点，通过寻找图像强度（灰度）的二阶导数的零交叉点就能确定精确的边缘点。在二维空间中，常用的二阶导数算子是 Laplacian 算子，由于 Laplacian 算子是二阶差分算子，增强了图像的噪声，利用图像强度的二阶导数零交叉点寻找边缘点算法对噪声十分敏感，为消除噪声影响，Marr 和 Hildreth 将 Gaussian 滤波器和 Laplacian 算子结合在一起，形成了 LOG 算子，即先用高斯函数对图像进行平滑，然后再用拉普拉斯算子进行运算。其数学描述如下：

$$\nabla^2(x,y)=-\frac{1}{\pi\sigma^4}\left(\frac{x^2+y^2}{2\sigma^2}-1\right)\exp\left(-\frac{x^2+y^2}{2\sigma^2}\right) \tag{3-51}$$

式中，σ 为高斯函数的标准差。

这种方法的特点是图像首先与高斯滤波器进行卷积，既平滑了图像又降低了噪声，孤立的噪声点和较小的结构组织将被滤除。由于平滑处理会导致边缘的延伸，因此在边缘检测时仅考虑那些具有局部梯度最大值的点，利用拉普拉斯算子将边缘点转换成二阶导数零交叉点实现边缘检测。与其他边缘检测算子一样，LOG 算子也是先对边缘做出假设，然后在假设条件下寻找边缘像素，但 LOG 算子对边缘的假设条件最少，应用范围更广。另外，其他边缘检测算子检测得到的边缘是不连续的、不规则的，还需要连接处理，而 LOG 算子的结果没有这个缺点。

LOG 算子的结果受高斯函数标准差 σ 控制，σ 越大，滤波效果越好，边缘检测效果越差；反之，滤波效果越差，边缘检测效果越好。但 σ 过小，有可能导致平滑不完全，留下过多的噪声，如何选择合适的 σ 十分重要。

3. Canny 算子

总结各种微分边缘检测算子，能够归纳出 3 个准则：① 优良的信噪比；② 优良的定位性能；③ 对同一边缘仅有唯一响应。

以一维情况为例，设边缘模型为阶跃状边缘，边缘位于 $x=0$ 处，即

$$s(x)=\begin{cases}0 & ,x<0\\1 & ,x\geqslant 0\end{cases} \tag{3-52}$$

加入噪声 $n(x)$，方差为 σ^2，图像表示为

$$f(x)=s(x)+n(x) \tag{3-53}$$

Canny 算子三条准则的数学描述如下：

(1) 信噪比准则　信噪比 SNR 定义为

$$SNR=\frac{\int_{-\omega}^{0}h(x)\mathrm{d}x}{\sigma\sqrt{\int_{-\omega}^{\omega}h^2(x)\mathrm{d}x}} \tag{3-54}$$

式中，$h(x)$ 为宽度为 ω 的滤波器的脉冲响应；σ 为高斯噪声的方均差。

信噪比越大，提取的边缘质量越高。

（2）定位精度准则　边缘定位精度 L 定义为

$$L=\frac{|h(0)|}{\sigma\sqrt{\int_{-\omega}^{\omega}h'^2(x)\mathrm{d}x}} \tag{3-55}$$

式中，$h'(x)$为 $h(x)$的导数。

L 越大，定位精度越高。

（3）单边缘响应准则　为了保证单边缘只有一个响应，检测算子的脉冲响应导数的零交叉点平均距离 D 应满足：

$$D=2\pi\left\{\frac{\int_{-\infty}^{\infty}h'^2(x)\mathrm{d}x}{\int_{-\omega}^{\omega}h''^2(x)\mathrm{d}x}\right\}^{1/2} \tag{3-56}$$

式中，$h''(x)$为 $h(x)$的二阶导数。

Canny 算子检测图像边缘的具体实现步骤为：

1）用高斯滤波器平滑图像。

2）计算滤波后图像梯度的幅值和方向。

3）对梯度幅值应用非极大值抑制，找出图像梯度中的局部极大值点，把其他非局部极大值点置零，得到细化的边缘。

4）使用双阈值算法检测和连接边缘，使用两个阈值 T_1 和 T_2（$T_1>T_2$），用 T_1 找到每条边缘线段，用 T_2在线段的两个延伸方向上寻找边缘的断裂处，连接边缘。

参考文献

[1] 冈萨雷斯．数字图像处理 [M]. 北京：电子工业出版社，2004.

[2] Kenneth R Castleman. Digital Image Processing [M]. 北京：清华大学出版社，1998.

[3] Martin A Fischler，Oscar Firschein. Readings in computer vision：issues，problems，principles，and paradigms [M]. California：Morgan Kaufmann Publishers，Inc.，1987.

[4] 夏良正．数字图像处理 [M]. 厦门：东南大学出版社，1999.

[5] 姚敏．数字图像处理 [M]. 北京：机械工业出版社，2006.

[6] 邓继忠，张泰岭．数字图像处理技术 [M]. 广东：广东科技出版社，2005.

[7] 郭磊．现场条件下大空间 3D 精密定位原理与方法研究 [D]. 天津：天津大学，2008.

[8] 郭磊，郁继贵，等．大尺寸三维形貌测量中同名非编码点的精确配准 [J]. 红外与激光工程，2008，37 (6)：1079-1082.

[9] 任同群．大型 3D 形貌测量高精度拼接方法与技术研究 [D]. 天津：天津大学，2008.

第4章　图像精密处理

视觉测量是利用测量图像空间内特征的定位信息还原实际物理空间内被测几何信息的一种测量方法，特征定位信息的精密提取是图像处理环节的根本目的。在经过图像预处理操作后，噪声信号得到抑制、有用特征信息得到增强，需要进一步进行特征信息的精密提取，以保证最终测量精度的实现。

图像精密处理技术是视觉测量的关键技术之一，需要指出的是，视觉测量中的图像精密处理技术与通常意义上的图像处理技术具有明显区别。首先，两者所关注的重点不同。提取精度是视觉测量中图像精密处理的关注重点，同时还要兼顾特征提取的速度和稳定性，一般并不注重图像处理的视觉效果。其次，两者的算法流程不同。视觉测量中的图像精密处理虽然遵循图像处理的基本原理和基本方法，但由于对象和目标的不同，其处理技术和算法流程也有所区别。

本章针对视觉测量中图像精密处理技术的特点，对其中所用到的典型处理方法进行针对性讨论，包括图像匹配、Hough 变换、金字塔多通道匹配方法、匹配精度分析、最小二乘匹配和测量模板构造、高质量光学控制点特性及其细分算法等。

4.1　图像匹配

图像匹配是实现特征提取常用的处理技术之一，是实现图像精密处理的基本方法。图像匹配是指对不同时间或不同空间位姿下获取的同一测量场景的两幅或多幅图像，在位置空间和灰度空间上进行的对准，或是根据已知的模式到其他图像中寻找相应的模式。

图像匹配算法涉及4部分内容：特征空间、搜索空间、相似性测度和搜索策略，如图4-1所示。

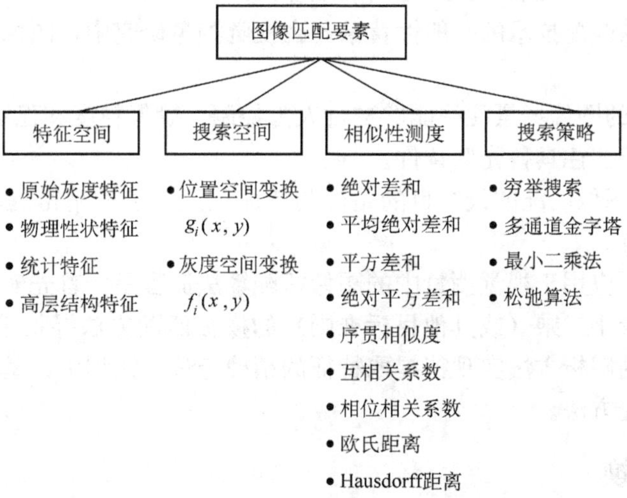

图4-1　图像匹配算法组成

1）特征空间：通过图像处理获得的用于图像匹配的信息（目标信息），包括图像灰度特征、几何形状特征（边缘、轮廓、角点、线交叉点及高曲率点等）、统计特征（矩不变量、中心等）和高层结构特征（结构描述与句法描述等）。

2）搜索空间：所有可能变换组成的空间。从数学角度来看，图像匹配问题是一个变换参数的最优化估计问题，所有待估计参数组成的空间就是搜索空间。

3）相似性测度：用来衡量匹配图像特征之间相似性的量值。对于基于灰度的匹配算法，一般采用区域间灰度值的相关性作为相似性测度，如灰度互相关系数等；对于基于特征的匹配算法，一般采用某种距离作为相似性测度，如欧氏距离、Hausdorff距离等。

4）搜索策略：在搜索空间中寻找相似性测度极值的算法，如穷举算法、多通道金字塔算法、最小二乘算法及松弛算法等。

评价匹配算法的性能指标主要包括匹配精度、匹配概率和匹配速度。匹配精度是指正确匹配的匹配误差均方差；匹配概率是指正确匹配的次数与总匹配次数的比值；匹配速度是指算法完成匹配的快慢程度。图像匹配追求的是匹配精度、匹配概率尽可能高，匹配速度尽可能快的算法。另外，匹配算法有各自的适用范围，相同的算法在处理不同的场景和应用环境图像时，表现出的精度、概率和速度不同，需要根据不同的图像情况选择算法。一般而言，图像模式和成像畸变的多样性是图像匹配问题的难点所在。

图像匹配的分类方法多种多样，较常用的有基于灰度的匹配方法和基于特征的匹配方法两种。

1）基于灰度的匹配方法：直接利用图像的灰度信息实现图像匹配的方法，通常利用一个二维图像模板在待匹配图像上进行二维搜索，通过计算两幅图像间的灰度相似性，寻找最佳匹配区域。这类算法容易理解，实现简单，匹配精度高，误匹配率低，但计算量巨大，且容易受图像采集时的光照、背景等条件的影响，难以解决图像灰度特征不一致时的匹配问题。

2）基于特征的匹配方法：通过图像预处理手段提取待匹配图像的特征，通过特征建立待匹配图像间映射关系的匹配方法。此类方法的优点是大大压缩了原始图像的信息量，算法计算量小（不考虑特征提取时间情况），速度快，适用于待匹配图像灰度不一致的情况，但这类方法需要可靠的特征提取和针对性的匹配算法。

上述情况是图像匹配技术的一般性背景，在视觉测量研究中，图像匹配问题有其自身特点和方法：

1）视觉测量中的图像场景往往能够进行人为控制（确保精度和稳定性），被测图像特征预先已知，图像匹配往往具备先验条件。

2）视觉测量中图像匹配的最终目的是被测特征位置信息的精密提取，匹配提取精度是图像匹配关注的重点。

基于上述考虑，应用于视觉测量中的图像匹配算法流程是：首先实现待提取特征的粗定位，然后利用基于最小二乘（或其他目标准则）的模板匹配方法寻找被测特征的边缘信息，通过基于边缘拟合的解析方法实现待提取特征的精确定位。流程中，基于灰度信息的匹配方法是常用的基本匹配方法。

4.1.1 Hough 变换

Hough 变换是应用最广泛的几何基元提取方法之一，是一种检测和定位直线的有效方法，也可推广至其他几何元素的提取。它将图像空间中的直线变换到参数空间中的某个点，建立图像空间到参数空间的映射关系，将图像空间中直线的检测问题转换为参数空间中满足某一条件的点检测问题。Hough 变换法具有明了的几何解析性，易于实现并行处理，不易受直线上小扰动、间隙的影响，具有很强的抗干扰能力。

Hough 变换的基本原理是：利用线—点的对偶性，建立图像空间中共线的点与参数空间中共点的线之间的对应关系。以基本的直线为例：在图像空间 Oxy 中，用直线方程

$$y=p_0x+q_0 \tag{4-1}$$

表示一条直线，其中 p_0 为斜率，q_0 为截距。式(4-1) 也可以写成

$$q_0=-xp_0+y \tag{4-2}$$

如图 4-2 所示，在图像空间 Oxy 中，同一条直线上的两个点（x_1，y_1）和（x_2，y_2）对应同一斜率和截距（p_0，q_0），这一关系在参数空间 Opq 中对应不同的描述，即相交于点（p_0，q_0）的两条直线分别为 $q_0=-x_1p_0+y_1$ 和 $q_0=-x_2p_0+y_2$。

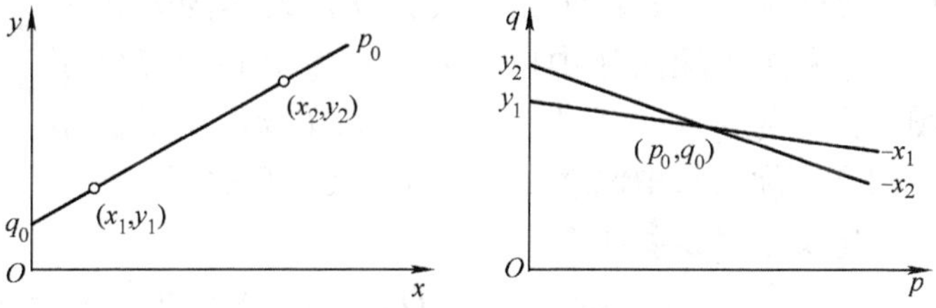

图 4-2　图像空间与参数空间的线—点对偶性

常用的 Hough 变换检测直线的方法是利用极坐标空间建立参数空间，用下式表示图像空间与参数空间之间的对偶关系：

$$\rho=x\cos\theta+y\sin\theta \tag{4-3}$$

式中，x 为像素点在图像空间中的横坐标；y 为像素点在图像空间中的纵坐标；ρ 为参数空间中的极径；θ 为参数空间中的极角。这种变换方法称为标准 Hough 变换（Standard Hough Transform，SHT），其优点是无论直线怎么变化，参数空间中的 ρ 和 θ 都是有限的。

由式(4-3) 可以看出：Hough 变换建立了图像空间与参数空间中点和线的对应关系，具有以下 4 条性质：

1）Oxy 空间中一点对应 $O\rho\theta$ 空间中一条正弦曲线。

2）$O\rho\theta$ 空间中一点对应 Oxy 空间中一条直线。

3）Oxy 空间中共线的 n 个点对应于 $O\rho\theta$ 空间中共点的 n 条正弦曲线。

4）$O\rho\theta$ 空间中位于一条曲线上的 n 个点对应于 Oxy 空间中共点的 n 条直线。

由性质 2 可知，在 Oxy 空间中任意一条直线经过 Hough 变换后，变为 $O\rho\theta$ 空间中的一个点，将图像空间中的直线检测转换成参数空间中的对应点检测，避免了图像空间的直线断裂等缺陷对算法的影响，简化了直线检测问题。

具体实现算法描述为：图像空间中每一个有效的待检测点对应参数空间中一条曲线，在参数空间中将 ρ 和 θ 分成许多小段 $\Delta\rho$ 和 $\Delta\theta$，每个小段构成一个区间（$\Delta\rho$，$\Delta\theta$），对应每一个区间建立一个累加器。图像中每一个有效点（x_i，y_i）对应参数空间中曲线

$$\rho=x_i\cos\theta+y_i\sin\theta \tag{4-4}$$

使 θ 分别等于 0、$\Delta\theta$、$2\Delta\theta$、…，求出相应的 ρ 值，然后累加（ρ，θ）位于每个区间中的次数，待图像中全部有效点都变换完成时，对各个区间进行检测。位于某个区间的计数达到临界值，说明此点是较多曲线的交点，这些曲线在图像空间中对应的点是共线的。将此交点的

坐标代入式(4-4) 即可得到逼近的直线方程。

4.1.2 基于灰度的模板匹配

基于灰度的匹配方法示意图如图 4-3 所示。常用的方法有序贯相似性匹配法、去均值归一化灰度相关法和归一化灰度组合相关法等。

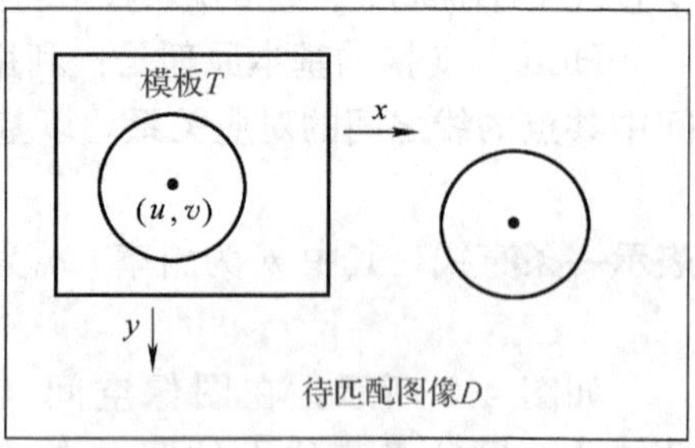

图 4-3 基于灰度的匹配方法

1. 序贯相似性匹配法（SSDA）

1972 年，Barnea 和 Silverman 最先提出了序贯相似性匹配法。算法描述如下：假设待匹配图像为 D，大小为 $M\times N$；匹配模板为 T，大小为 $m\times n$；$D_{(u,v)}$为待匹配图像中以（u，v）为中心的搜索子图，大小为$m\times n$；$D_{(u,v)}(x,y)$ 和 $T(x,y)$ 为搜索子图和匹配模板中像素点（x，y）处的灰度值。

定义绝对误差如下：

$$\varepsilon_{(u,v)}(x,y)=\left|\left[D_{(u,v)}(x,y)-\overline{D(x,y)}\right]-\left[T(x,y)-\overline{T(x,y)}\right]\right| \tag{4-5}$$

式中，

$$\overline{D(x,y)}=\frac{1}{mn}\sum_{x=1}^{m}\sum_{y=1}^{n}D_{(u,v)}(x,y),\overline{T(x,y)}=\frac{1}{mn}\sum_{x=1}^{m}\sum_{y=1}^{n}T(x,y)$$

选取阈值E，在搜索子图 $D_{(u,v)}$中随机抽取像点，按式(4-5) 计算该点与匹配模板中对应点的误差值。将得到的一系列误差值累加起来，当累积误差超过 E 时，停止计算并记录累加次数 r，则有：

$$R_{(u,v)}=\left\{r\left|\min_{1\leqslant r\leqslant mn}\left[\sum_{i=1}^{r}\varepsilon_{(u,v)}(x,y)\geqslant E\right]\right.\right\} \tag{4-6}$$

$R_{(u,v)}$反映的是误差小于E的像素点的多少，点数越多，匹配越符合，因此选取$R_{(u,v)}$最大的点（u，v）作为最佳匹配点。

2. 去均值归一化灰度相关法（NNPROD）

沿用上述的符号含义，定义去均值归一化互相关系数$\rho(u,v)$：

$$\rho(u,v)=\frac{\sum_{x=1}^{m}\sum_{y=1}^{n}\left[D_{(u,v)}(x,y)-\overline{D(x,y)}\right]\left[T(x,y)-\overline{T(x,y)}\right]}{\left\{\sum_{x=1}^{m}\sum_{y=1}^{n}\left[D_{(u,v)}(x,y)-\overline{D(x,y)}\right]^2\right\}^{\frac{1}{2}}\left\{\sum_{x=1}^{m}\sum_{y=1}^{n}\left[T(x,y)-\overline{T(x,y)}\right]^2\right\}^{\frac{1}{2}}} \tag{4-7}$$

$\rho(u,v)$ 描述的是搜索子图与匹配模板中所有像素灰度值的相关程度，$|\rho(u,v)|$越接近于1，搜索子图与匹配模板的匹配程度越好，因此选取$|\rho(u,v)|$最大的点（u，v）作为最佳匹配点。

3. 归一化灰度组合相关法（NIC）

归一化灰度组合相关法是一种基于归一化灰度组合矩阵来计算待匹配图像和匹配模板灰度相关性的匹配方法。假设待匹配图像与匹配模板的像素最大灰度级数均为G，在匹配位置（u，v）处，匹配模板中灰度为 r 的点与待匹配图像中灰度为 s 的点匹配对数为 $N_{(u,v)}(r,s)$

($0 \leqslant r \leqslant G-1$，$0 \leqslant s \leqslant G-1$)，称其为对函数。$r$、$s$ 从 0 至 $G-1$，均对应一个 $N_{(u,v)}(r, s)$，以每一个 $N_{(u,v)}$ (r, s) 作为元素构成一个 $G \times G$ 的矩阵，称为灰度组合矩阵，记为 $\boldsymbol{ICM}_{(u,v)}$。

以一个示例说明对函数和灰度组合矩阵：现有一个 3×3 的模板和一幅 6×6 的待匹配图像，其最大灰度级数均为 G＝4，灰度分布如图 4-4 所示。当前的搜索位置为 (u, v) ＝ (2，3)，此时的灰度组合矩阵 $\boldsymbol{ICM}_{(u,v)}$ 为

$$\boldsymbol{ICM}_{(2,3)} = \begin{bmatrix} 0 & 1 & 0 & 0 \\ 0 & 0 & 1 & 2 \\ 1 & 1 & 0 & 1 \\ 0 & 1 & 1 & 0 \end{bmatrix}, \boldsymbol{N}_{(2,3)}(4,3)=1$$

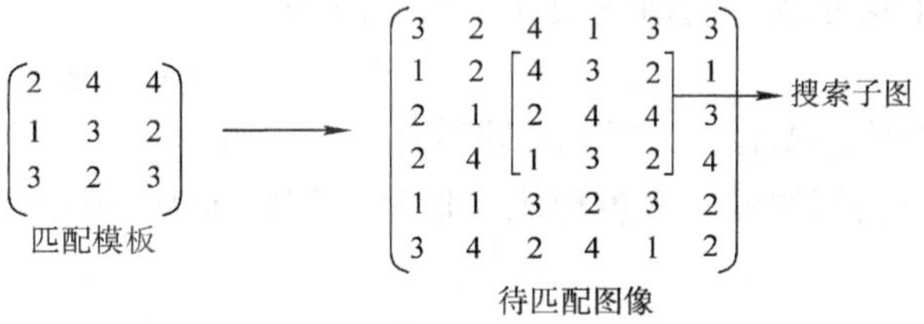

图 4-4　匹配搜索示意图

在灰度组合矩阵 $\boldsymbol{ICM}_{(u,v)}$ 的基础上，定义相似性测度 $p(u, v)$ 为

$$p(u,v) = \frac{1}{mn} \sum_{r,s=1}^{G} ICM_{(u,v)}(r,s) W(r,s) \tag{4-8}$$

式中，$ICM_{(u,v)}(r, s)$ 为灰度组合矩阵 $\boldsymbol{ICM}_{(u,v)}$ 第 r 行等 s 列的元素；$W(r, s)$ 为一个关于 r、s 的加权函数。

加权函数 $W(r, s)$ 不同，对应不同的相似性测度，能够产生不同的灰度匹配算法。例如：

1) $W(r, s) = |r-s|$，对应归一化灰度绝对差相关法；

2) $W(r, s) = r \times s$，对应归一化积相关法。

当两幅图像的灰度相差不大时，相似性测度 $p(u, v)$ 的值接近于 1；当其中一幅图像的灰度反转时，相似性测度 $p(u, v)$ 的值也接近于 1；当两幅图像完全不相关时，相似性测度 $p(u, v)$ 的值接近于 0。因此，可以通过相似性测度 $p(u, v)$ 的值来判断最佳匹配位置。

4.2　多频道匹配算法

基于灰度的匹配方法利用图像的灰度信息，需要处理大量数据，匹配算法计算量大。为提高匹配算法的速度、精度和稳定性，多通道匹配算法是一种高效且常用的方法。

多通道匹配算法是多尺度思想在图像匹配上的应用。早在 1971 年，Roserfeld 等人就提出利用多尺度算子实现边缘检测，1974 年，Hanson 与 Riseman 等人采用不同的空间分辨率来描述和处理图像，这种思想后来被 Crowley 继承和发展，形成著名的图像金字塔思想。将图像金字塔思想应用于图像匹配领域，便形成了多通道匹配算法，又称为多分辨率金字塔匹配算法。

多信道匹配算法的基本思想如下：首先对基准图像和待匹配图像做滤波处理，分别得到

两组不同分辨率的金字塔图像序列，如图 4-5 所示。然后从最高级（分辨率最粗级）开始进行逐级匹配，将上一级得到的结果作为预测值（粗定位值），限定搜索区域对下一级图像进行匹配，依次进行此过程直至完成原始图像的匹配。由于待匹配图像和基准图像的像元数均在指数量级上减少，匹配计算量大大降低，匹配速度显著提高。

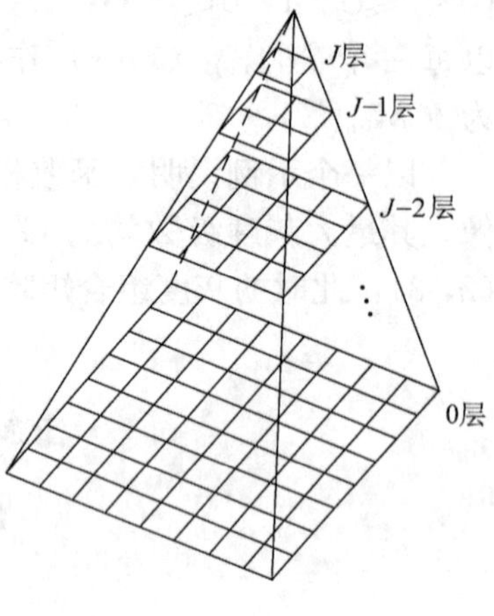

图 4-5 图像的金字塔结构

在获得金字塔图像序列后，利用基于灰度信息的匹配方法对每一级图像进行匹配，即可实现多通道图像匹配算法。通常是利用已知的滤波模板对待处理图像进行卷积运算，构造一系列的金字塔图像。常用的构造金字塔图像序列的滤波操作有邻域平均滤波、高斯滤波和小波滤波等。

1. 邻域平均滤波

对于一幅待匹配的原始图像，以 2×2 邻域作为一个子区域，将子区域内 4 个相邻像元的灰度值求和取平均值，作为一个像元的灰度值归并到上一层图层中，即有

$$I_{J+1}(x,y)=\frac{1}{4}\sum_{i=1}^{4}I_J(x_i,y_i) \tag{4-9}$$

式中，$I_J(x_i,y_i)$为当前图层 2×2 子区域内的像素灰度值；$I_{J+1}(x,y)$为上一图层归并后对应位置的像素灰度值。

2. 高斯滤波

高斯滤波是将高斯低通滤波算子与当前图层图像做卷积运算，得到上一层图像的操作方法。设原始图像为 P_0，图像金字塔中每层图像为 P_k，将当前层图像与一个具有低通特性的 5×5 高斯模板进行卷积，数学描述为

$$P_{k+1}(i,j)=\sum_{m=-2}^{2}\sum_{n=-2}^{2}W(m,n)P_k(2i+m,2j+n) \tag{4-10}$$

式中，$0\leqslant k\leqslant N-1$，$N$ 为图像金字塔的最高层；$0\leqslant i\leqslant W_k$，$0\leqslant j\leqslant H_k$，$W_k$ 和 H_k 为第 k 层金字塔图像的维数；$W(m,n)$ 是一个具有低通特性的 5×5 高斯窗口函数，满足 3 条基本特性：

1）可分离性：$W(m,n)=W(m)W(n)$。

2）对称性：$W(m)=W(-m)$。

3）归一性：$\sum_{m=-2}^{2}W(m)=1$。

按式(4-10) 进行迭代计算，即可得到一系列高斯金字塔图像序列。

3. 小波滤波

1989 年，Mallat 将数学领域的小波变换应用于图像处理领域，在多分辨率分析的基础上提出一种快速离散正交小波分解方法。如图 4-6 所示，对一幅图像进行小波分解，会生成 4 幅新图像，大小是原图像的 1/4，由作用于原图像水平和垂直方向的低通和高通滤波而命名。例如，对原始图像进行小波分解，生成 LL_1、LH_1、HL_1 和 HH_1 4 幅图像，LL_1 图像表示水平方向进行低通滤波和垂直方向进行低通滤波的结果，其他 3 幅图像与此相似。在进行

上一层小波分解时，仅仅使用 LL_1 进行小波分解。循环此过程，直至达到最高级图像为止。

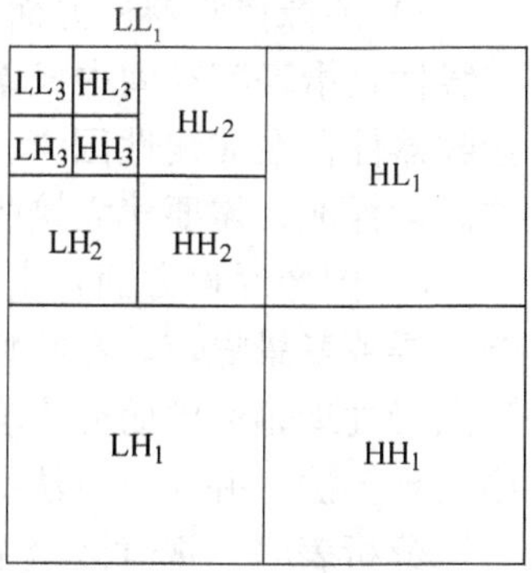

图 4-6　小波金字塔图像表示

小波变换的具体方法是将信号与一个具有两个参数的函数族作内积运算，与傅里叶变换十分相似，不同的是：傅里叶变换是以三角函数作为基底对信号进行展开，小波变换则是以局部化函数所形成的相似函数作为基底对信号进行展开。小波变换的定义为：设 $\varphi\in L^2\cap L^1$ 且 $\hat{\varphi}(0)=0$，按下式生成作为基底的函数族 $\{\varphi_{a,b}\}$：

$$\varphi_{a,b}(t)=|a|^{\frac{1}{2}}\varphi\left(\frac{t-b}{a}\right),a,b\in\mathbf{R},a\neq 0 \tag{4-11}$$

$\{\varphi_{a,b}\}$ 称为连续小波，φ 称为基本小波。在此基底函数族的基础上，定义信号 f 的小波变换 $W_f(b,a)$ 为

$$W_f(b,a)=\langle f,\varphi_{a,b}\rangle=|a|^{\frac{1}{2}}\int_R f(t)\varphi\left(\frac{t-b}{a}\right)\mathrm{d}t \tag{4-12}$$

式中，$a>0$，为尺度因子；b 为位移因子。

小波变换的基底可选。在具体应用中，需要根据原函数 f 的特点选择小波变换基 $\varphi(t)$，使小波变换能够更好地反应 f 的特征。

将连续小波的尺度和平移因子离散化：

$$a=a_0^m,b=nb_0a_0^m,a_0>1,b_0>0;m,n\in\mathbf{Z} \tag{4-13}$$

得到离散小波：

$$\Psi_{m,n}(t)=\frac{1}{\sqrt{a_0^m}}\Psi\left(\frac{t-nb_0a_0^m}{a_0^m}\right)=a_0^{-\frac{m}{2}}\Psi(a_0^{-m}t-nb_0) \tag{4-14}$$

信号 f 的离散小波变换定义为

$$DWT_f=\langle f,\Psi_{m,n}\rangle=a_0^{-\frac{m}{2}}\int_R f(t)\Psi_{m,n}(a_0^{-m}t-nb_0)\mathrm{d}t \tag{4-15}$$

待处理图像是二维离散数字信号，因此需要使用二维离散小波变换。二维离散小波变换通过对图像在行方向和列方向分别做一维离散小波变换实现。

4.3　处理精度分析

视觉测量中，图像处理精度一般指原始图像中被测特征的位置提取精度。图像精密处理需要从包含噪声干扰的图像信号中还原被测特征在空间的真实灰度分布，进而提取被测特征在图像上的精确位置，为测量解算提供基础。仅考虑前端成像环节，从实际被测特征到测量图像，干扰环节和因素是多方面的，如光学镜头影响、图像接收器件影响以及由于光照、背景等环境因素产生的其他噪声。

1）光学镜头方面：在信号传输角度看，光学镜头等同于低通滤波器，被测空间点经过光学镜头后在接收器件上形成弥散斑。同时由于光学镜头自身存在制造误差，导致弥散斑的灰度分布非对称性，另有衍射误差等其他因素，都会影响提取精度。如果充分考虑光学系统对成像灰度分布的影响，需要依据信号理论，深入研究光学镜头的系统特性，寻找光学镜头的传递函数及误差模型，从理论上消除光学镜头引入的误差。

2）图像接收器件方面：接收器件的线性特性是影响提取精度的主要因素之一。接收器的线性是指真实空间中成像特征的光强与接收器感知的图像灰度之间的线性关系。如果图像接收器件存在非线性因素，提取的特征位置与真实位置将存在一定偏差，即非线性提取误差。同样地，需要建立接收器的传递函数及误差模型，精确恢复原始特征信息。

3）图像噪声方面：由于视觉传感器在采集图像时受到光照、空气、温度等环境因素影响，导致背景噪声，影响特征提取精度。噪声引起的特征提取误差与具体处理算法有关，属于图像处理领域的研究内容，需要寻找能够从包含噪声的图像中还原被测特征真实信息的精密处理算法，并建立算法提取精度的评价方法。

分析表明，视觉测量中图像处理精度不仅与图像本身有关，更与成像系统的硬件特性等密切相关。要控制视觉测量精度，建立测量精度的评价方法，需要从整个测量过程入手，严格控制和评价每一个中间过程环节，涉及光学设计、算法研究、信号处理方法及硬件特性等诸多方面的内容，全面研究这些问题超出本书的讨论范围。不失一般性，在不考虑光学镜头、图像接收器件等环节的前提下，仅讨论利用图像处理算法处理测量图像时，评价提取精度的方法。

基于灰度匹配方法利用待匹配窗口与匹配模板窗口的整体灰度分布相关性判定待提取特征的位置，实际测量图像中的几何特征与模板相比，存在一定程度的变形，影响待匹配窗口与匹配模板窗口整体灰度相关度分布，造成匹配位置与真实位置之间存在偏差，称为匹配误差。匹配误差是反映图像匹配中特征提取精度的评价指标，匹配误差方差越小，提取精度越高，可以用匹配误差的方差描述特征的提取定位精度。

以去均值归一化相关匹配法为例，其相关函数为

$$\rho(u,v)=\frac{\sum_{x=1}^{m}\sum_{y=1}^{n}[D_{(u,v)}(x,y)-\overline{D(x,y)}][T(x,y)-\overline{T(x,y)}]}{\left\{\sum_{x=1}^{m}\sum_{y=1}^{n}[D_{(u,v)}(x,y)-\overline{D(x,y)}]^2\right\}^{\frac{1}{2}}\left\{\sum_{x=1}^{m}\sum_{y=1}^{n}[T(x,y)-\overline{T(x,y)}]^2\right\}^{\frac{1}{2}}} \tag{4-16}$$

设匹配位置为（u，v），真实位置为（u_0，v_0），将相关函数 $\rho(u,\ v)$ 在真实位置（u_0，v_0）处展开成二阶泰勒级数近似式：

$$\rho(u,v_0)\approx\rho(u_0,v_0)+\rho_u(u_0,v_0)(u-u_0)+\frac{1}{2}\rho_{uu}(u_0,v_0)(u-u_0)^2 \tag{4-17}$$

其中，

$$\rho_u(u_0,v_0)=\frac{\partial\rho(u,v)}{\partial u}\Big|_{u=u_0,v=v_0} \tag{4-18}$$

$$\rho_{uu}(u_0,v_0)=\frac{\partial^2\rho(u,v)}{\partial u^2}\Big|_{u=u_0,v=v_0} \tag{4-19}$$

由于（u，v）是根据式(4-16）计算求得的估计位置，因此相关函数 $\rho(u,\ v)$ 必满足极值条件

$$\frac{\partial\rho(u,v_0)}{\partial u}=0 \tag{4-20}$$

将式(4-16）两边对 u 求导数，结合式(4-20）可得

$$\frac{\partial\rho(u,v_0)}{\partial u}=0=\rho_u(u_0,v_0)+\rho_{uu}(u_0,v_0)(u-u_0) \tag{4-21}$$

因此，u 的误差表示式为

$$\Delta u=u-u_0=-\frac{\rho_u(u_0,v_0)}{\rho_{uu}(u_0,v_0)} \tag{4-22}$$

同理，v 的误差表示式为

$$\Delta v=v-v_0=-\frac{\rho_v(u_0,v_0)}{\rho_{vv}(u_0,v_0)} \tag{4-23}$$

u 的方差为

$$D(\Delta u)=E\left\{\left[\frac{\rho_u(u_0,v_0)}{\rho_{uu}(u_0,v_0)}\right]^2\right\}-\left\{E\left[\frac{\rho_u(u_0,v_0)}{\rho_{uu}(u_0,v_0)}\right]\right\}^2 \tag{4-24}$$

v 的方差为

$$D(\Delta v)=E\left\{\left[\frac{\rho_v(u_0,v_0)}{\rho_{vv}(u_0,v_0)}\right]^2\right\}-\left\{E\left[\frac{\rho_v(u_0,v_0)}{\rho_{vv}(u_0,v_0)}\right]\right\}^2 \tag{4-25}$$

一般来说，基于去均值归一化灰度相关匹配方法能够达到 0.05 像素水平的提取精度。

4.4　最小二乘模板匹配

上述灰度匹配算法具有良好的抗干扰能力，能够有效提取模式特征，稳定性好，在图像不存在几何变形情况下，具有足够的定位精度。但一旦模板和待处理图像发生几何变形，特征提取精度将大大降低，此时应当寻找更加精细的几何特征元素。边缘是常用的特征元素。利用基于灰度的最小二乘模板匹配方法，寻找待提取特征的精确边缘，可以大大提高提取精度和稳定性。

4.4.1　最小二乘模板匹配法

1984 年，德国 Ackermann 教授提出最小二乘影像匹配方法，1991 年，Gruen 等人在此方法上进行扩展，以给定的模式作为参考模板，提出最小二乘模板匹配方法。此方法具有精度高，稳定性和灵活性强等优点，是目前应用最广泛的高精度模板匹配方法之一。

下面以利用最小二乘模板匹配方法实现特征边缘提取为例，分析最小二乘模板匹配方法的基本原理和基本方法。

由于被测特征模式在测量前已知（先验条件），根据被测特征的预定模式，通过数学分析方法生成一个理想的小块边缘模板，使用此模板与测量图像进行匹配，精确提取特征的边缘位置，进而利用解析方法求解被提取特征的特征点，如图 4-7所示。

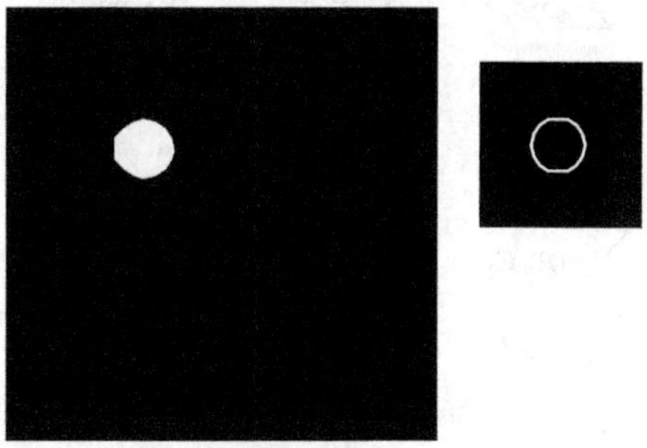

图 4-7　测量图像与边缘模板

设 $f(x, y)$ 表示给定模板的灰度，$g(x, y)$ 表示测量图像匹配窗口的灰度，由于模板与测量图像的匹配子图间存在仿射变换，有

$$\begin{cases}x_g=a_0+a_1x_f+a_2y_f\\ y_g=b_0+b_1x_f+b_2y_f\end{cases} \tag{4-26}$$

式中，(x_f, y_f) 为给定模板上的点；(x_g, y_g) 为测量图像中的对应点。匹配过程就是解算

出变换参数（a_0，a_1，a_2，b_0，b_1，b_2），待提取边缘点在给定模板上的精确坐标已知，在获得精确变换参数的情况下，即可得到测量图像中待提取边缘点的精确位置。

$g(x_g,\ y_g)$ 在（$a_0=0$，$a_1=1$，$a_2=0$，$b_0=0$，$b_1=0$，$b_2=1$）处展开成泰勒级数，结合式(4-26) 有

$$
\begin{aligned}
g(x_g,y_g)=&\left|\frac{\partial g}{\partial x_f}\right|da_0+\left|x_f\frac{\partial g}{\partial x_f}\right|da_1+\left|y_f\frac{\partial g}{\partial x_f}\right|da_2+\\
&\left|\frac{\partial g}{\partial y_f}\right|db_0+\left|x_f\frac{\partial g}{\partial y_f}\right|db_1+\left|y_f\frac{\partial g}{\partial y_f}\right|db_2+g(x_f,y_f)
\end{aligned}
\tag{4-27}
$$

式中，（da_0，da_1，da_2，db_0，db_1、db_2）为变换参数（a_0，a_1，a_2，b_0，b_1，b_2）的改正数。由式(4-27) 可知对应点的灰度差为

$$
\begin{aligned}
v=g(x_g,y_g)-f(x_f,y_f)=&\left|\frac{\partial g}{\partial x}\right|_{x=x_f}\right|da_0+\left|x_f\frac{\partial g}{\partial x}\right|_{x=x_f}\right|da_1+\left|y_f\frac{\partial g}{\partial x}\right|_{x=x_f}\right|da_2+\\
&\left|\frac{\partial g}{\partial y}\right|_{y=y_f}\right|db_0+\left|x_f\frac{\partial g}{\partial y}\right|_{y=y_f}\right|db_1+\left|y_f\frac{\partial g}{\partial y}\right|_{y=y_f}\right|db_2+g(x_f,y_f)-f(x_f,y_f)
\end{aligned}
\tag{4-28}
$$

依据最小二乘法准则可知，方均误差最小，因此有

$$
\begin{cases}
\dfrac{\partial\sum v^2}{\partial da_i}=0\\[2ex]
\dfrac{\partial\sum v^2}{\partial db_i}=0
\end{cases},\quad i=0,1,2
\tag{4-29}
$$

式中，求和符号是指对窗口内的所有像素点求和。令

$$
g_x=\left.\frac{\partial g}{\partial x}\right|_{x=x_f},g_y=\left.\frac{\partial g}{\partial y}\right|_{y=y_f}
\tag{4-30}
$$

由式(4-29) 可推出下列矩阵方程：

$$
\begin{pmatrix}
\sum g_x^2 & \sum xg_x^2 & \sum yg_x^2 & \sum g_xg_y & \sum xg_xg_y & \sum yg_xg_y\\
\sum xg_x^2 & \sum x^2g_x^2 & \sum xyg_x^2 & \sum xg_xg_y & \sum x^2g_xg_y & \sum xyg_xg_y\\
\sum yg_x^2 & \sum xyg_x^2 & \sum y^2g_x^2 & \sum yg_xg_y & \sum xyg_xg_y & \sum y^2g_xg_y\\
\sum g_xg_y & \sum xg_xg_y & \sum yg_xg_y & \sum g_y^2 & \sum xg_y^2 & \sum yg_y^2\\
\sum xg_xg_y & \sum x^2g_xg_y & \sum xyg_xg_y & \sum xg_y^2 & \sum x^2g_y^2 & \sum xyg_y^2\\
\sum yg_xg_y & \sum xyg_xg_y & \sum y^2g_xg_y & \sum yg_y^2 & \sum xyg_y^2 & \sum y^2g_y^2
\end{pmatrix}
\begin{pmatrix}
da_0\\ da_1\\ da_2\\ db_0\\ db_1\\ db_2
\end{pmatrix}
=
\begin{pmatrix}
\sum g_x\Delta\\ \sum xg_x\Delta\\ \sum yg_x\Delta\\ \sum g_y\Delta\\ \sum xg_y\Delta\\ \sum yg_y\Delta
\end{pmatrix}
\tag{4-31}
$$

其中，$\Delta=g(x_f,y_f)-f(x_f,y_f)$。

求解此矩阵方程即可获得变换参数的改正数（da_0，da_1，da_2，db_0，db_1，db_2）。

最小二乘算法是一个迭代的过程，将第一步的粗提取结果作为变换参数的迭代初值，根据矩阵方程求解变换参数的改正数，进而利用改正后的参数对测量图像中的点进行重采样，计算模板与匹配子图的相关系数，若相关系数大于预定阈值，则迭代结束，计算出最优匹配位置和相应的误差，否则重复迭代过程。

应用最小二乘模板匹配法，通常将测量图像中的待匹配子图像旋转成水平影像，采用一维搜索实现匹配。在对测量图像中的点进行重采样时，常采用双线性插值法实现。

4.4.2 自适应模板的构造

应用最小二乘模板匹配方法，匹配模板是利用预先已知的先验条件，通过数学方法人为构造，即事先构造灰度分布满足被测特征模式且分布理想的标准模板。实际中由于标准模板灰度分布是理想的，而测量图像的灰度分布受采集图像时的环境影响，与标准模板在灰度分布上不一致，直接利用标准模板进行匹配，匹配算法稳定性差、匹配精度低。解决问题的有效方法是在标准模板的基础上，根据实际图像利用相关系数生成自适应模板，然后使用自适应模板进行匹配，从而保证匹配精度和算法的稳定性。

设 $g_{实际}$ 和 $g_{标准}$ 分别表示实际图像模板和标准模板的灰度分布，则有

$$g_{实际}=h_0+h_1g_{标准} \tag{4-32}$$

式中，h_0 和 h_1 为辐射畸变参数。为方便描述，用 g_1 和 g_2 表示实际图像和标准模板的灰度分布。产生自适应模板的误差方程式为

$$v=h_0+h_1g_2-g_1 \tag{4-33}$$

由最小二乘原理可知，h_0 和 h_1 的最优值必满足：

$$v^2=(h_0+h_1g_2-g_1)^2=\min \tag{4-34}$$

式(4-34) 必满足极值条件

$$\begin{cases} \dfrac{\partial v^2}{\partial h_0}=\dfrac{\partial(h_0+h_1g_2-g_1)^2}{\partial h_0}=0 \\ \dfrac{\partial v^2}{\partial h_1}=\dfrac{\partial(h_0+h_1g_2-g_1)^2}{\partial h_1}=0 \end{cases} \tag{4-35}$$

得到法方程式

$$\begin{cases} nh_0+(\sum g_2)h_1=\sum g_1 \\ (\sum g_2)h_0+(\sum g_2^2)h_1=\sum g_1g_2 \end{cases} \tag{4-36}$$

求解式(4-36) 得到 h_0 和 h_1 的解为

$$\begin{cases} h_0=\dfrac{(\sum g_1g_2\sum g_2-\sum g_2^2\sum g_1)}{(\sum g_2\sum g_2-n\sum g_2^2)} \\ h_1=\dfrac{(\sum g_1\sum g_2-n\sum g_1g_2)}{(\sum g_2\sum g_2-n\sum g_2^2)} \end{cases} \tag{4-37}$$

式中，n 为实际图像匹配子图或标准模板的像素数（实际图像匹配子图与标准模板的大小相同）；求和符号表示对各自图像内所有像素求和。

在获得辐射畸变参数 h_0 和 h_1 后，将标准模板代入式(4-32) 求得自适应模板。

4.5 光学控制点

视觉精密测量中，由于被测目标自身特征的提取精度不高且较易受环境影响，通常在被测目标上设置光学控制点来产生明显的特征信息，以此来提高测量精度。光学控制点可分为

被动反光和主动发光两种，被动反光式主要以定向反光标志为主，主动发光式通常以点状光源为主。

4.5.1 定向反光标志

定向反光标志 RRT（Retro-Reflective Target）由定向反光材料制成，其特点是反射亮度比漫反射标志高数百至上千倍，且主要受人工照明条件影响（环境光照影响很小，可忽略），通过调节闪光强度、曝光时间和光圈大小，能够得到高对比度的理想图像。由于 RRT 无需供电，设置方便，在精密工业测量中应用广泛，特别是需要一次性获得大量数据的场合。

图 4-8 所示的是 3M 公司采用工程级（平顶型玻璃微珠材料）、超强级（微晶立方角体材料）和钻石级（微晶立方角体材料）反光膜制作的圆形 RRT 标志。

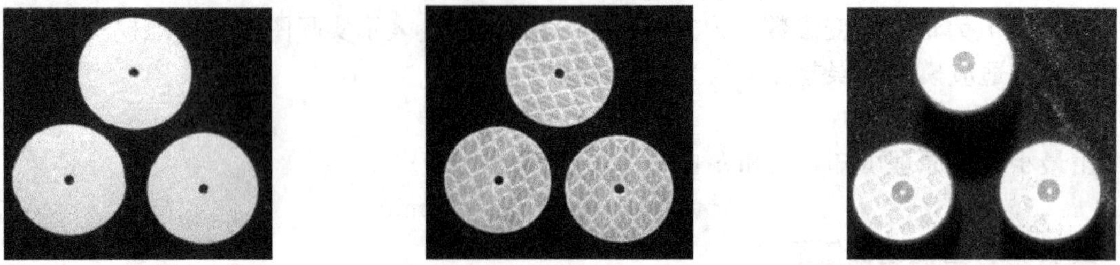

a) 工程级　　b) 超强级　　c) 钻石级

图 4-8　3M 公司的圆形 RRT 标志

图 4-9 是采用尼康 D2H 数码相机在闪光强度和曝光时间一定的条件下，光圈系数分别为 F8、F14 和 F22 时拍摄的室内活动控制架的影像。可以看出：通过调节曝光时间、闪光强度及光圈等参数可以对图像质量进行控制，使背景灰度较低，而 RRT 标志保持较高的灰度，达到较高的图像对比度。工程实际应用中，需要根据现场条件合理配置闪光强度、曝光时间、光圈等成像参数，使测量图像更接近理想图像，确保后续处理过程更简单、更快速、更稳定的实现。

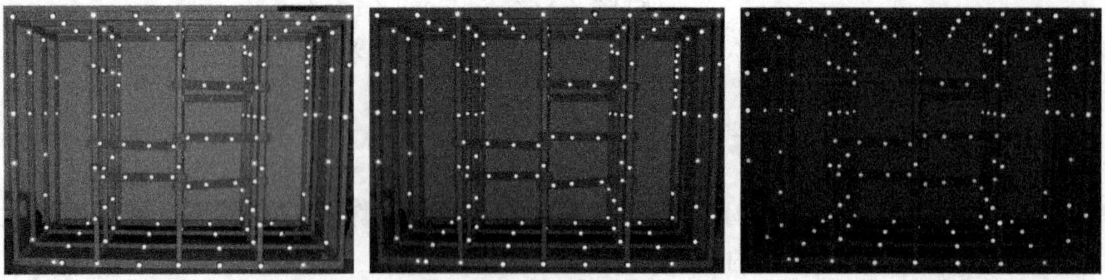

a) F8　　b) F14　　c) F22

图 4-9　不同背景亮度的 RRT 标志影像

4.5.2 点状光源

由于 RRT 反光面积较大，且实际成像特征的灰度分布无规律，图像处理精度有限，在高精度测量中常采用点状光源。点状光源主要有半导体激光器（LD 光源）和红外发光二极管（红外 LED 光源）两类，其外形和实际成像光斑如图 4-10 和图 4-11 所示。

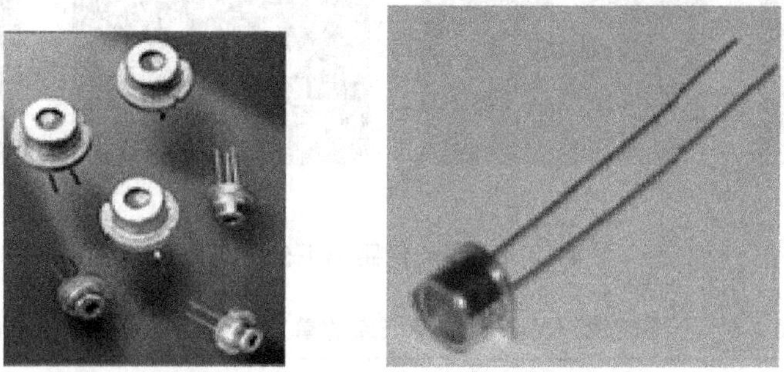

a)半导体激光器　　b)红外LED

图 4-10　点状激光器光源

a)半导体激光器　　b)红外LED

图 4-11　实际成像光斑

点状光源具有良好的发光特性，有如下特点：

1）体积小，外截面半径仅为 2mm 左右，易于安装在靶标或基准尺上。

2）亮度稳定且可调节，不易受外界光源影响，以稳流电路为驱动电源，亮度可通过控制电流大小进行调节。

3）波长固定，单色性好，可结合滤光片得到高质量的理想图像。

4）发光单元尺寸小，仅为亚毫米量级，成像灰度线形好，能够获得较高的提取精度。

4.5.3　红外 LED 特性

红外发光二极管（LED）不仅具有点状光源的所有特点，还具有低功耗、耐振动、可靠性好、寿命长、亮度高、显示清晰及感应快等特点。更重要的是，红外 LED 的光斑特征具有很高的定位稳定性。

一方面，当成像距离和成像角度发生明显变化时，红外 LED 的光斑特征仍能保持较好的图像质量和定位稳定性。图 4-12 所示的是不同成像距离下的光斑图像；表 4-1 所示的是对应不同成像距离下固定特征点的单方向定位稳定性；图 4-13 所示的是不同成像角度下的光斑图像；表 4-2 所示的是不同成像角度下固定特征点的单方向定位稳定性。

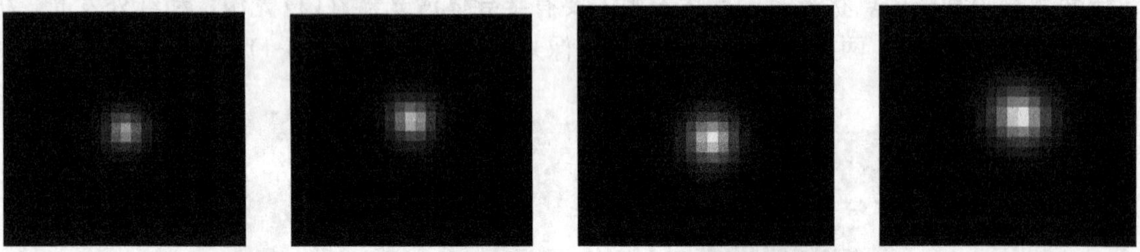

a) 2m　　b) 2.5m　　c) 3m　　d) 3.5m

图 4-12　不同成像距离下的光斑图像

表 4-1　不同成像距离下固定特征点的单方向定位稳定性（x 方向）

物距/m	最大值/像素	最小值/像素	极差/像素
2	1009.164673	1009.147364	0.017309
2.5	976.025829	976.011567	0.014262
3	1012.197557	1012.179099	0.018458
3.5	978.145152	978.1243	0.020852

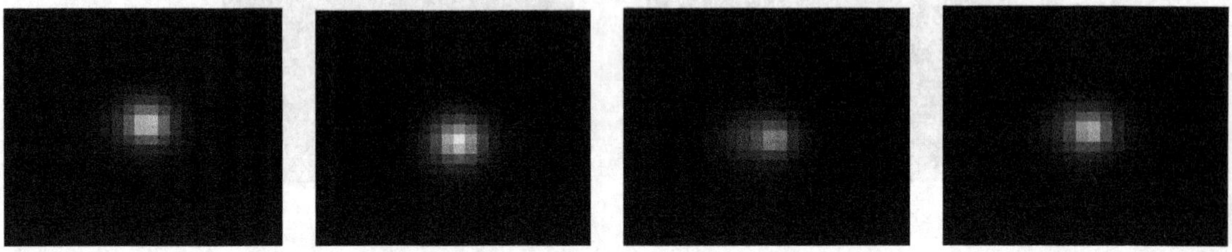

a) 0°　　b) 15°　　c) 30°　　d) 45°

图 4-13　不同成像角度下的光斑图像

表 4-2　不同成像角度下固定特征点的单方向定位稳定性（x 方向）

成像角度	最大值/像素	最小值/像素	极差/像素
0°	927.013275	927.006852	0.006423
15°	927.003729	926.997195	0.006534
30°	927.040573	927.032195	0.008378
45°	928.02915	928.01247	0.016679

由表 4-1 可以看出，成像距离在 2～3.5m 范围内变化时，红外 LED 光斑特征的单方向定位重复性误差为 0.02 像素；由表 4-2 可以看出：成像角度在－45°～45°范围内，红外 LED 光斑特征的单方向定位重复性误差小于 0.02 像素，尤其在－15°～15°范围内时，重复性误差小于 0.007 像素。

另一方面，红外 LED 的光斑特征在供电电压变化的情况下，也能保持很好的定位稳定性。图 4-14 所示为供电电压变化时红外 LED 光斑特征的单方向位置变化曲线。

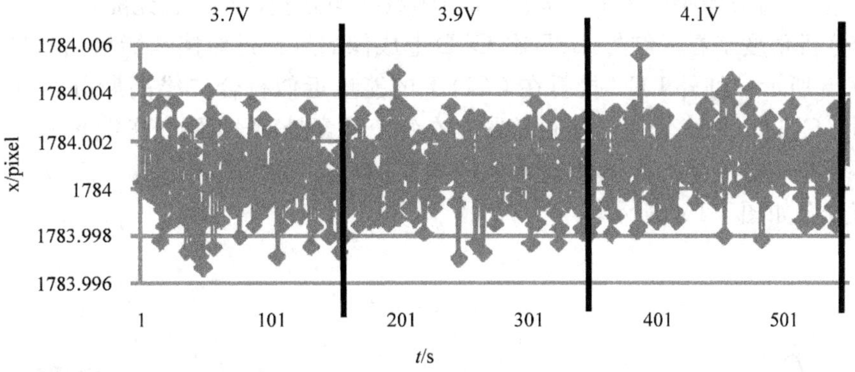

图 4-14　供电电压变化时红外 LED 光斑特征的单方向位置变化（x 轴）

由图 4-14 可以看出，供电电压变化对光斑特征的位置影响十分微小，电压从 3.7V 变化至 4.3V，光斑特征的定位重复性误差小于 0.01 像素。

红外 LED 光斑特征的位置提取具有很高的稳定性，由成像距离、成像角度、供电电压变化等因素引起的定位重复性误差十分微小，为获得理想的图像质量和定位精度提供基础保障。

因此，在实际测量的过程中，红外 LED 并不需要严格的电源控制，对于现场电源电压的不稳跳动，或者突然通电中断，只要保证摄像机和激光点的相对位置没有改变，并不会对测量结果造成影响。

从表 4-3 可以看出，30°之内的成像偏差和 0°时的成像偏差相差很小，而 45°的成像偏差就成倍地增加了，因此实际使用中应尽量保持红外 LED 的视场角在 30°之内。

表 4-3　视场角的影响

视场角	最大值/像素	最小值/像素	极差/像素
0°	927.013275	927.006852	0.006423
15°	927.003729	926.997195	0.006534
30°	927.040573	927.032195	0.008378
45°	928.02915	928.01247	0.016679

以上通过对红外 LED 光源特性的分析，将红外 LED 作为光学控制点，其对外部电源没有特殊要求，而且只要使红外 LED 在摄像机的焦平面附近和视场角保持在 30°以内，就可以保证测量精度在最佳范围内。

4.5.4　高倍率图像细分

目前工业测量中采用的成像器件一般不超过千万像素，单方向上的分辨率约为 3000 像素，即相对精度为 1/3000，对于要求为 0.01～0.02mm/m 的高精度测量，对应的图像处理精度为 1/50000～1/100000。若图像特征提取精度仅为像素级，远不能达到测量精度要求，需要采用高倍率图像细分技术来提高图像特征的提取精度。

对于红外 LED，能量分布可近似认为是二维高斯分布，模型可表示为

$$I(x,y)=\frac{I_0}{2\pi\sigma_{\text{psf}}^2}\exp\left[-\frac{(x-x_0)^2}{2\sigma_{\text{psf}}^2}\right]\exp\left[-\frac{(y-y_0)^2}{2\sigma_{\text{psf}}^2}\right] \tag{4-38}$$

式中，(x_0，y_0) 为成像中心坐标；σ_{psf}为高斯函数的均方差；I_0为总光能。

从信号分析角度来看，红外 LED 在 CCD 上成像的过程是对连续能量信号进行采样的过程，如图 4-15 所示，红外 LED 投射在 CCD 上的能量近似符合二维高斯分布（一维方向上见图 4-15a)；CCD 以像素为单位进行接收，在每个像素处对 LED 光斑能量进行采样，经过光电转换等环节，将连续的能量曲线转换成离散的灰度值曲线（见图 4-15b)；LED 光斑的二维灰度值分布如图 4-15c 所示。

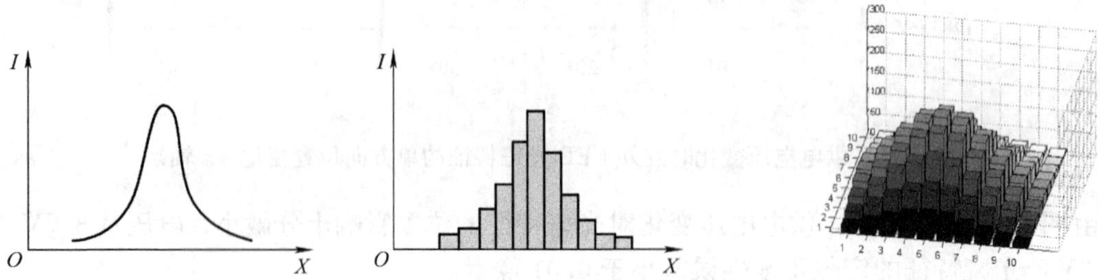

a) 红外LED投射在CCD上的能量　b) 离散的灰度值曲线　c) LED光斑的二维灰度值

图 4-15　红外 LED 光斑能量的采样过程

由奈奎斯特采样定理可知，采样频率大于信号最高频率的 2 倍时，才能从采样信号中完全恢复原始信号，实际应用中一般保证采样信号是原始信号最高频率的 5～10 倍。对于图 4-15所示的采样过程，采样频率由 CCD 最小分辨率决定。CCD 的最小分辨率为单个像素，是固定值，即采样频率已经固定，在此条件下对光斑特征的带宽提出要求。若光斑特征的带宽过大，信号采样过程不满足采样定理，将无法精确恢复原始信号信息，影响光斑特征的位置提取精度。当成像过程满足采样定理条件时，可以利用光斑图像精确恢复原始信号，进而采用更高的采样频率（例如 0.1 像素或 0.01 像素）对原始信号进行更精细的重新采样，以新的采样信号为基础提取更精细的光斑特征位置，提高光斑特征位置的提取精度，这是高倍率图像细分算法的理论基础。

质心法是常用的高倍率图像细分算法，虽然算法简单直观，但对图像特征区域的划分较敏感。采用红外 LED 作为光学控制点，结合滤光片等其他控制手段，能够得到高对比度的准理想图像，保证图像特征区域划分能够简单稳定的实现，在此条件下，采用质心法实现高倍率图像细分，能够得到很好的提取精度。质心法采用图像特征有效区域的质心作为特征点的精确位置，分为传统质心法、阈值质心法和平方加权质心法等。

1. 传统质心法

设待提取特征区域的灰度值表示为 $f(x, y)$，$0<x<j$，$0<y<j$，传统质心法的数学描述为

$$x_m = \frac{\sum_{ij} x f(x,y)}{\sum_{ij} f(x,y)}, y_m = \frac{\sum_{ij} y f(x,y)}{\sum_{ij} f(x,y)} \tag{4-39}$$

式中，(x_m，y_m) 为待提取特征的质心位置。传统质心法实际上是计算图像的一阶矩，为了提高质心法的提取精度，发展了阈值质心法、平方加权质心法等几种改进形式。

2. 阈值质心法

沿用上述符号定义，阈值质心法的数学描述如下：

$$x_m = \frac{\sum_{ij} x(f(x,y)-T)}{\sum_{ij}(f(x,y)-T)}, y_m = \frac{\sum_{ij} y(f(x,y)-T)}{\sum_{ij}(f(x,y)-T)} \tag{4-40}$$

式中，T 为灰度阈值。阈值质心法相当于将原图像灰度值减去阈值 T，再进行质心法定位。为了消除背景灰度的影响，常采用背景灰度作为阈值 T。

3. 平方加权质心法

平方加权质心法的数学描述如下：

$$x_m = \frac{\sum_{ij} x f^2(x,y)}{\sum_{ij} f^2(x,y)}, y_m = \frac{\sum_{ij} y f^2(x,y)}{\sum_{ij} f^2(x,y)} \tag{4-41}$$

平方加权质心法采用灰度值的二次方代替原始灰度值作为权值，加强了灰度值较大（距离中心较近）的像素点对质心位置的影响，加大了信噪比高的像素点的权重，使算法抗干扰能力更强，精度更高。

参考文献

[1] 张永军．基于序列图像的工业钣金件三维重建与视觉检测 [D]. 武汉：武汉大学，2002.

[2] 蒋国华．视觉传感器及其图像匹配算法 [D]. 杭州：浙江大学，2007.

[3] 陈智．图像匹配技术研究 [D]. 武汉：华中师范大学，2006.

[4] 张强．图像匹配算法研究 [D]. 西安：西安电子科技大学，2006.

[5] 饶俊飞．基于灰度的图像拼接方法研究 [D]. 武汉：武汉理工大学，2005.

[6] 唐永鹤．基于特征点的图像匹配算法研究 [D]. 长沙：国防科技大学，2007.

[7] 王化楠．Hough 变换在视觉检测系统中的应用研究 [D]. 大连：大连理工大学，2006.

[8] Daniel I Barnea, Harvey E Silverman. A class of algorithms for digital image registration [J]. IEEE Transactions on computers, 1972, c-21 (2): 179-186.

[9] Nicolas Guil, Julio Villalba, Emilio L Zapata. A Fast Hough Transform for Segment Detection [J]. IEEE Transactions on Image Processing, 1995, 4(11): 1541-1548.

[10] 王昱，赵正校，等．基于样本线搜索和霍夫变换的区域定位算法 [J]. 红外与激光工程，1999，28(4)：16-20.

[11] 李峰，周源华．采用金字塔分解的最小二乘影像匹配算法 [J]. 上海交通大学学报，1999，33(5)：513-515.

[12] 蒋晓瑜，黄应清．基于小波变换的多分辨模板匹配 [J]. 中国图像图形学报，2000，5(4)：304-308.

[13] 王岩松，阮秋琦．基于最小二乘互相关算法的图像定位匹配研究 [J]. 通信学报，2003，24(9)：80-86.

[14] 邹剑．光学数码坐标测量精度改进研究 [D]. 天津：天津大学，2009.

[15] 冯文灏，李欣，高新乔．近景摄影测量的标志与坐标传递件 [J]. 测绘信息与工程，2000(3)：21-24.

[16] 黄桂平，范生宏，贺磊等．视觉测量技术在大型天线模胎检测中的应用 [J]. 地理空间信息，2004，2(6)：29-30.

[17] Trinder, JC. Precision of digital target location [J]. Photogramm and Remote Sensing, 1989, 55(6).

[18] Trinder J, Jansa J, Huang Y. An assessment of the precision and accuracy of methods of digital target location [J]. ISPRS J Photogramm and Remote Sensing, 1995, 50(2).

第 5 章　图像的硬件处理

5.1　硬件处理概述

图像处理是视觉测量的基础，需要的硬件系统与测量系统密切相关，测量速度、测量精度、系统可靠性、体积、重量等都是影响硬件平台选择的因素。随着通用计算机的成本降低和性能提高，应用日益普及，很多图像处理（如前面讨论的预处理和精密处理）工作都可以在通用计算机平台上实现。通用计算机进行图像处理具有很强的通用性和灵活性，但也受硬件结构、功耗和体积等因素的限制，在处理时效性、专业性和应用方便性等方面存在一定局限。比较而言，嵌入式处理系统在硬件结构、代码执行效率和算法优化能力等方面具有特色，更适合于专用的图像处理领域。需要特别指出的是，目前的嵌入式图像处理系统可以快速完成几乎所有典型的处理算法，使其在图像处理领域的应用性得到了很大程度的提升。

相对于通用平台的图像处理系统，嵌入式图像处理系统有以下几个优点：

1）实时性好，代码的执行效率高，处理芯片的结构与外围电路可根据图像处理算法的特点设计，相对于通用计算机平台更具针对性和富有效率。

2）可扩展性好，嵌入式图像处理系统具有丰富的外部接口，可以根据不同的应用需求，扩展相应的接口以满足不同的任务要求。

3）嵌入式图像处理系统体积小，功耗低，易于携带，更适合在野外或者工业现场应用。

4）摒弃通用计算机不必要的一些辅助功能，系统可靠性更高。

5）很多嵌入式图像处理系统的应用程序基于 C/C＋＋语言开发，与通用计算机平台一样，具有很强的通用性和可移植性；并且算法的硬件优化能力更强，可以大幅度提高系统的运行性能。

目前的图像处理硬件平台主要包括全定制专用集成电路、数字信号处理器（DSP）和现场可编程门阵列（FPGA）三类。三种硬件平台各有特点：专用集成电路是针对某一图像处理算法而设计的集成芯片，算法专一，有一定的局限性，但是代码的执行效率很高，速度快；DSP 和 FPGA 都可以通过编程处理各种图像算法，FPGA 通过编程改变芯片内部的逻辑电路，实现多路并行硬件数据处理，面对图像低级处理算法优势明显；DSP 处理器则采用多级流水线和专用的乘法器，面对复杂算法优势显著，它与通用 CPU 一样，采用串行执行指令实现算法，具有通用 CPU 的灵活性，虽然 DSP 在主频上不如通用 CPU 高，但由于 DSP 系统开发难度低，更适合构建专用的图像处理平台。考虑到 FPGA 和 DSP 两者的特点，很多嵌入式图像处理系统将两种技术结合起来，充分发挥各自优势，达到处理速度和处理效率的有机统一。

5.2　典型硬件处理算法

图像处理算法是整个嵌入式图像处理系统的核心，处理效率（速度）是系统性能的集中体现。DSP 和 FPGA 作为目前最常用的两种图像处理器，在算法处理上具有各自不同的优势。FPGA 具有多指令并行执行的优点，在处理计算量大而逻辑关系比较简单的算法（如中值滤波、均值滤波等）时具有明显优势。DSP 的哈佛处理结构和高效的运算单元，使其在处理逻辑结构复杂的算法（如特征点的提取算法）时具有明显优势。本节通过分析三种视觉测量中常用的图像处理算法，展示 DSP 和 FPGA 图像处理系统的特点和优势。

5.2.1　二维卷积在 FPGA 中的实现

卷积是信号处理中常用的一种处理算法，对于二维图像信号来说，通常使用二维卷积进行滤波、匹配等处理。

假设一维卷积的模板序列为 $\{w_1, w_2, \cdots, w_k\}$，输入序列为 $\{x_1, x_2, \cdots, x_n\}$，模板匹配后结果序列为 $\{y_1, y_2, \cdots, y_{n-k+1}\}$，则有

$$y_i = w_1 x_i + w_2 x_{i+1} + \cdots + w_k x_{i+k-1} \tag{5-1}$$

式(5-1) 表明，每一个输入点 x_i 均需要与模板的所有元素进行相乘和累加。如果每个输入点 x_i 都需从存储器中读取，当 k 增大时，存储器带宽变成处理速度限制的主要瓶颈。因此在进行设计时，关键是如何重复利用每一个输入数据，减少对外部存储器的访问量。

假设一维卷积的计算系数 $k=3$，卷积的 Systolic 结构实现如图 5-1 所示。Systolic 结构中，模板的元素按顺序分散预置在各细胞元中，每个细胞元预置一个，在计算过程中不变。结果数据 y_i 脉动式从左向右移动。

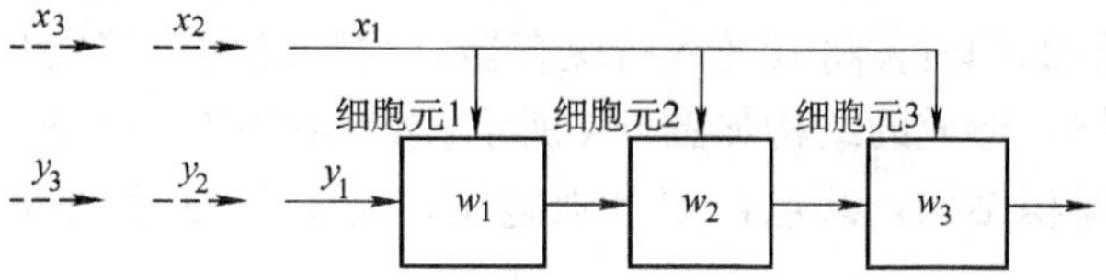

图 5-1　一维卷积的 Systolic 结构

每个时钟 y_i 通过一个细胞元。每一个细胞元的内部结构如图 5-2 所示。计算开始时，每一个 x_i 散播到每一个细胞元中，同时初始值 0 送到最左边的细胞元，一个时钟后，最左边的元素输出 y_i。经过 n 个时钟之后，Systolic 结构就可以完成 n 个点的卷积运算。

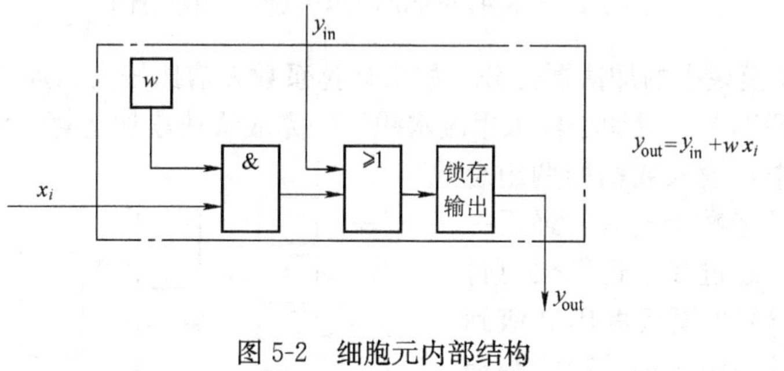

图 5-2　细胞元内部结构

二维卷积是在一维卷积基础上的拓展，假设二维卷积运算输入的图像数据是 $x_{i,j}$，输出为 $y_{i,j}$，则 3×3 的模板窗口下的卷积运算表达式为

$$\begin{aligned} y_{i,j} = {} & w_{1,1}x_{i-1,j-1} + w_{1,2}x_{i-1,j} + w_{1,3}x_{i-1,j+1} + w_{2,1}x_{i,j-1} + w_{2,2}x_{i,j} + \\ & w_{2,3}x_{i,j+1} + w_{3,1}x_{i+1,j-1} + w_{3,2}x_{i+1,j} + w_{3,3}x_{i+1,j+1} \end{aligned} \tag{5-2}$$

从式(5-2) 可以看出，二维卷积可以看做 3 个一维卷积的和，所以二维卷积运算的硬件构成可如图 5-3 所示。

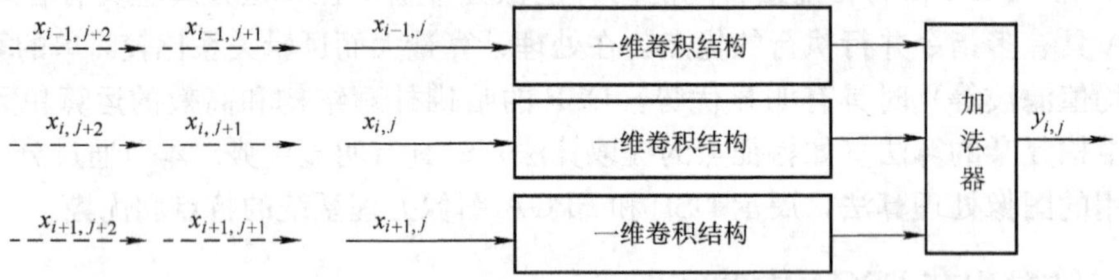

图 5-3　Systolic 结构二维卷积示意图

从图 5-3 可以看出，二维卷积过程中，一维卷积结构一个时钟可以完成一个点的卷积；加法器采用流水线结构也可一个时钟完成一个点的运算；但在数据输入端，如对于 3×3 的模板，完成一个点的卷积需要 3 个输入，需要 3 次访问数据存储器。如果模板增大，需要的访问量更大，在一个时钟内完成是很困难的。就是说，运算单元（一维卷积结果和加法器）在一个时钟完成计算任务后，必须等待数据的输入，数据访问制约着二维卷积运算的实现速度。

卷积运算中，数据的输入很有特点，从图 5-3 中可以看出，"同时输入"的图像点为 $x_{i-1,j}$、$x_{i,j}$、$x_{i+1,j}$，始终依次相差一行数据，在利用 FPGA 设计卷积运算模块时，可以利用 FPGA 的内部 RAM 构建高速行缓存器，每个行缓存器存储一行数据，在数据送入运算器的同时，将其送入行缓存器，这种结构可以在只访问一次存储器的情况下产生一个结果数据，形成的结构如图 5-4 所示。该结构中，对于 $k\times k$ 的模板进行卷积运算，需要 k 个一维卷积结构，共包含 k^2 个细胞元，需要 $k-1$ 个行缓存器，k 个输入加法器。

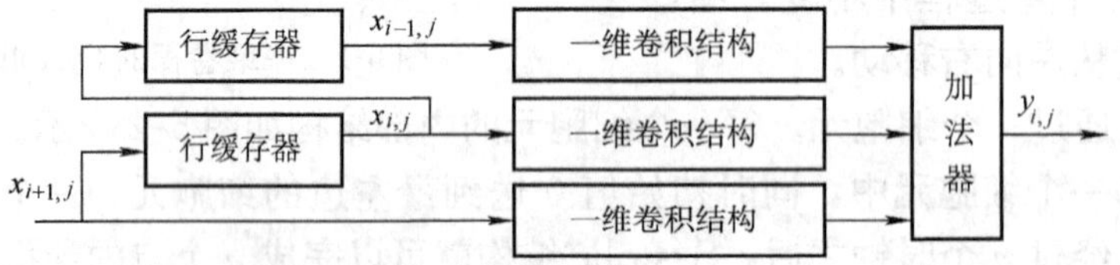

图 5-4　改进的 Systolic 结构二维卷积示意图

对于二维卷积模块中的加法器部分，如果运算系数 k 值比较大，加法器会产生较大的延迟，因此一般在 FPGA 中对加法器采用流水线结构完成快速累加运算。流水线累加如图 5-5 所示，每级运算中，输入数据两两组合进行相加，如果是奇数个输入，最后一个数据与 0 相加，经过多级运算便可计算出结果。对于 3×3 模板需用 2 级运算，5×5 模板需用 3 级运算，7×7 模板需用 3 级运算，9×9 模板需用 4 级运算，依次类推。

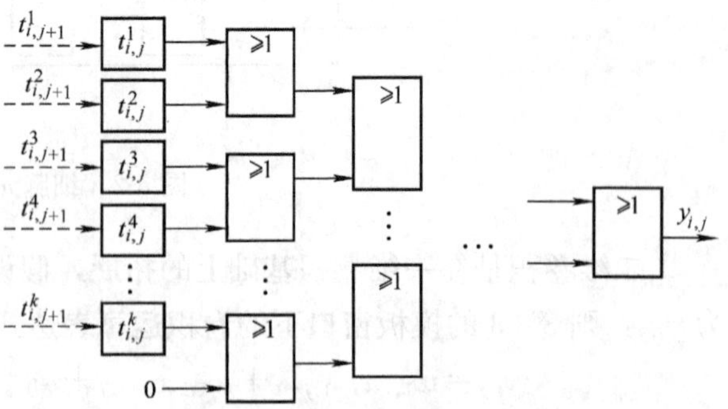

图 5-5　采用流水结构实现数据累加

仿真表明：对于一个 3×3 模板的二维卷积运算，在第 5 个时钟周期过后，每一个时钟就会产生一个点的二维卷积结果，直到卷积运算结束。

5.2.2　中值滤波在 FPGA 中的实现

中值滤波是一种对干扰脉冲和点状噪声有良好抑制作用，且对图像边缘有较好保持的非线性图像滤波技术。中值滤波是指把以某点（x，y）为中心的滑动窗口内所有像素的灰度值按从大到小的顺序排列，将中值作为（x，y）处的灰度值（若窗口中有偶数个像素，则取两个中间值的平均）。

通常情况下，中值滤波器由一个奇数大小尺寸的滑动窗组成，一般为 3×3 窗或 5×5 窗等。如果窗口大小为 3×3，则窗口内的 9 个点中，灰度值排在第 5 位的元素为滤波后该点的灰度值。

用 FPGA 实现中值滤波算法时，首先要完成对数据的访问，中值滤波的数据访问和卷积运算非常类似，以 3×3 窗口为例，每 3 行和 3 列的 9 个点作为输入，输出一个点的结果。因此实现中值滤波仍需采用行存储器才能实现读取一个数据，同时输出一个数据的操作。3×3窗口中值滤波的数据输入输出方式如图 5-6 所示，采用两个行存储器和分散数据通信的方法，即数据从第 $i+1$ 行存储器读出，传给第 $i+1$ 行处理单元，同时传给第 i 行的存储器，由第 i 行存储器传给第 i 行处理单元；同理，第 i 行存储器将数据传递给第 i 行处理单元的同时，将数据传给第 $i-1$ 行存储器，由第 $i-1$ 行存储器传给第 $i-1$ 行处理单元。每一行数据采用脉动方式传递，同时送数据比较器，由比较器取出中值。

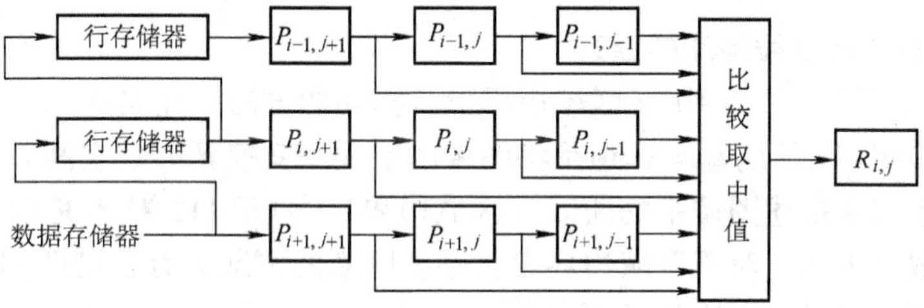

图 5-6　3×3 窗口中值滤波数据输入输出方式

对于中值滤波算法，操作数越多算法越复杂，针对 9 点取中值，采用的方法如图 5-7 所示。用 P_1～P_9来表示 $P_{i,j}$和周围的 8 个点，图 5-7a 中的◎表示的运算如图 5-7b 所示，左侧的输出为两个输入中较小的元素，右侧为较大的元素。通过 3 个◎运算的组合可以实现 3 个元素的大小排列，如图 5-7a 中的 ①、②、③、④、⑤，3 个输出左起从小到大排列。整个运算方法采用逐步淘汰法，将 9 个点分成 3 组，并通过 ①②③ 各自排序。①② 输出的最小值送入 ⑥，并将其中较小的淘汰，因为至少已经有 5 个数比它大，它不可能为中间值。同理，⑦ 也淘汰一个元素。将 ②③ 输出的最大值送入 ⑧，并淘汰其中较大的元素，因为至少已经有 5 个元素比它小，它不可能为中间值。同理，⑨ 也淘汰一个元素。将 ①②③ 输出的中间值送入 ④ 进行排序，排序后最小的元素至少有 5 个元素比它大，因为它所在的组有一个元素比它大，另外两个组每组都至少有两个元素比它大，所以它不可能为中间值，被淘汰。同样，④ 排序后的最大值也被淘汰，因为至少有 5 个元素比它小，它不可能为中间值。这样只剩下 3 个元素送入 ⑤ 进行排序，所取得的中间值即为最终结果。

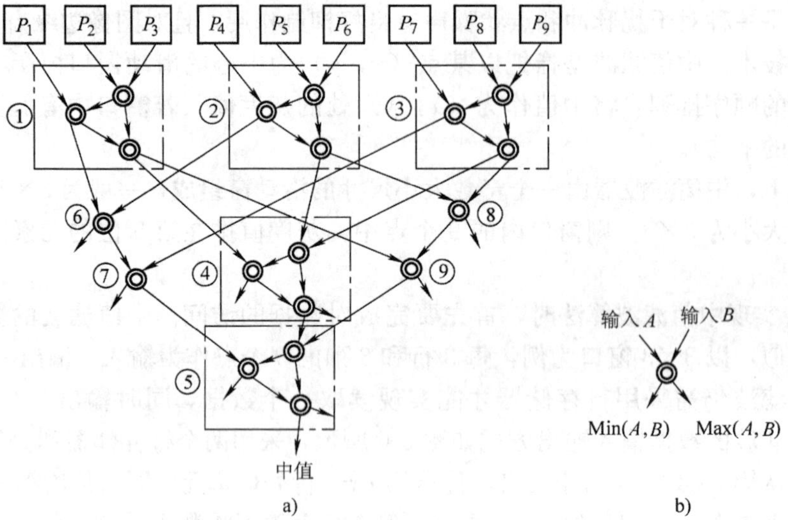

图 5-7　9 点取中值算法框图

5.2.3　Hough 变换实现直线粗提取

1. Hough 变换进行直线检测的原理

Hough 变换（HT）是一种用于区域边界形状描述的方法，经典的 HT 常常被用于直线段、圆和椭圆的检测，HT 的基本思想是将图像的空间域变换到参数空间，用满足大多数边界点的某种参数形式来描述图像中的曲线（区域边界）。由于 HT 技术是根据局部信息来计算全面的描述参数，因而，对于区域边界发生某些间断的情况具有容错性和鲁棒性，而这正是一般图像处理方法中难以解决的问题。

二维空间上的线段可以用不同的方式对其进行数学定量描述，一条直线 l 的描述可以根据斜率和截距来描述，即

$$y_i = kx_i + c \tag{5-3}$$

式中，k 为直线 l 的斜率；c 为直线的截距。于是，图像空间直线 l 就可以表示为参数空间的一个点（k，c），但是当直线与 y 轴平行时，斜率为无穷大，在参数空间难以表示，采用法向参数来描述直线可解决这一问题，即

$$\rho = x_i \cos\theta + y_i \sin\theta \tag{5-4}$$

式中，ρ 为直角坐标系的原点到直线 l 的距离，θ 如图 5-8a 所示。这条直线 l 在 $\rho\theta$ 平面的表示如图 5-8b 所示。通过 Oxy 平面上一点的一簇直线变换到 $\rho\theta$ 平面时，将形成一条类似正弦状的轨迹，如图 5-9a 和图 5-9b 所示，也可以理解为 Oxy 平面上的一点对应 $\rho\theta$ 空间上的一条曲线。如果在 Oxy 平面上有 3 个共线点，在 $\rho\theta$ 平面上则为有一公共交点的 3 条曲线，交点处的 ρ，θ 值就是在 Oxy 平面上 3 点共线的直线的参数，如图 5-10a 和图 5-10b 所示。

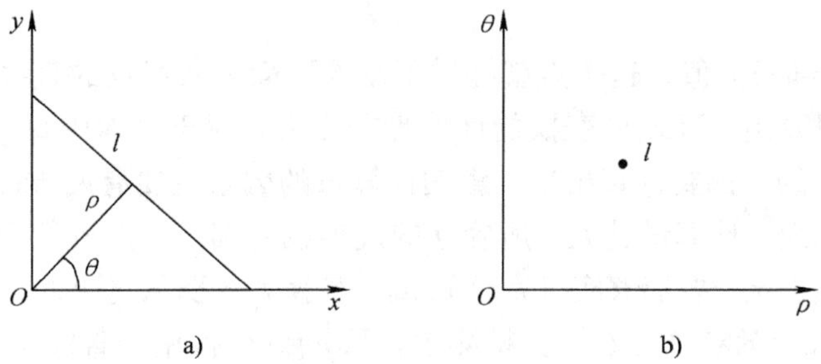

图 5-8　Oxy 平面的一条直线对应 ρ-θ 平面上的一点

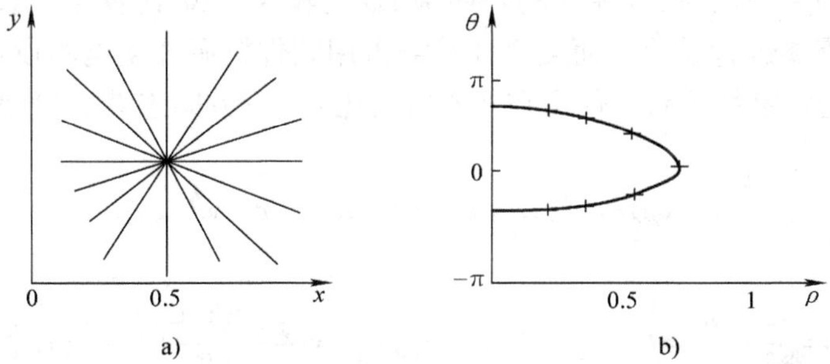

图 5-9　Oxy 平面过一点一组直线对应 ρ-θ 平面上类似正弦状的轨迹

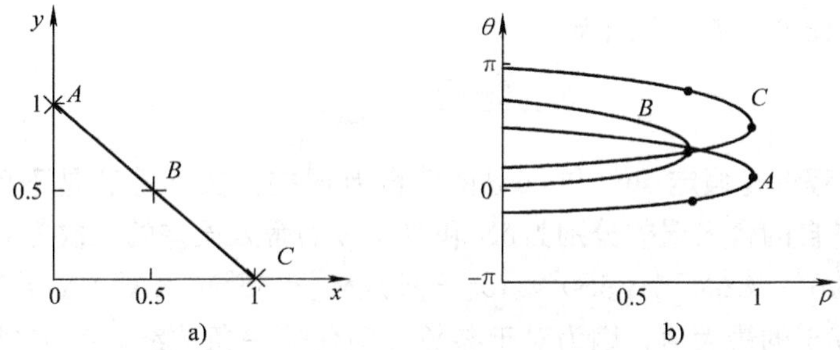

图 5-10　Oxy 平面在共线的 3 点在 ρ-θ 平面上在对应的 3 条曲线相交于一点

从图 5-10 中可以看出，对于图像平面中位于同一条直线上的点对应参数空间中相交于一点的曲线，如果在图像平面上同一直线上的点越多，那么在参数空间上相交于一点的曲线就越多。Hough 变换对直线的检测就是根据参数空间中相交点上“投票”数量的多少来决定的。

2. Hough 变换的实现

针对各种需要对实现 Hough 变换的研究有很多，如提高直线提取精度、提高计算速度、节省存储器，以及参数空间量化等，一般情况下，直线特征提取的 Hough 变换实现过程可概括如下：

1）在 ρ、θ 的最大值和最小值之间建立一个离散的参数空间。

2）建立一个累加器 $A(\rho,\theta)$，并置每个元素为 0。

3）对图像上超过阈值的每一点作 Hough 变换，即算出该点在 ρ-θ 网格上的对应曲线，相应的累加器加 1。

4）找出 A 的局部极大值，这个点就提供了图像平面上共线点的直线参数。

从上述分析可以看出，Hough 变换的计算量非常大，对于图像中每一个超过阈值的点在 $\rho\theta$空间对应的曲线上的点都要计算出来。影响计算量的因素主要有两方面：一是 ρ、θ 量化的粗细，ρ、θ 量化得越细，计算量越大，所确立的边界就越细；二是进行 Hough 变换的点的数量，点数与计算量成正比。要能够实时完成 Hough 变换，主要从这两方面进行考虑。

（1）ρ、θ 量化大小的确立　在视觉检测中，Hough 变换用于直线位置的粗定位，所以 θ 和 ρ 的量化可以比较大。$\Delta\rho$ 和 $\Delta\theta$ 由直线长度和所需的定位精度决定，但它们之间应保持一定的关系。

ρ 方向上量化的大小是与 $\Delta\theta$ 相关的，如果 $\Delta\theta$ 比较大，$\Delta\rho$ 比较小，参数空间 ρ-θ 曲线在 ρ 方向就不连续，需要进行插值。而插值计算需占用硬件资源并使电路设计复杂化，所以 $\Delta\theta$ 与 $\Delta\rho$ 的确定应满足一定的关系，使得在 θ 方向变化时，ρ 方向连续。要使 ρ 方向连续应满足下面的条件：

$$dif(\rho)\equiv\rho(\theta_{n+1},x_i,y_i)-\rho(\theta_n,x_i,y_i)\leqslant\Delta\rho \tag{5-5}$$

即

$$dif(\rho)\equiv\frac{\delta\rho}{\delta n}=\frac{\delta\rho}{\delta\theta}\cdot\frac{\delta\theta}{\delta n}=(-x_i\sin\theta+y_i\cos\theta)\frac{\pi}{N_\theta}=\frac{\pi\sqrt{x_i^2+y_i^2}}{N_\theta}\cdot\cos\left(\frac{\pi n}{N_\theta}+\theta_0\right)\leqslant\Delta\rho \tag{5-6}$$

如果满足上述公式，对于任何 x_i、y_i和 n，ρ 方向的变化均是连续的。

对于 x 和 y 方向大小相同的被处理图像，$\sqrt{x_i^2+y_i^2}$ 的最大值是$\sqrt{2}N\Delta x$，N 为图像中每行的点数，所以式(5-6) 又可表示为

$$\frac{\sqrt{2}\pi N\Delta X}{N_\theta}\leqslant\Delta\rho \tag{5-7}$$

以上的推导过程都是假定 $\sin\theta$ 和 $\cos\theta$ 的值没有误差，实际上这是不可能的，如果 $\sin\theta$ 和 $\cos\theta$ 在计算中各自的舍入误差分别为 δS 和 δC，ρ 的舍入误差的二次方满足下列不等式：

$$(\delta\rho)^2=(x_i\delta C+y_i\delta S)^2\leqslant(x_i^2+y_i^2)(\delta C^2+\delta S^2)\leqslant4N^2(\Delta x)^2\delta^2 \tag{5-8}$$

式中，δ^2是 δC^2或 δS^2的最大值，因为对于参数空间任何一条曲线，$\delta\rho$ 必须小于 $\Delta\rho$，所以 δ 必须小于 $\Delta\rho/(2N\Delta x)$。

最后，用于表示“投票”结果的数据宽度应该确定下来，显然，“投票”于同一个点（ρ，θ）的边缘宽度要小于或等于 $\Delta\rho$，所以像面上表示直线的所有点的面积约为$\sqrt{2}N\Delta x\Delta\rho$，由于一个特征点占用的面积是$(\Delta x)^2$，$\rho$-$\theta$ 空间任何一点的投票数要小于$\sqrt{2}N\Delta x/\Delta\rho$，所以数据宽度为$\log_2(\sqrt{2}N\Delta x/\Delta\rho)$ 位。

（2）Hough 变换硬件实现　由于 Hough 变换的计算量和被处理的点的数量成正比，为了快速实现直线特征的粗提取，从 512×512 大小的图像抽取出 128×128 大小的图像，每 4 行 4 列抽取出一点，这样，图像处理的边缘点数缩小为原来的 1/16。如图 5-11所示。图 5-11a为原始图像，图 5-11b 为抽取后用于 Hough 变换的图像。

如果图像中边缘的宽度在比较宽（十几个像素以上）的情况下，抽取的比例可以更大一些。每 4 行 4 列抽取出一点，是为了使算法对图像处理的通用性更强，能够处理多传

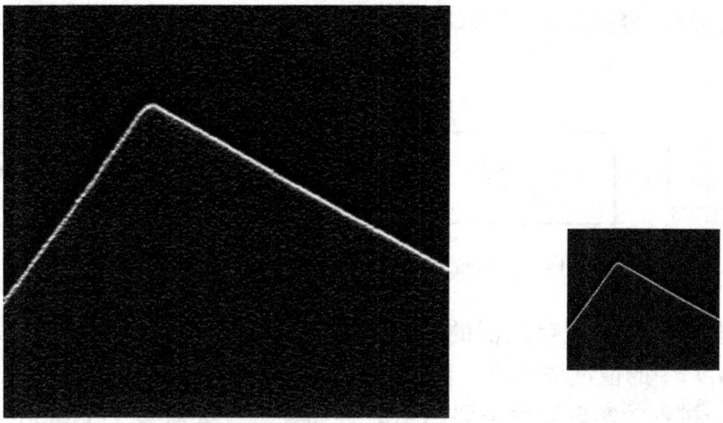

a) 原始图像　　b) 抽取后用于 Hough 变换的图像

图 5-11　待进行 Hough 变换的原始图像和实际要处理的图像

感器中所有需要进行直线提取的图像。Hough 变换的操作数是图像空间的坐标值，512×512 大小的图像在 x、y 方向的坐标要用 9 位数据，两个字节表示，而 128×128 大小的图像坐标的 7 位数据只用一个字节表示，图像抽样后，用于临时存储图像坐标的存储器可以节省一半。

在大小为 512×512 的图像中，边缘的定位宽度为 8 个像素，则 $\Delta\rho$ 近似等于 8，在抽取后大小为 128×128 的图像中 $\Delta\rho$ 近似等于 2，根据式(5-7) 可得到：

$$\Delta\rho \geqslant \frac{\sqrt{2}\pi N\Delta X}{N_\theta} = \frac{\sqrt{2}\pi \times 128}{N_\theta}, N_\theta \geqslant 284 \tag{5-9}$$

将 N_θ 选为 256，因为 N_θ 取 284 是极限的情况。实际应用中，像面中的直线长度不会处于极限情况。实验中 N_θ 选为 256，完全不会影响图像处理的最终结果。所以，实际 $\Delta\theta = \pi/256 = 0.0123\text{rad}$。由于 $\Delta\rho = 2$，而 $\rho_{\max} = 128\sqrt{2}$，所以 $N_\rho < 128$，参数空间 ρ-θ 的大小为 128×256。要保证 $\delta < \Delta\rho/(2N\Delta x) = 1/128$，$\sin\theta$ 和 $\cos\theta$ 的误差取值至少应保留 8 位数据宽度。

Hough 变换的硬件实现可分为 4 部分：

1) 从 512×512 大小的图像中抽取 128×128 大小的图像，并从中找到边缘点及其坐标并输出。

2) 计算每一边缘点在参数空间对应的曲线，即计算对应于每个 θ 角的 ρ 值。

3) 在 ρ-θ 空间 “投票”，累加图像中边缘点对应的 ρ、θ。

4) 对投票的结果求取局部最大值，找到两条特征直线的 ρ_1、θ_1、ρ_2、θ_2，完成直线的粗提取过程。

Hough 变换的硬件实现流程如图 5-12 所示。

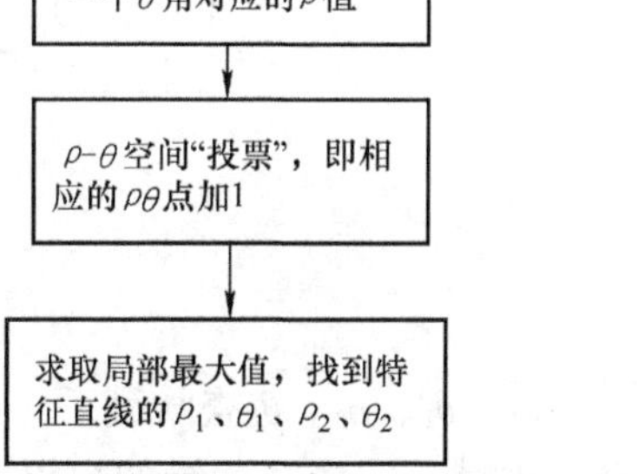

图 5-12　Hough 变换的硬件实现流程

为了提高 Hough 变换的运算速度，在数据读取和

“投票”前，都由 FIFO 将数据缓存，以减少计算 ρ 前后等待读写的时间。FIFO 是由 SPARTANⅡ的块 RAM 实现，容量达到 512×8。这样，整个处理过程的硬件实现框架如图 5-13 所示。

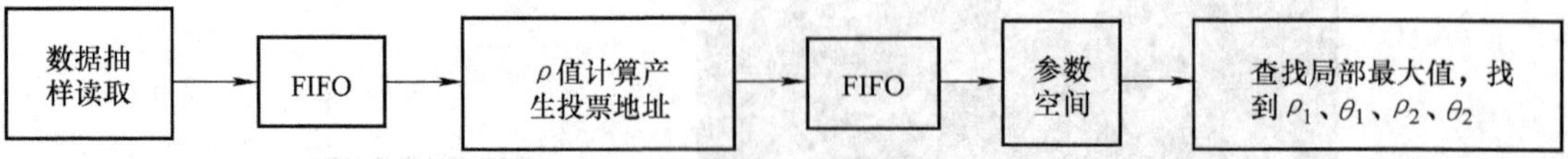

图 5-13　硬件实现 Hough 变换框架示意图

投票的实现完全是一个读写存储器的过程。产生参数空间的投票地址（ρ_i，N_i）之后，将参数空间（ρ_i，N_i）中的值读取出来，然后加 1，再将结果写入（ρ_i，N_i）地址中，这个过程很简单，但整个过程的实现至少需要两个时钟周期。投票对整个 Hough 变换的性能有着较大的影响。

（3）直线特征 ρ_1、θ_1、ρ_2、θ_2 的产生　“投票”过程完成后，需要在参数空间找到两直线特征 ρ_1、θ_1、ρ_2、θ_2。ρ_1、θ_1、ρ_2，θ_2 分别是两条直线的特征参数，由 Hough 变换理论可知，在 ρ-θ 空间的两个局部最大值就是 ρ_1、θ_1 和 ρ_2、θ_2。ρ_1、θ_1、ρ_2、θ_2 的查找过程就是 ρ-θ 空间查找局部最大值的过程。局部最大值的查找包括两个过程，一是半二值化，将小于阈值的点置为零，用于去除干扰信号；二是判断局部最大值，如果一个点的 8 个邻阈都小于它本身，那么它就是局部最大值。一般情况下，两个最大的局部最大值就是所查找的 ρ_1、θ_1、ρ_2、θ_2。图 5-14 就是查找局部最大值的框图。

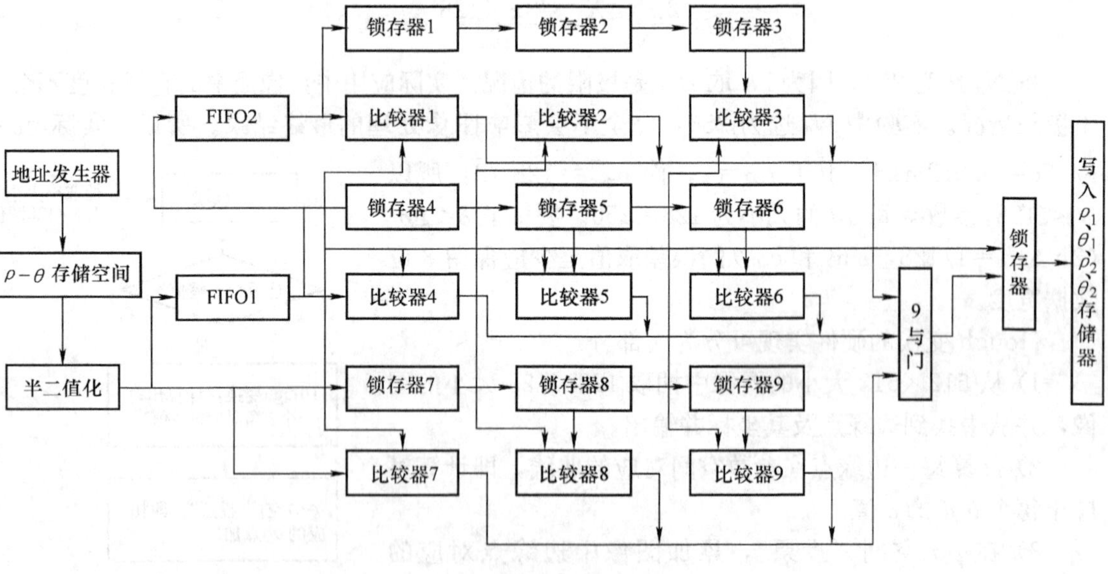

图 5-14　局部最大值的查找

ρ_1、θ_1、ρ_2，θ_2 查找到后，它们就可以作为判断图像平面上的一点是否属于该直线的标准，也就是完成了边缘的粗提取过程。

5.3 常用的硬件处理平台

随着图像技术应用范围的不断扩大，实时性强的嵌入式图像处理系统得到越来越广泛的应用。在不同的视觉处理背景下，用户可以根据自己的需求，合理地选择图像处理芯片，构建解决特定需求的图像处理系统。本节针对视觉测量中常用的两种硬件处理器 DSP 和 FPGA 介绍相应的硬件开发平台。

5.3.1 DSP 及开发平台

近年来，DSP 技术发展迅速，由于在视频信号处理方面与其他系统相比具有明显优势，采用 DSP 构建的视频信号处理平台和系统越来越多。视频信号处理是视觉测量技术的一个重要组成部分，视觉测量系统或子系统（传感器）采用 DSP 作为数据处理核心，可以定制最优的应用系统。目前，应用最广泛的 DSP 处理器是 TI 公司的 TMS320 系列 DSP，针对图像处理，TI 公司先后推出了 TM320SDM642 和 DaVinchi 系列处理器。

TMS320 DM642 是 TI 公司于 2002 年推出的世界上第一款专用视频处理器，支持四路视频同时采集，支持复杂的图像处理算法（如 H. 264 算法）。内核中含有 8 个并行的处理单元，具有超强的指令处理能力，同时内置高效率的协处理器，能够更加方便地执行相关复杂算法。DM642 提供更有效的片上缓存结构，保证在采用速度慢、成本低的外部存储器存放数据和程序的情况下，处理器能保持芯片高性能的运行状态。

瑞泰公司推出以 TMS320 DM642 为核心的开发平台 ICETEK—DM642—C。它提供两路 PAL/NTSC 制式的视频输入，一路相同制式的视频输出，外扩 32MB SDRAM，可以存放几十帧的视频；提供 32Mbit 程序存储 flash，用于固化 DSP 程序；另外还提供 10M/100Mbit/s 自适应网口、独立 HPI 接口、JTAG 仿真接口和两路标准的 RS232 串行接口供用户选择。

在硬件资源基础上，开发平台提供大量的演示程序，如滤波、JPEG 压缩、以太网传输等，方便用户进行二次开发。Code Composer studio 是目前常用的 DSP 开发软件平台，具有可视化界面，可进行 C/C++、汇编或混合编程；具有多种断点设置选择，如硬断点、数据读写断点和条件断点等；具有较强的数据图形显示工具，可准确地绘制时域/频域波形、眼图、星座图和图像等；具有开放式的插件技术，支持第三方 Active 控件；提供 DSP/BIOS 工具，增强对代码的实时分解能力，提高 DSP 代码的实时性；具有较强的代码编译效率，通过编译可使 C 语言代码的优化效率达到 70%～80%，同时编译的 C 程序进行汇编，大大缩短了开发优化时间。

强大的图像算法处理功能、丰富的外设扩展资源和简单方便的软件开发平台促使 DSP 在图像处理领域得到越来越多的应用，很大程度上促进了嵌入式图像处理系统的发展。

5.3.2 FPGA 及开发平台

FPGA（Field Programmable Gate Array）又称现场可编程门阵列，是一种可以根据特定应用改变逻辑功能的集成电路。通过配置可以实现硬件并行和流水线（pipeline）技术，能够使一些图像处理算法特别是简单而计算量大的低级处理算法达到很高的处理速度。与通用 CPU 和 DSP 有本质差别，FPGA 依靠串行执行指令完成图像处理算法。

随着 FPGA 技术的发展，很多芯片中植入了相应的处理内核。内核具有灵活的配置特性，可以容易地实现各种外设的扩展。在指令并行运算方面，可以通过多个处理内核对数据进行并行运算来提高处理效率。在数字信号处理方面，除具有并行执行指令的优点外，很多芯片内置硬件乘法器、大容量片上 RAM 和具有高速存取特性的存储器，使 FPGA 能够更好地应用于图像处理领域。

Altera 公司的 Cyclone Ⅱ 系列 FPGA 是图像处理中应用广泛的一款处理器，含有 4608～68416个逻辑单元，具有 1.1Mbit 嵌入存储器、150 个 18×18 嵌入乘法器、锁相环、支持外部存储器接口及差分或单端 I/O 标准。Cyclone Ⅱ系列器件主要由以行列形式排列的逻辑阵列块（Logic Array Block，LAB）、嵌入式存储器块及嵌入式乘法器组成，锁相环（PLL）为 FPGA 提供时钟，输入/输出单元（Input/Output Elements，IOE）提供输入/输出接口逻辑。逻辑阵列、嵌入式存储器块、嵌入式乘法器、输入/输出单元及锁相环之间可实现各种速度的信号互连。正是这些特性，使 Cyclone Ⅱ系列 FPGA 芯片能够很好适用于图像处理。

Altera 公司基于 Cyclone Ⅱ 系列 EP2C35F672C6 推出多媒体开发平台 DE2，外扩 512KB SRAM、8MB 的 SDRAM 和 4MB 的 Flash，配置 24 位 CD 音质音频芯片 WM8731、视频解码芯片（支持 NTSC/PAL 制式）及具有高速 DAC 视屏输出的 VGA 模块；可以支持多种标准接口：通用串行总线 USB 接口、SD Card 接口、IrDA 红外模块、10M/100Mbit/s 自适应以太网络接口、RS232 标准串口、PS/2 键盘接口等，可以方便地实现 DE2 平台与其他平台之间的数据通讯，增加了应用范围。

DE2 提供大量图像处理例程，很多基于 Nios 处理器完成。Altera 公司的 NiosⅡ内核相当于一个 CPU，与其他处理器一样，内部包括指令解码、地址译码、指令队列、中断管理、总线时序控制、DMA 控制等，具有全并行的处理结构，使多个相同的处理单元可以同步工作，在外部时钟较低时可以完成快速运算操作，实现快速逻辑和算术功能，更适合用于执行运算量大的图像处理算法。

Qurtus Ⅱ是 Altera 公司提供给用户的一个 Nios 系统开发工具，支持原理图、VHDL、VerilogHDL 以及 AHDL（Altera Hardware Description Language）等多种设计输入形式，支持对 NiosⅡ内核的在线调试，打破了以往只能离线推断的缺陷。

为使 FPGA 更好地应用于图像处理，Altera 与 MathWorks 联合推出 Matlab/SimuLink＋DSP Builder 的设计工具和流程。SimuLink 是 MathWorks 公司研发的基于模块的设计仿真工具，DSP Builder 是 Altera 公司研发的 SimuLink 和 Quartus Ⅱ FPGA 实现工具间的桥梁，能够利用经 SimuLink 验证的设计产生 VHDL 代码，从后台调用 Quartus Ⅱ工具完成 FPGA 的算法实现。视频图像设计中，基于 SimuLink/DSP Builder 的模块化设计环境，能迅速构建系统，同时进行高效验证。

FPGA 出色的运算速度、并行指令的运算模式及内嵌 Nios 内核处理器加强了在图像处理中的应用。特别是 Matlab/SimuLink＋DSP Builder 的设计工具和流程，很大程度上缓解了图像处理算法开发者的压力，使它们能够更有效率地进行图像处理算法开发。

参考文献

[1] Choudhary A N, Patel J H, Parallel Architectures and Parallel Algorithms for Integrated Vision Systems [M]. Kluwer Academic Publishers, 1990.

[2] Yalamanchili S, Aggarwal J, Parallel Processing methodologies for Image Processing and Computer Vision [J]. Advances in electronics and electron physics, 1994, 87: 259-300.

[3] Lee C K, Hamdi M. Parallel Image-Processing applications on a network of workstations [J]. Parallel Computing, 1995, 21(1): 137-160.

[4] DeCegama A L. The Technology of Parallel Processing, Parallel Processing Architectures and VLSI Hardware, Vol. I [M]. Prentice Hall, 1989.

[5] Perrott R. Parallel Programming [M]. Addison-Wesley, 1987.

[6] Hord R M. Parallel Supercomputing in SIMD Architectures [C]. CRC Press, 1990.

[7] Cypher R Sanz J C, SIMD Architectures and algorithms for Image Processing and Computer Vision [J]. IEEE Trans. Acoustics, Speech and Signal Processing, 1989, 37(12): 2158-2173.

[8] Krikelis A, Lea R M. A modular massively-parallel computing approach to image processing [J]. Proceedings of the IEEE, 1996, 84(7): 988-1004.

[9] Chan S C, et. al. A Programmable Image Processing System using FPGAs [J] Intl. Journal of Electronics, 1993, 75(4): 725-730.

[10] 周根林．嵌入式系统原理与应用 [M]. 南京：南京大学出版社，2006.

[11] Texas Instruments Incorporated. TMS320DM642 Technical Overview [Z]. 2002.

[12] 林金龙，石青云．用点 Hough 变换实现圆检测的方法 [J]. 计算机工程，2003，29(11)：17-18.

[13] 李飞飞，刘伟宁，王艳华．改进的中值滤波算法及其 FPGA 快速实现 [J]. 计算机工程，2009，35(14)：175-177.

[14] 北京瑞泰创新科技有限责任公司，ICETEK-DM642 评估板技术参考手册 [Z]. 2007.

[15] Altera Corporation, DE2 Development and Education Board User Manual [Z]. 2006.

第 6 章　图像传感器模型

视觉测量利用图像传感器采集测量图像，通过图像处理获取被测物的图像特征信息，利用图像信息与物方空间内几何信息间精确的映射关系实现测量。将定量描述图像信息与三维空间几何信息间映射关系的数学模型称为图像传感器模型，它是实现视觉测量的重要基础。

目前常用的图像传感器是二维传感器，但在某些特定应用中，也采用一维传感器。二维传感器和一维传感器的区别在于：二维传感器的成像空间是二维平面空间，可获取物方空间的二维信息，而一维传感器的成像空间是一维直线空间，仅能获取物方空间的一维信息。本章首先分析二维图像传感器的成像模型，在此基础上以线阵 CCD 为例阐述一维图像传感器模型及其拓展应用，最后讨论成像模型参数的标定方法。

6.1　二维成像模型

二维成像模型是指精确定量描述三维物体空间与二维平面成像空间之间映射关系的数学模型。成像过程是一个复杂的物理过程，涉及多个因素，数学上精确描述二维成像需要考虑许多细节，需采用非线性因子对理想的小孔成像模型进行修正。

6.1.1　小孔成像模型

小孔成像模型忽略成像光路中各种误差的影响，是线性成像关系，相当于薄透镜成像，是最常用的理想透视投影模型，是复杂模型分析的基础。

小孔成像模型中，利用两组参数反映三维空间点和二维图像点之间的透视投影关系，一组是用于描述图像传感器几何光学系统特性的摄像机内参数，包括有效焦距（c）、像元水平和垂直方向的尺寸因子（$\mathrm{d}x$，$\mathrm{d}y$）和图像主点坐标（x_0，y_0）。另一组是定义摄像机坐标系相对于外部世界坐标系方位关系的摄像机外参数，用 3×3 的旋转矩阵 $\boldsymbol{R}$ 和 3×1 的平移矢量 $\boldsymbol{T}$ 来表示。

如图 6-1 所示，光轴垂直 CCD 像面并通过像面中心 O'点，透视中心位于 O_c点，空间一点 P 经透视投影中心 O_c投影在成像平面Ⅰ的 p'点。摄像机坐标系 $O_cX_cY_cZ_c$ 原点定义在透视投影中心 O_c，Z 轴沿光轴方向并背向成像平面Ⅰ，X 轴和 Y 轴分别平行于像面坐标系坐标轴 x 和 y。为方便分析，通常取成像面Ⅰ的对称面Ⅱ作为图像平面进行分析。

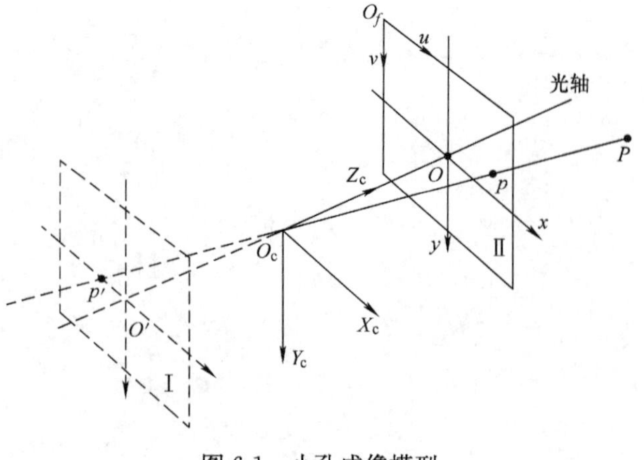

图 6-1　小孔成像模型

小孔成像的摄像机内参数模型表

示为

$$\begin{cases}X_{cp}=x_p=(u_p-u_0)\mathrm{d}x\\Y_{cp}=y_p=(v_p-v_0)\mathrm{d}y\\Z_{cp}=c\end{cases}\tag{6-1}$$

式中，(X_{cp}，Y_{cp}，Z_{cp}）为特征像点 p 在摄像机坐标系中的坐标；（u_p，v_p）和（x_p，y_p）分别为特征像点的像素坐标和像面坐标；（u_0，v_0）为 O 点在 $O_f\,uv$ 坐标系中的坐标；c 为摄像机的有效焦距。小孔成像模型满足共线性方程：

$$\begin{cases}x_p=-c\dfrac{m_{11}(X_P-X_0)+m_{12}(Y_P-Y_0)+m_{13}(Z_P-Z_0)}{m_{31}(X_P-X_0)+m_{32}(Y_P-Y_0)+m_{33}(Z_P-Z_0)}\\y_p=-c\dfrac{m_{21}(X_P-X_0)+m_{22}(Y_P-Y_0)+m_{23}(Z_P-Z_0)}{m_{31}(X_P-X_0)+m_{32}(Y_P-Y_0)+m_{33}(Z_P-Z_0)}\end{cases}\tag{6-2}$$

6.1.2　实际摄像机内参数模型

上述透视投影及坐标变换关系建立在理想的小孔成像线性模型基础上，对于实际视觉测量成像系统情况有很大不同。实际成像系统中摄像机内参数除包含有效焦距（c）和图像主点坐标（x_0，y_0）外，还含有径向畸变（k_1，k_2，k_3）、切向畸变（p_1，p_2，p_3）及仿射和非正交变形项（b_1，b_2）等补偿修正项。根据不同的应用场合和校准精度要求，考虑的内参数个数有所不同，采用的模型也不同。针对视觉高精度测量，可能需要采用复杂的内参数模型。

1. 图像主点偏移

理想小孔成像模型光轴垂直于 CCD 成像平面并通过有效像元矩阵的中心，光轴与像面的交点在像面坐标系下的坐标为（0，0)。实际成像中，由于 CCD 和镜头的安装误差，光轴与有效像元矩阵中心之间存在偏差，在像面坐标系下用（x_0，y_0）表示，如图 6-2 所示。

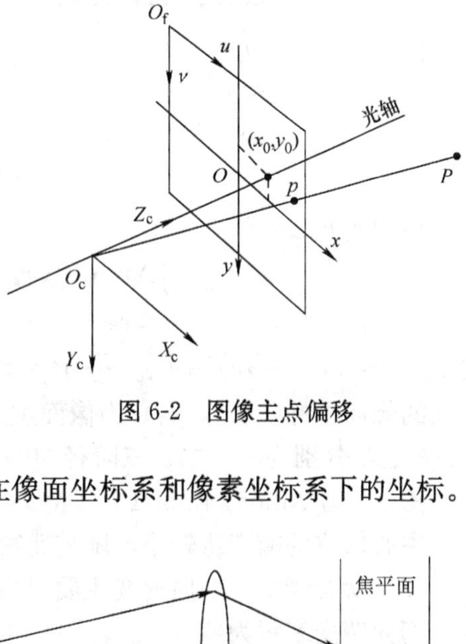

图 6-2　图像主点偏移

摄像机内参数模型改写为：

$$\begin{cases}X_{cp}=x_p-x_0=(u_p-u'_0)\mathrm{d}x\\Y_{cp}=y_p-y_0=(v_p-v'_0)\mathrm{d}y\\Z_{cp}=c\end{cases}\tag{6-3}$$

式中，（x_0，y_0）和（u'_0，v'_0）分别为实际图像主点在像面坐标系和像素坐标系下的坐标。

2. 摄像机有效焦距

对于非测量 CCD 摄像机（Non-metric Camera)，整个测量范围内有效焦距通常是变化的，如图 6-3 所示，可以根据高斯透镜公式得出：

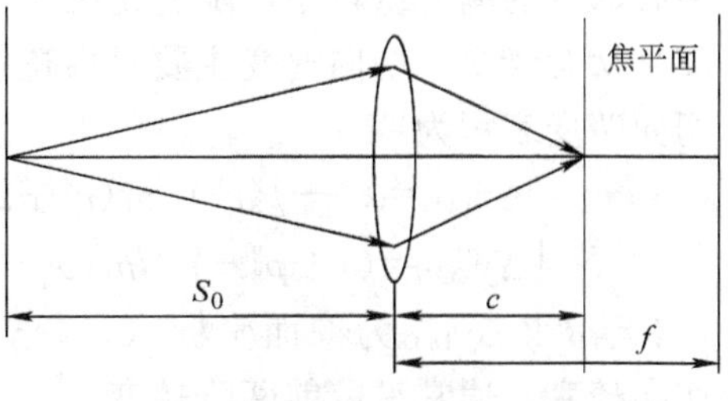

图 6-3　摄像机有效焦距计算

$$\frac{1}{c}=\frac{1}{f}-\frac{1}{S_0}\tag{6-4}$$

式中，c 为摄像机有效焦距；f 为摄像机镜头的标称焦距；S_0为镜头的物距。

由式（6-4）可以看出，有效焦距 c 随着被测目标点与摄像机的距离 S_0 变化，面向不同测量空间范围的视觉测量系统需要在全局范围内进行优化校准。

3. 镜头畸变

实际成像系统中，由于光学系统加工和装配误差及图像采集过程中引入误差，必将引起投影点偏离投影几何中心的偏差，对于这些偏差，可以通过在模型中引入附加参数来补偿。附加参数通常包括径向畸变（Radial Lens Distortion）、切向畸变（Tangential Lens Distortion）、仿射和非正交变形（Affine and Non-orthogonality Deformations）。

（1）径向畸变　径向畸变是对称畸变，由光学中心开始，沿着径向产生并逐渐增大，通常由大偏轴角和透镜制造缺陷造成，如图 6-4 所示。

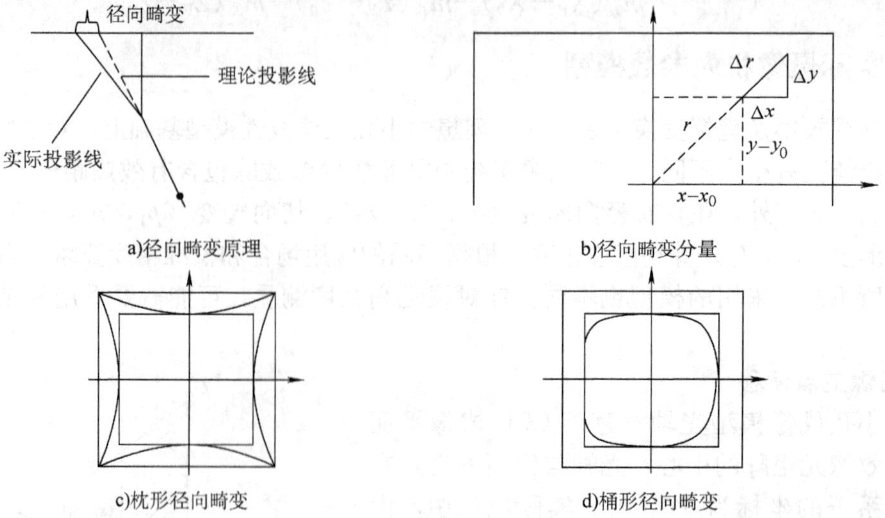

图 6-4　径向畸变示意图

径向畸变表示为

$$\begin{cases}\Delta x_{\mathrm{RLD}}=(x_{\mathrm{p}}-x_0)(k_1r^2+k_2r^4+k_3r^6+\cdots)\\ \Delta y_{\mathrm{RLD}}=(y_{\mathrm{p}}-y_0)(k_1r^2+k_2r^4+k_3r^6+\cdots)\end{cases}\tag{6-5}$$

式中，$r=\sqrt{(x_{\mathrm{p}}-x_0)^2+(y_{\mathrm{p}}-y_0)^2}$为特征像点到光轴的径向距离，其中（$x_{\mathrm{p}}$，$y_{\mathrm{p}}$）为特征像点的像面坐标，（$x_0$，$y_0$）为像面主点坐标；$\Delta x_{\mathrm{RLD}}$和$\Delta y_{\mathrm{RLD}}$为距离光轴 r 处的径向畸变量；k_1、k_2、k_3分别为一、二、三阶径向畸变系数。

图 6-5 为 Nikor 24mm/F1.8 镜头的径向畸变曲线、网格变形及畸变向量图，可以看出：镜头中心部位的畸变量较小，随着距离中心半径的增大逐渐增大，在边角处达到最大值。

（2）切向畸变　切向畸变主要是由透镜组中各透镜不同轴造成的，如图 6-6 所示。

切向畸变表示为

$$\begin{cases}\Delta x_{\mathrm{DLD}}=(1+p_3^2r^2)\{p_1(r^2+2(x_{\mathrm{p}}-x_0)^2)+2p_2(x_{\mathrm{p}}-x_0)(y_{\mathrm{p}}-y_0)\}\\ \Delta y_{\mathrm{DLD}}=(1+p_3^2r^2)\{2p_1(x_{\mathrm{p}}-x_0)(y_{\mathrm{p}}-y_0)+p_2(r^2+2(y_{\mathrm{p}}-y_0)^2)\}\end{cases}\tag{6-6}$$

式中，Δx_{DLD}和Δy_{DLD}为像面坐标（x_{p}，y_{p}）处的切向畸变量；p_1、p_2、p_3分别为一、二、三阶切向畸变，通常只取前两阶畸变。

图 6-7 为 Nikor 24mm/F1.8 镜头的切向畸变曲线、网格变形及畸变向量图，可以看出：

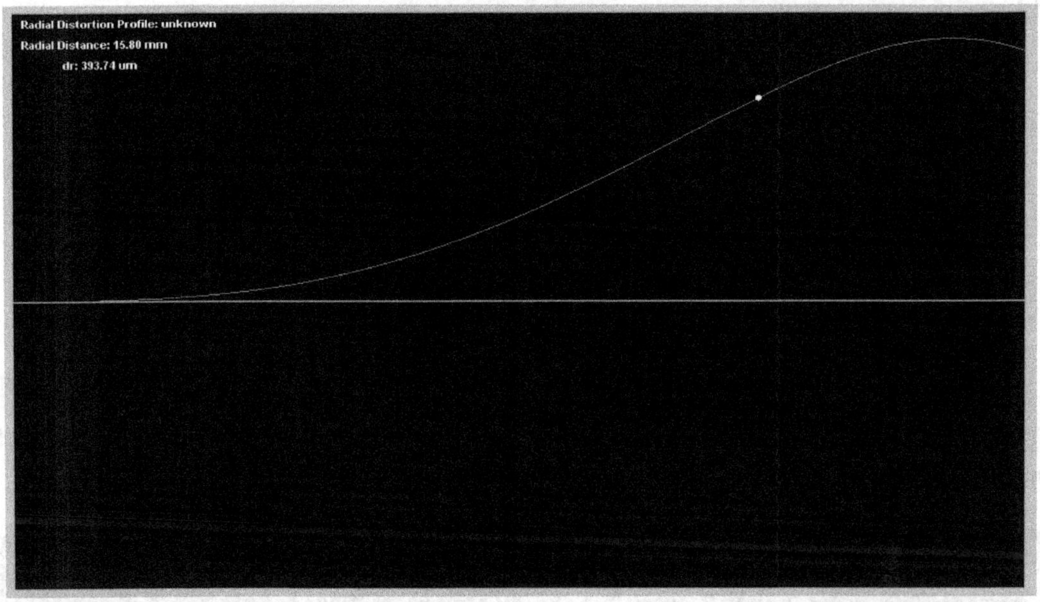

a)径向畸变曲线

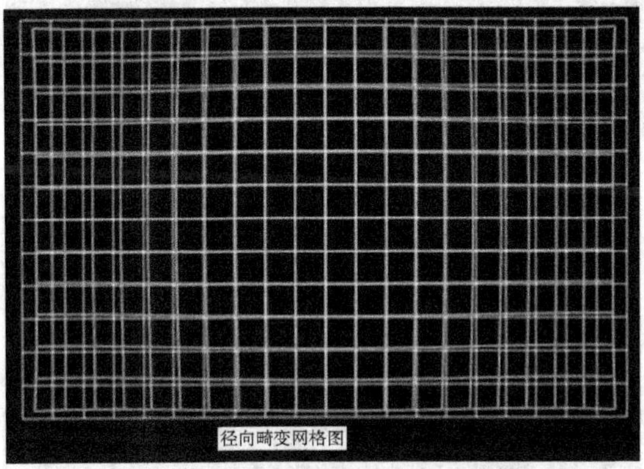

b)径向畸变网格变形

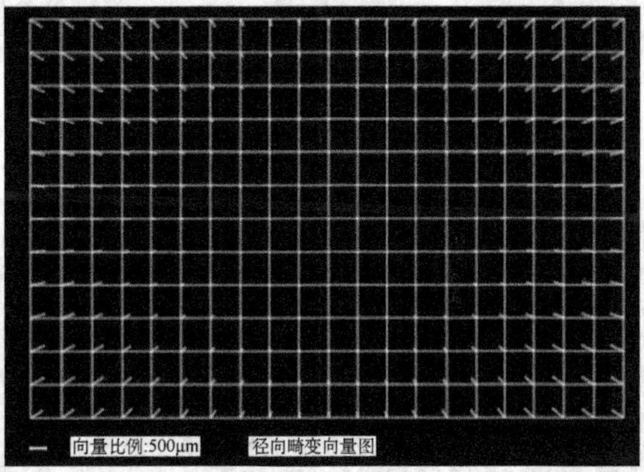

c)径向畸变向量

图 6-5 Nikor 24mm/F1.8 镜头径向畸变

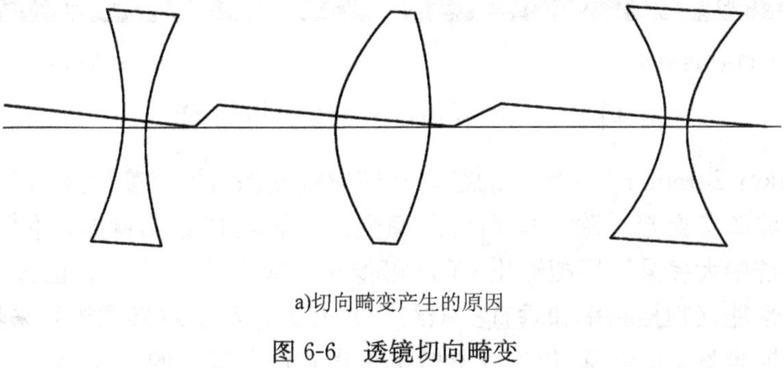

a)切向畸变产生的原因

图 6-6 透镜切向畸变

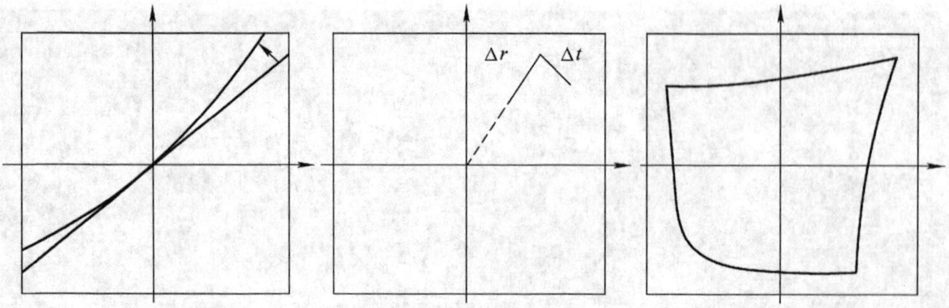

b)最大切向畸变方向　　c)切向畸变分量　　d)切向畸变示意图

图 6-6　透镜切向畸变（续）

镜头中心部位的畸变量较小，随着距离中心半径的增大逐渐增大，在边角处达到最大值，且切向畸变是不对称畸变。

a)切向畸变曲线

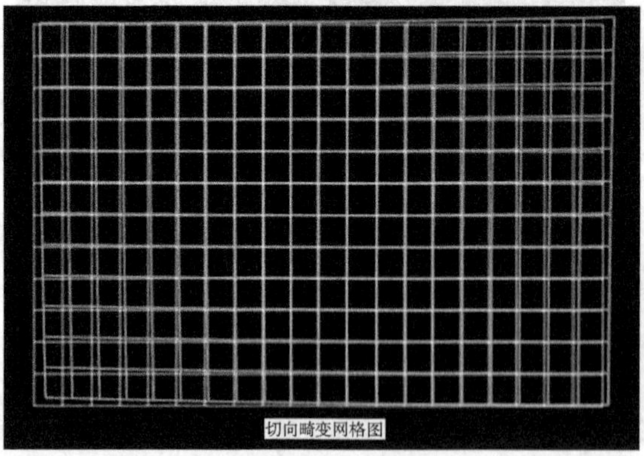

b)切向畸变网络变形

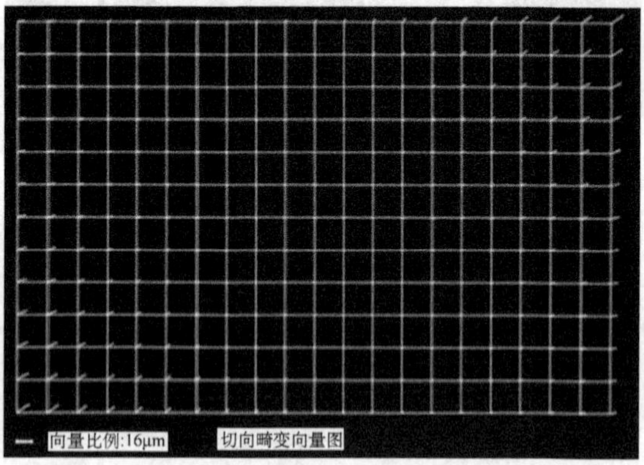

c)切向畸变向量

图 6-7　Nikor 24mm/F1.8 镜头切向畸变

图 6-8 为 Nikor 24mm/F1.8 镜头的径向和切向畸变综合网格变形及畸变向量图。

（3）*仿射和非正交变形*　除径向和切向畸变外，影响视觉测量成像位置的还有其他因素。早期视觉系统中大多采用模拟输出 CCD 摄像机，像元不是严格的正方形，且输出图像与图像采集卡的性能（扫描频率和垂直扫描线数）有关，需要对摄像机和采集卡进行联合校准，引入像素转换当量 s 量化模拟 CCD 摄像机垂直和水平像素的尺寸比。

随着 CCD 成像技术的发展，目前视觉测量系统中多采用数字 CCD 摄像机作为测量传感

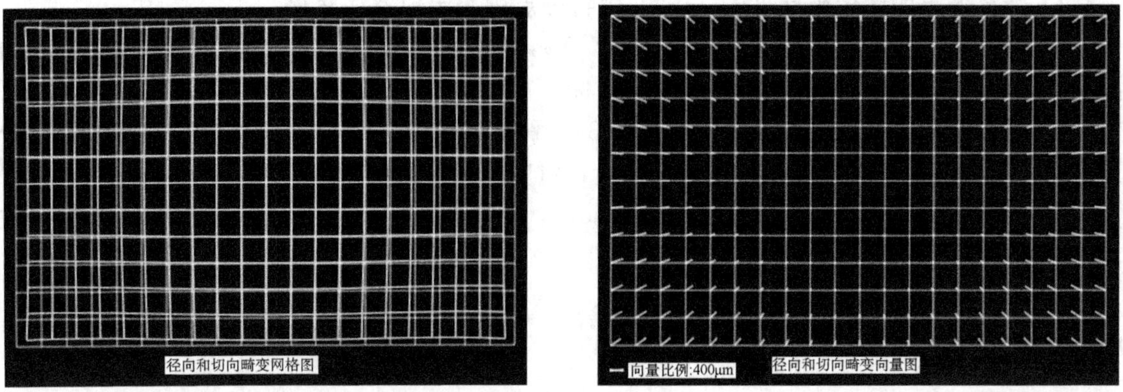

a) 畸变网格变形　　b) 畸变向量

图 6-8　Nikor 24mm/F1.8 镜头径向、切向畸变综合

器，摄像机像元排列误差通常采用仿射和非正交变形来描述。仿射和非正交变形主要由于像元水平和垂直方向的尺寸不一致、像元行列排列的不垂直性造成，如图 6-9 所示。变形项表示为

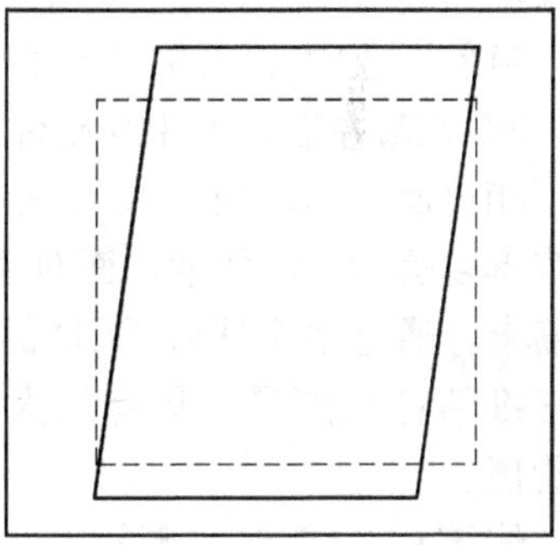

图 6-9　仿射和非正交变形示意图

$$\begin{cases}\Delta x_{AND}=-b_1(x_p-x_0)+b_2(y_p-y_0)\\ \Delta y_{AND}=b_1(y_p-y_0)\end{cases} \tag{6-7}$$

式中，Δx_{AND}和 Δy_{AND}为仿射和非正交变形量；b_1 和 b_2 分别为仿射和非正交系数。

上述分析表明：径向畸变、切向畸变、仿射和非正交变形，都会引起特征点在像面上的位置偏移。对应不同的区域偏移量不同，将引起特征点成像偏移的畸变项归结为

$$\begin{cases}\Delta x=x_c r^2 k_1+x_c r^4 k_2+x_c r^6 k_3+\\ \qquad (r^2+2x_c^2)p_1+2x_c y_c p_2+x_c b_1+y_c b_2\\ \Delta y=y_c r^2 k_1+y_c r^4 k_2+y_c r^6 k_3+\\ \qquad 2x_c y_c p_1+(r^2+2y_c^2)p_2+y_c b_1\end{cases} \tag{6-8}$$

式中，$x_c=x_p-x_0$、$y_c=y_p-y_0$为特征像点经原点校正后的像面坐标；(Δx，Δy) 为附加偏差参数。

对于非测量摄像机的完整内参数模型为

$$\begin{cases}X_{cp}=x_p-x_0-\Delta x=(u-u_0')\mathrm{d}x-\Delta x\\ Y_{cp}=y_p-y_0-\Delta y=(v-v_0')\mathrm{d}y-\Delta y\\ Z_{cp}=c\end{cases} \tag{6-9}$$

考虑到附加偏差参数的影响，实际成像系统的共线性方程为

$$\begin{cases}x_p=x_0+\Delta x-c\dfrac{m_{11}(X_P-X_0)+m_{12}(Y_P-Y_0)+m_{13}(Z_P-Z_0)}{m_{31}(X_P-X_0)+m_{32}(Y_P-Y_0)+m_{33}(Z_P-Z_0)}\\ y_p=y_0+\Delta y-c\dfrac{m_{21}(X_P-X_0)+m_{22}(Y_P-Y_0)+m_{23}(Z_P-Z_0)}{m_{31}(X_P-X_0)+m_{32}(Y_P-Y_0)+m_{33}(Z_P-Z_0)}\end{cases} \tag{6-10}$$

共线性方程中，涉及如下参数：

1）特征像点的图像坐标（x_p，y_p）：由特征点中心定位算法获得。

2）特征点在世界坐标系中的坐标（X_P，Y_P，Z_P）：摄像机校准过程中，特征点对应的控制点在世界坐标系（模板坐标系）中的坐标。

3）摄像机外部方位的6个参数：包括3个平移量（X_0，Y_0，Z_0）及旋转矩阵中的3个旋转角（ω，φ，κ），在校准系统中是未知量，对应于共线方程中的 m_{ij}。

4）摄像机内参数（x_0，y_0，c，k_1，k_2，k_3，p_1，p_2，b_1，b_2）：是摄像机内参数校准过程中待求解的参数。

6.2　一维成像模型

一维成像模型是指精确定量描述三维物体空间与一维直线成像空间之间映射关系的数学模型。线阵CCD是典型的一维成像器件，本节以线阵CCD为例讨论一维成像器件的测量原理及其拓展应用方法，所讨论的原理方法同样适用于其他一维成像器件。

目前工业中应用的二维面阵CCD的分辨率一般不超过千万像素，单方向上的分辨率约为3000像素左右，由于受硬件水平和成本的制约，分辨率提升的空间有限，且成本十分昂贵。相比面阵CCD而言，线阵CCD具有速度快、成本低、结构简单的优点，且单方向上的分辨率可达10000像素，面对精度要求更高的测量需求，通过多个线阵CCD的组合应用实现空间三维信息的测量，具有巨大的发展空间和应用价值。

线阵CCD能够实现物方空间中一维信息的测量，其测量原理如图6-10所示。空间点 P 通过柱面透镜，将在像平面上形成一条与柱面透镜轴心线平行的线状像 p_1p_2，与线阵CCD交于像点 p'。设 Oo 为光学系统焦距，大小为 f，且固定不变，则像点 p' 在线阵CCD上的位置 x 与空间点 P 对应的角度 α 间存在如下关系：

$$\tan\alpha=\frac{x}{f} \tag{6-11}$$

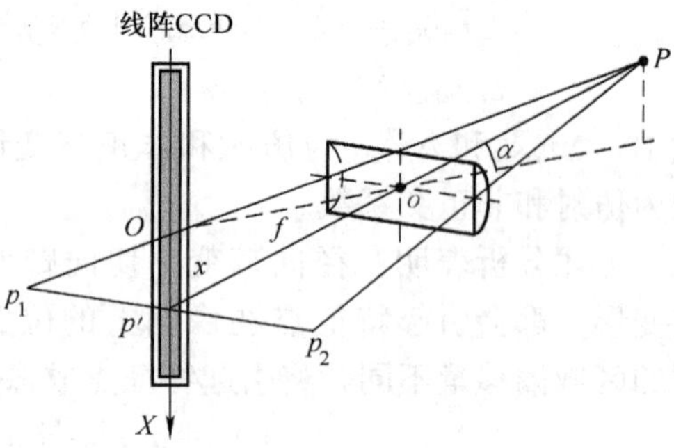

图6-10　线阵CCD实现角度测量的原理

由图6-10可以看出：线阵CCD能够实现空间一维角度的测量，即由空间点与柱面透镜轴心线确定的平面和与线阵CCD垂直的平面之间的夹角。

面对高精度测量需求时，可以将两个线阵CCD组合起来，构造面阵CCD功能，实现物方空间二维信息的测量，原理示意图如图6-11所示。结合现有视觉测量的原理和方法，两线阵CCD组合应用能够有效提高系统测量精度。

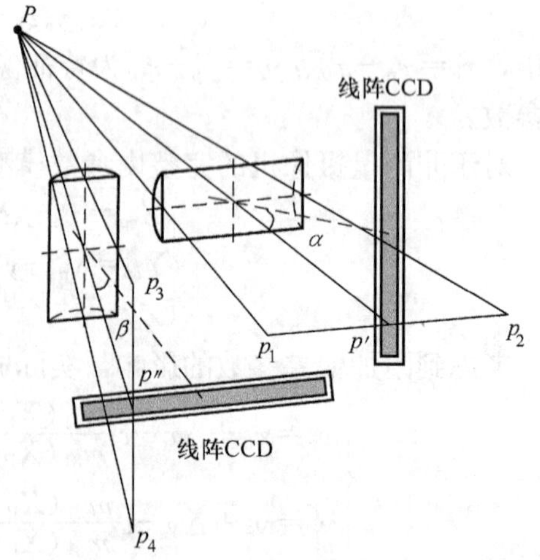

图6-11　两线阵CCD组合实现二维信息测量

同样地，若将三个线阵CCD组合起来，通

过配置合理的空间位置姿态，即可实现物方空间三维信息的测量，原理示意图如图 6-12 所示。

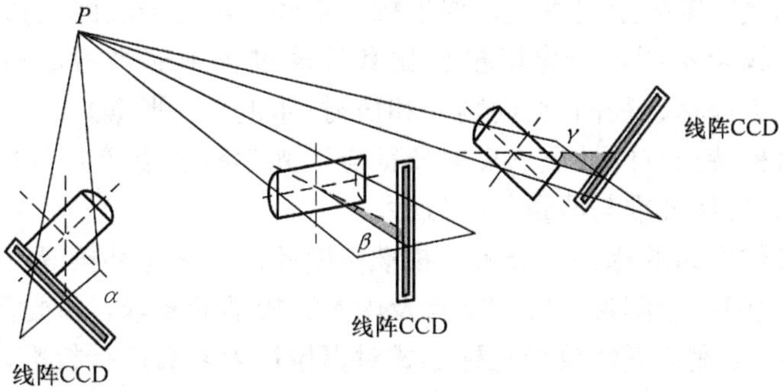

图 6-12　三线阵 CCD 组合实现三维信息测量

6.3　成像模型标定

由上述讨论可知：二维成像模型比一维成像模型复杂得多，一维成像器件可看成是二维成像器件的简化形式，因此，二维成像模型参数的标定方法同样适用于一维成像模型。不失一般性，下面以二维成像模型为主讨论成像模型参数的标定方法。

6.3.1　常规摄像机内参数校准概述

针对不同的应用场合，人们提出了多种摄像机内参数校准方法，按照采用的摄像机模型和参数估计方法不同可以分为利用非线性优化技术的摄像机校准方法、利用透视变换矩阵的线性方法、“两步法”（Two-Step Techniques）和双平面校准法等。

非线性优化方法采用迭代优化技术对包含所有摄像机参数的非线性模型进行求解，适用于摄像机的精确校准，需要参数的良好初始估计值保证迭代的收敛性。利用透视变换矩阵的线性方法采用最小二乘方法获得三维特征点与对应二维像点之间的变换矩阵，通过矩阵分解获得摄像机的内参数，优点是简单快速，缺点是由于校准过程中未考虑非线性畸变因素，校准精度受到影响；同时由于采用隐式校准方法，有时从矩阵中分解参数比较困难。两步法采用线性方法计算摄像机的某些参数，利用解得的参数作为初始值，再考虑畸变因素，利用非线性优化算法进行迭代求解。两步法克服了线性方法和非线性优化算法的缺点，提高了校准的可靠性和精确度。双平面模型校准法的优点是利用线性方法求解有关参数，缺点是求解未知参数数量太大，存在过分参数化的倾向。

摄像机是测量系统的关键部件之一，内参数校准的精确度直接影响测量系统的测量不确定度。为了提高整个系统的性能，减小测量不确定度，必须对摄像机进行精确的内参数校准，将内参数校准误差对整个系统性能的影响减小到最低程度。

6.3.2　立体和虚拟立体靶标摄像机内参数校准

1. 摄像机内参数校准要求及校准系统建立

对于高精度大空间视觉测量系统，内参数的校准精度直接影响系统空间三维坐标的测量精度，需要综合考虑参数的完整性、测量空间布局及测量空间范围、被测目标特征点的形式等因素。基本要求包括：

1）为了保证测量精度的全局最优，要求校准空间尽可能与实际测量空间一致。

2）与其他应用场合不同，摄像机模型化和校准过程中应当考虑所有的摄像机内参数（包括有效焦距、主点偏移、径向/切向畸变和仿射/非正交变形等）。

3）校准靶标目标特征点的性质（反射特征点、光学特征点等）及尺寸应尽量与实际测量系统特征点一致，确保校准与测量的一致性。

4）摄像机内参数之间的相关性分析、校准精度评价及细化补偿等。

针对高精度大空间视觉测量系统的特点及内参数校准的要求，视觉测量系统生产厂商及研究机构多采用立体和虚拟立体校准靶标形式对摄像机内参数进行校准，并在此基础上对内参数进行细化补偿。图 6-13 为虚拟立体靶标内参数校准装置，利用大型龙门式三坐标测量机携带特征点（反射特征点或红外 LED 光学特征点）在接近于测量空间的三维空间范围内按顺序逐点运动，利用待校准摄像机在每个基站下对特征点的每个位置成像。为了确保摄像机内参数的校准精度，可能需要在不同方位对虚拟立体靶标成像，且在每一基站摄影站下使摄像机分别处于水平和绕光轴旋转 90°的垂直放置分别成像，使像面水平和垂直方向得到综合优化。虚拟立体靶标进行摄像机内参数校准的规划如图 6-14 所示。虚拟立体靶标内参数

a) Megaplus 1.4i 像机校准

b) Megaplus6.3i、Dalas 11M4、Nikon D3 校准

图 6-13　虚拟立体靶标摄像机内参数校准装置

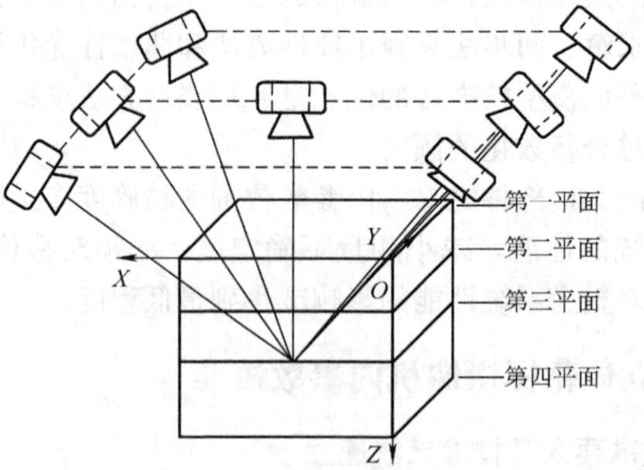

图 6-14　摄像机位置分布图

校准方式由于空间特征点三维坐标精确可控并已知，校准精度高，多用于单、双机视觉三维坐标测量系统。

图 6-15 为常用的立体靶标形式，靶标分为两类：一类是靶标上的特征点三维坐标已知且长期稳定（靶标基板多为碳纤维板或殷钢板），校准原理与虚拟立体靶标相同，但由于尺寸的限制，校准效果稍差；另一类是除外方位装置、基准尺外，常规特征点空间坐标未知，具有短期稳定性的大空间立体靶标，主要用于移动视觉三维坐标测量系统的摄像机内参数初始校准和测量精度验证等，采用的校准原理多为测量过程中的自校准方式（详见第 9 章）。

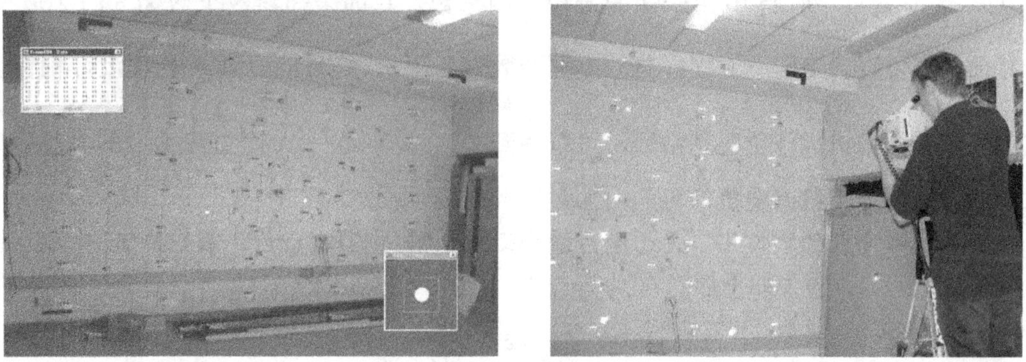

a) GSI 校准校验靶标

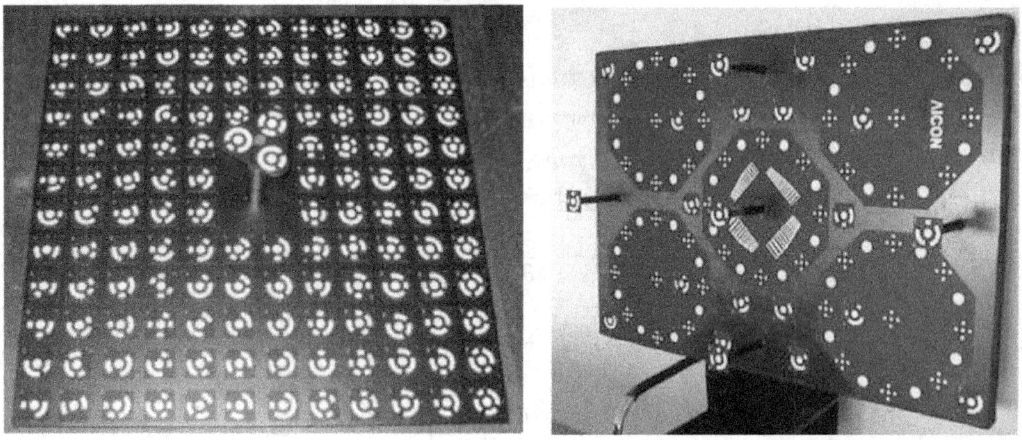

b) Aicon 校准靶标

图 6-15　立体校准靶标

2. 摄像机内参数共线性约束优化校准算法

立体和虚拟立体靶标摄像机内参数校准过程采用多基站方式，求解过程符合共线性约束条件，采用共线性约束优化校准算法。

包含全部摄像机内参数的共线性约束方程数学描述为

$$\begin{cases} x_p = x_0 + \Delta x - c\dfrac{m_{11}(X_P - X_0) + m_{12}(Y_P - Y_0) + m_{13}(Z_P - Z_0)}{m_{31}(X_P - X_0) + m_{32}(Y_P - Y_0) + m_{33}(Z_P - Z_0)} \\ y_p = y_0 + \Delta y - c\dfrac{m_{21}(X_P - X_0) + m_{22}(Y_P - Y_0) + m_{23}(Z_P - Z_0)}{m_{31}(X_P - X_0) + m_{32}(Y_P - Y_0) + m_{33}(Z_P - Z_0)} \end{cases} \tag{6-12}$$

式中，(x_p，y_p）为已知的特征像点（图像观测值）；(X_P、Y_P、Z_P）为空间特征点三维坐标，在虚拟立体校准或立体靶标校准中是已知量，在自校准立体靶标中是未知量；(x_0，y_0，c，Δx，Δy）引出了10个未知的待校准摄像机内参数（x_0，y_0，c，k_1，k_2，k_3，p_1，p_2，b_1，b_2）；(X_0，Y_0，Z_0）和（m_{11}，…，m_{33}）为每个基站相对于世界坐标系（靶标坐标系）的外部方位参数，由于校准过程中摄像机摆放没有严格定位，外部方位参数为未知量。

设空间特征点的个数为m，成像基站位置数为n，第i个基站下空间特征点的成像数为m_i，$m_i \leqslant m$。每个基站位置有6个未知的外部参数（3个平移量（X_{0i}，Y_{0i}，Z_{0i}）和3个旋转角（ω_i，φ_i，κ_i）），加上10个未知的摄像机内参数，总的未知参数个数为$6n+10$。对应每个特征像点可以确定两个方程，总的方程个数为$2\sum_{i=1}^{n} m_i \leqslant 2nm$。通过合理设计靶标上特征点的个数和摄像机成像位置基站数，可以得到$2\sum_{i=1}^{n} m_i > 6n+10$个方程构成的大规模非线性方程组。求解方程组确定摄像机的内参数。

(1) 共线性方程的线性化　为了进行最小二乘求解，利用Taylor级数对式(6-12）线性化。将式（6-12）重写为如下形式：

$$\begin{cases} F_x = x_0 + \Delta x - c\dfrac{N_x}{D} = x_p \\ F_y = y_0 + \Delta y - c\dfrac{N_y}{D} = y_p \end{cases} \tag{6-13}$$

式中，

$$\begin{aligned} N_x &= m_{11}(X_P - X_0) + m_{12}(Y_P - Y_0) + m_{13}(Z_P - Z_0) \\ N_y &= m_{21}(X_P - X_0) + m_{22}(Y_P - Y_0) + m_{23}(Z_P - Z_0) \\ D &= m_{31}(X_P - X_0) + m_{32}(Y_P - Y_0) + m_{33}(Z_P - Z_0) \end{aligned}$$

应用Taylor级数展开，式(6-13）通过对各未知参数求导转换成线性方程：

$$\begin{cases} x_p = (F_x)_0 + \left(\dfrac{\partial F_x}{\partial c}\right)^0 \Delta c + \left(\dfrac{\partial F_x}{\partial x_p}\right)^0 \Delta x_p + \left(\dfrac{\partial F_x}{\partial y_p}\right)^0 \Delta y_p + \left(\dfrac{\partial F_x}{\partial k_1}\right)^0 \Delta k_1 + \left(\dfrac{\partial F_x}{\partial k_2}\right)^0 \Delta k_2 + \\ \quad \left(\dfrac{\partial F_x}{\partial k_3}\right)^0 \Delta k_3 + \left(\dfrac{\partial F_x}{\partial p_1}\right)^0 \Delta p_1 + \left(\dfrac{\partial F_x}{\partial p_2}\right)^0 \Delta p_2 + \left(\dfrac{\partial F_x}{\partial b_1}\right)^0 \Delta b_1 + \left(\dfrac{\partial F_x}{\partial b_2}\right)^0 \Delta b_2 + \left(\dfrac{\partial F_x}{\partial \omega}\right)^0 \Delta \omega + \\ \quad \left(\dfrac{\partial F_x}{\partial \varphi}\right)^0 \Delta \varphi + \left(\dfrac{\partial F_x}{\partial \kappa}\right)^0 \Delta \kappa + \left(\dfrac{\partial F_x}{\partial X_0}\right)^0 \Delta X_0 + \left(\dfrac{\partial F_x}{\partial Y_0}\right)^0 \Delta Y_0 + \left(\dfrac{\partial F_x}{\partial Z_0}\right)^0 \Delta Z_0 \\ y_p = (F_y)_0 + \left(\dfrac{\partial F_y}{\partial c}\right)^0 \Delta c + \left(\dfrac{\partial F_y}{\partial x_p}\right)^0 \Delta x_p + \left(\dfrac{\partial F_y}{\partial y_p}\right)^0 \Delta y_p + \left(\dfrac{\partial F_y}{\partial k_1}\right)^0 \Delta k_1 + \left(\dfrac{\partial F_y}{\partial k_2}\right)^0 \Delta k_2 + \\ \quad \left(\dfrac{\partial F_y}{\partial k_3}\right)^0 \Delta k_3 + \left(\dfrac{\partial F_y}{\partial p_1}\right)^0 \Delta p_1 + \left(\dfrac{\partial F_y}{\partial p_2}\right)^0 \Delta p_2 + \left(\dfrac{\partial F_y}{\partial b_1}\right)^0 \Delta b_1 + \left(\dfrac{\partial F_y}{\partial b_2}\right)^0 \Delta b_2 + \left(\dfrac{\partial F_y}{\partial \omega}\right)^0 \Delta \omega + \\ \quad \left(\dfrac{\partial F_y}{\partial \varphi}\right)^0 \Delta \varphi + \left(\dfrac{\partial F_y}{\partial \kappa}\right)^0 \Delta \kappa + \left(\dfrac{\partial F_y}{\partial X_0}\right)^0 \Delta X_0 + \left(\dfrac{\partial F_y}{\partial Y_0}\right)^0 \Delta Y_0 + \left(\dfrac{\partial F_y}{\partial Z_0}\right)^0 \Delta Z_0 \end{cases} \tag{6-14}$$

式中，$(\partial F/\partial \cdots)^0$项为函数对各未知参数的偏导数，如果参与校准的空间点中存在空间坐标未知的特征点（非控制点），对应的方程中还应包含（$\partial F_x/\partial x_P$）…（$\partial F_y/\partial Z_0$）项，在此不予考虑。上述各偏导项分别为：

1）对摄像机内参数（x_0，y_0，c，k_1，k_2，k_3，p_1，p_2，b_1，b_2）的偏导数

$$\begin{cases}\dot{I}_{10}=\dfrac{\partial F_x}{\partial c}=-\dfrac{m_{11}(X_P-X_0)+m_{12}(Y_P-Y_0)+m_{13}(Z_P-Z_0)}{m_{31}(X_P-X_0)+m_{32}(Y_P-Y_0)+m_{33}(Z_P-Z_0)}=-\dfrac{N_x}{D}\\ \dot{I}_{20}=\dfrac{\partial F_y}{\partial c}=-\dfrac{m_{21}(X_P-X_0)+m_{22}(Y_P-Y_0)+m_{32}(Z_P-Z_0)}{m_{31}(X_P-X_0)+m_{32}(Y_P-Y_0)+m_{33}(Z_P-Z_0)}=-\dfrac{N_y}{D}\end{cases},$$

$$\begin{cases}\dot{I}_{11}=\dfrac{\partial F_x}{\partial x_0}=1\\ \dot{I}_{21}=\dfrac{\partial F_y}{\partial x_0}=0\end{cases},\quad \begin{cases}\dot{I}_{12}=\dfrac{\partial F_x}{\partial y_0}=0\\ \dot{I}_{22}=\dfrac{\partial F_y}{\partial y_0}=1\end{cases},$$

$$\begin{cases}\dot{I}_{13}=\dfrac{\partial F_x}{\partial k_1}=r^2x_c=r^2(x_p-x_0)\\ \dot{I}_{23}=\dfrac{\partial F_y}{\partial k_1}=r^2y_c=r^2(y_p-y_0)\end{cases},\begin{cases}\dot{I}_{14}=\dfrac{\partial F_x}{\partial k_2}=r^4x_c=r^4(x_p-x_0)\\ \dot{I}_{24}=\dfrac{\partial F_y}{\partial k_2}=r^4y_c=r^4(y_p-x_0)\end{cases},$$

$$\begin{cases}\dot{I}_{15}=\dfrac{\partial F_x}{\partial k_3}=r^6x_c=r^6(x_p-x_0)\\ \dot{I}_{25}=\dfrac{\partial F_y}{\partial k_3}=r^6y_c=r^6(y_p-x_0)\end{cases},\begin{cases}\dot{I}_{16}=\dfrac{\partial F_x}{\partial p_1}=r^2+2(x_p-x_0)^2\\ \dot{I}_{26}=\dfrac{\partial F_y}{\partial p_1}=2(x_p-x_0)(y_p-y_0)\end{cases},$$

$$\begin{cases}\dot{I}_{17}=\dfrac{\partial F_x}{\partial p_2}=2(x_p-x_0)(y_p-y_0)\\ \dot{I}_{27}=\dfrac{\partial F_y}{\partial p_2}=r^2+2(y_p-y_0)^2\end{cases},$$

$$\begin{cases}\dot{I}_{18}=\dfrac{\partial F_x}{\partial b_1}=-(x_p-x_0)\\ \dot{I}_{28}=\dfrac{\partial F_y}{\partial b_1}=y_p-y_0\end{cases},\quad \begin{cases}\dot{I}_{19}=\dfrac{\partial F_x}{\partial b_2}=y_p-y_0\\ \dot{I}_{29}=\dfrac{\partial F_y}{\partial b_2}=0\end{cases}$$

2）对摄像机外部方位参数($X_{0i},Y_{0i},Z_{0i},\omega_i,\varphi_i,\kappa_i$)的偏导数

$$\begin{cases}\dot{O}_{10}=\dfrac{\partial F_x}{\partial X_0}=\dfrac{c(m_{11}D-m_{31}N_x)}{D^2}\\ \dot{O}_{20}=\dfrac{\partial F_y}{\partial X_0}=\dfrac{c(m_{21}D-m_{31}N_y)}{D^2}\end{cases},\quad \begin{cases}\dot{O}_{11}=\dfrac{\partial F_x}{\partial Y_0}=\dfrac{c(m_{12}D-m_{32}N_x)}{D^2}\\ \dot{O}_{21}=\dfrac{\partial F_y}{\partial Y_0}=\dfrac{c(m_{22}D-m_{32}N_y)}{D^2}\end{cases},$$

$$\begin{cases}\dot{O}_{12}=\dfrac{\partial F_x}{\partial Z_0}=\dfrac{c(m_{13}D-m_{33}N_x)}{D^2}\\ \dot{O}_{22}=\dfrac{\partial F_y}{\partial Z_0}=\dfrac{c(m_{23}D-m_{33}N_y)}{D^2}\end{cases},$$

$$\begin{cases}\dot{O}_{13}=\dfrac{\partial F_x}{\partial \omega}=\dfrac{\partial F_x}{\partial m_{11}}\dfrac{\partial m_{11}}{\partial \omega}+\dfrac{\partial F_x}{\partial m_{12}}\dfrac{\partial m_{12}}{\partial \omega}+\dfrac{\partial F_x}{\partial m_{13}}\dfrac{\partial m_{13}}{\partial \omega}+\dfrac{\partial F_x}{\partial m_{31}}\dfrac{\partial m_{31}}{\partial \omega}+\dfrac{\partial F_x}{\partial m_{32}}\dfrac{\partial m_{32}}{\partial \omega}+\dfrac{\partial F_x}{\partial m_{33}}\dfrac{\partial m_{33}}{\partial \omega}\\ \qquad =-c\,\dfrac{D[-m_{13}(Y-Y_0)+m_{12}(Z-Z_0)]+N_x[m_{33}(Y-Y_0)-m_{32}(Z-Z_0)]}{D^2}\\ \dot{O}_{23}=\dfrac{\partial F_y}{\partial \omega}=\dfrac{\partial F_y}{\partial m_{21}}\dfrac{\partial m_{21}}{\partial \omega}+\dfrac{\partial F_y}{\partial m_{22}}\dfrac{\partial m_{22}}{\partial \omega}+\dfrac{\partial F_y}{\partial m_{23}}\dfrac{\partial m_{23}}{\partial \omega}+\dfrac{\partial F_y}{\partial m_{31}}\dfrac{\partial m_{31}}{\partial \omega}+\dfrac{\partial F_y}{\partial m_{32}}\dfrac{\partial m_{32}}{\partial \omega}+\dfrac{\partial F_y}{\partial m_{33}}\dfrac{\partial m_{33}}{\partial \omega}\\ \qquad =-c\,\dfrac{D[-m_{23}(Y-Y_0)+m_{22}(Z-Z_0)]+N_y[m_{33}(Y-Y_0)-m_{32}(Z-Z_0)]}{D^2}\end{cases},$$

$$
\begin{cases}
\dot{O}_{14}=\dfrac{\partial F_x}{\partial \varphi}=\dfrac{\partial F_x}{\partial m_{11}}\dfrac{\partial m_{11}}{\partial \varphi}+\dfrac{\partial F_x}{\partial m_{12}}\dfrac{\partial m_{12}}{\partial \varphi}+\dfrac{\partial F_x}{\partial m_{13}}\dfrac{\partial m_{13}}{\partial \varphi}+\dfrac{\partial F_x}{\partial m_{31}}\dfrac{\partial m_{31}}{\partial \varphi}+\dfrac{\partial F_x}{\partial m_{32}}\dfrac{\partial m_{32}}{\partial \varphi}+\dfrac{\partial F_x}{\partial m_{33}}\dfrac{\partial m_{33}}{\partial \varphi} \\
\quad =-c\dfrac{D^2\cos\kappa+N_x[-N_x\cos\kappa+N_y\sin\kappa]}{D^2} \\
\dot{O}_{24}=\dfrac{\partial F_y}{\partial \varphi}=\dfrac{\partial F_y}{\partial m_{21}}\dfrac{\partial m_{21}}{\partial \varphi}+\dfrac{\partial F_y}{\partial m_{22}}\dfrac{\partial m_{22}}{\partial \varphi}+\dfrac{\partial F_y}{\partial m_{23}}\dfrac{\partial m_{23}}{\partial \varphi}+\dfrac{\partial F_y}{\partial m_{31}}\dfrac{\partial m_{31}}{\partial \varphi}+\dfrac{\partial F_y}{\partial m_{32}}\dfrac{\partial m_{32}}{\partial \varphi}+\dfrac{\partial F_y}{\partial m_{33}}\dfrac{\partial m_{33}}{\partial \varphi} \\
\quad =-c\dfrac{D^2\sin\kappa+N_y[N_x\cos\kappa+N_y\sin\kappa]}{D^2}
\end{cases},
$$

$$
\begin{cases}
\dot{O}_{15}=\dfrac{\partial F_x}{\partial \kappa}=\dfrac{\partial F_x}{\partial m_{11}}\dfrac{\partial m_{11}}{\partial \kappa}+\dfrac{\partial F_x}{\partial m_{12}}\dfrac{\partial m_{12}}{\partial \kappa}+\dfrac{\partial F_x}{\partial m_{13}}\dfrac{\partial m_{13}}{\partial \kappa}+\dfrac{\partial F_x}{\partial m_{31}}\dfrac{\partial m_{31}}{\partial \kappa}+\dfrac{\partial F_x}{\partial m_{32}}\dfrac{\partial m_{32}}{\partial \kappa}+\dfrac{\partial F_x}{\partial m_{33}}\dfrac{\partial m_{33}}{\partial \kappa} \\
\quad =-c\dfrac{N_y}{D} \\
\dot{O}_{25}=\dfrac{\partial F_y}{\partial \kappa}=\dfrac{\partial F_y}{\partial m_{21}}\dfrac{\partial m_{21}}{\partial \kappa}+\dfrac{\partial F_y}{\partial m_{22}}\dfrac{\partial m_{22}}{\partial \kappa}+\dfrac{\partial F_y}{\partial m_{23}}\dfrac{\partial m_{23}}{\partial \kappa}+\dfrac{\partial F_y}{\partial m_{31}}\dfrac{\partial m_{31}}{\partial \kappa}+\dfrac{\partial F_y}{\partial m_{32}}\dfrac{\partial m_{32}}{\partial \kappa}+\dfrac{\partial F_y}{\partial m_{33}}\dfrac{\partial m_{33}}{\partial \kappa} \\
\quad =c\dfrac{N_x}{D}
\end{cases},
$$

经过线性化后，共线性方程可表示为如下形式：

$$
\begin{pmatrix}
\dot{I}_{10} & \dot{I}_{11} & \dot{I}_{12} & \dot{I}_{13} & \dot{I}_{14} & \dot{I}_{15} & \dot{I}_{16} & \dot{I}_{17} & \dot{I}_{18} & \dot{I}_{19} \\
\dot{I}_{20} & \dot{I}_{21} & \dot{I}_{22} & \dot{I}_{23} & \dot{I}_{24} & \dot{I}_{25} & \dot{I}_{26} & \dot{I}_{27} & \dot{I}_{28} & \dot{I}_{29}
\end{pmatrix}
\begin{pmatrix}
\Delta c \\ \Delta x_0 \\ \Delta y_0 \\ \Delta k_1 \\ \Delta k_2 \\ \Delta k_3 \\ \Delta p_1 \\ \Delta p_2 \\ \Delta b_1 \\ \Delta b_2
\end{pmatrix}+
$$

$$
\begin{pmatrix}
\dot{O}_{10} & \dot{O}_{11} & \dot{O}_{12} & \dot{O}_{13} & \dot{O}_{14} & \dot{O}_{15} \\
\dot{O}_{20} & \dot{O}_{21} & \dot{O}_{22} & \dot{O}_{23} & \dot{O}_{24} & \dot{O}_{25}
\end{pmatrix}
\begin{pmatrix}
\Delta X_0 \\ \Delta Y_0 \\ \Delta Z_0 \\ \Delta \omega \\ \Delta \varphi \\ \Delta \kappa
\end{pmatrix}
=\begin{pmatrix}
x_{\mathrm{p}}-(F_x)_0 \\ y_{\mathrm{p}}-(F_y)_0
\end{pmatrix} \tag{6-15}
$$

（2）摄像机内参数的优化平差求解　摄像机内参数校准中，选用的误差模型以图像观测值与利用摄像机参数估计值进行反推投影得到的特征像点坐标之间的偏差为基础建立。式（6-15）可表示为

$$
\boldsymbol{A}_1\boldsymbol{\delta}_1+\boldsymbol{A}_2\boldsymbol{\delta}_2+\boldsymbol{w}=0 \tag{6-16}
$$

式中，$\boldsymbol{A}_1$和$\boldsymbol{A}_2$分别为摄像机内参数和外部方位参数偏导数的系数矩阵；$\boldsymbol{\delta}_1$和$\boldsymbol{\delta}_2$分别为待求解的摄像机内参数和外部方位参数的偏差向量；$\boldsymbol{w}$为特征像点像面坐标的近似计算值和观测值之间的偏差向量（$(F_x)_0-x_{\mathrm{p}}$，$(F_y)_0-y_{\mathrm{p}}$）。

设 $\boldsymbol{P}$ 为观测值的加权矩阵，用于摄像机内参数校准的对应法方程为

$$\begin{pmatrix} \boldsymbol{A}_1^{\mathrm{T}}\boldsymbol{P}\boldsymbol{A}_1 & \boldsymbol{A}_1^{\mathrm{T}}\boldsymbol{P}\boldsymbol{A}_2 \\ \boldsymbol{A}_2^{\mathrm{T}}\boldsymbol{P}\boldsymbol{A}_1 & \boldsymbol{A}_2^{\mathrm{T}}\boldsymbol{P}\boldsymbol{A}_2 \end{pmatrix} \begin{pmatrix} \boldsymbol{\delta}_1 \\ \boldsymbol{\delta}_2 \end{pmatrix} + \begin{pmatrix} \boldsymbol{A}_1^{\mathrm{T}}\boldsymbol{P}\boldsymbol{w} \\ \boldsymbol{A}_2^{\mathrm{T}}\boldsymbol{P}\boldsymbol{w} \end{pmatrix} = 0 \tag{6-17}$$

可通过加权最小二乘法进行求解

$$\hat{\boldsymbol{\delta}} = (\boldsymbol{A}^{\mathrm{T}}\boldsymbol{P}\boldsymbol{A})^{-1}\boldsymbol{A}^{\mathrm{T}}\boldsymbol{P}\boldsymbol{w} \tag{6-18}$$

观测值的残余误差 $\boldsymbol{v}$、后验方差 $\hat{\sigma}_0$ 和协方差矩阵 $\boldsymbol{D}\hat{\boldsymbol{X}}$ 分别为

$$\boldsymbol{v} = \boldsymbol{A}\hat{\boldsymbol{\delta}} + \boldsymbol{w}, \qquad \hat{\sigma}_0^2 = \frac{\boldsymbol{v}^{\mathrm{T}}\boldsymbol{W}\boldsymbol{v}}{r}, \qquad \boldsymbol{D}\hat{\boldsymbol{X}} = (\boldsymbol{A}^{\mathrm{T}}\boldsymbol{P}\boldsymbol{A})^{-1}\hat{\sigma}_0^2$$

式中，r 为方程个数与未知参数个数的差值，即 $r = 2\sum_{i=1}^{n} m_i - (6n+10)$。

最小二乘求解最常用的优化方法为 Newton 迭代算法，计算步骤如下：

1）指定估计参数的初始值 $\delta^0 = (c, x_0, y_0, k_1, k_2, k_3, p_1, p_2, b_1, b_2, X_0, Y_0, Z_0, \omega, \varphi, \kappa)$，一般除有效焦距设置为镜头的标称焦距，$(x_0, y_0)$ 设为像面中心，其他摄像机内参数可设置为零，置残余误差和 $s_0 = 0$。

2）根据求解参数的当前估计值 δ^k、给定的空间特征点及对应的特征像点的坐标，构成正规方程式(6-18)。

3）保存当前残余误差和 $s_{\mathrm{old}} = s_0$；对正规方程进行求解得到校正向量 $\Delta\delta = (\Delta c, \cdots, \Delta b_2, \Delta X_0, \cdots, \Delta\kappa)^T$，对求解参数进行校正 $\delta^{k+1} = \delta^k + \Delta\delta$。

4）计算残余误差和 s_0，如果 $s_0 > s_{\mathrm{old}}$ 或迭代次数达到设定值，表明迭代不收敛。

5）如果 Δx 小于设定的收敛极限，输出估计值，否则返回到第 2 步进行下一次迭代。

由于 Netown 迭代算法采用二阶逼近，与梯度最陡下降法（Gradient Steepest Descent Algorithm）相比，具有较快的收敛速度。但 Netown 法有可能收敛到局部最小值，甚至不能收敛，如当 $s_0 > s_{\mathrm{old}}$ 时，迭代发散。算法的特性非常依赖于迭代初值 δ^0，要求 δ^0 在优化解附近。

为了解决 Netown 迭代算法由于正规矩阵的非正定和迭代初值设置不合理造成的迭代发散问题，可采用 Levenberg-Marquardt 算法。在 Netown 迭代算法的基础上，对正规矩阵（$\boldsymbol{N} = \boldsymbol{A}^{\mathrm{T}}\boldsymbol{P}\boldsymbol{A}$）进行修正，构成修正的正规矩阵（$\boldsymbol{N}' = \boldsymbol{N} + \lambda\boldsymbol{I}$）。当 $\boldsymbol{N}$ 奇异或非正定时，通过调节 λ，使 $\boldsymbol{N}^{\mathrm{T}}$ 满秩且正定。最小二乘求解公式如下：

$$\hat{\boldsymbol{\delta}} = (\boldsymbol{A}^{\mathrm{T}}\boldsymbol{P}\boldsymbol{A} + \lambda\boldsymbol{I})^{-1}\boldsymbol{A}^{\mathrm{T}}\boldsymbol{P}\boldsymbol{w} \tag{6-19}$$

迭代求解方法如下：

1）指定估计参数的初始值 $\delta^0 = (c, x_0, y_0, k_1, k_2, k_3, p_1, p_2, b_1, b_2, X_0, Y_0, Z_0, \omega, \varphi, \kappa)$，置残余误差和 $s_0 = 0$，给定 λ 值，一般设 $\lambda = 0.001$，设定增长因子 $u > 1$（通常取 10）。

2）根据求解参数的当前估计值 δ^k、给定的空间特征点及对应的特征像点的坐标，构成正规方程式(6-19)。

3）对正规方程求解得到校正向量 $\Delta\boldsymbol{\delta} = (\Delta c, \cdots, \Delta b_2, \Delta X_0, \cdots, \Delta\kappa)^{\mathrm{T}}$。

4）如果 $e(\boldsymbol{\delta}^k + \Delta\boldsymbol{\delta}) \geqslant e(\boldsymbol{\delta}^k)$，$\lambda = \lambda u$ 并返回到第 3 步重新计算。

5）如果 $e(\boldsymbol{\delta}^k + \Delta\boldsymbol{\delta}) < e(\boldsymbol{\delta}^k)$，$\lambda = \lambda / u$，对求解参数进行校正 $\boldsymbol{\delta}^{k+1} = \boldsymbol{\delta}^k + \Delta\boldsymbol{\delta}$，计算 $s_0 = e$

$(\boldsymbol{\delta}^k+\Delta\boldsymbol{\delta})$。

6）如果 $\Delta\boldsymbol{\delta}$ 小于设定的收敛极限，输出估计值，否则返回到第 2 步进行下一次迭代。

（3）*优化平差迭代初值的确定*　由于校准过程中摄像机各参数之间较强的相关性及迭代的性质，优化平差前确定合适的迭代初值显得非常重要。初值的确定可以利用摄像机姿态估计方法或直接线性变换（DLT）方法获得。

由 Abdel-Aziz 和 Karara 提出的 DLT 方法是对共线性方程的简化。

忽略附加畸变参数 Δx 和 Δy，设原点校正后的图像坐标为

$$x=x_{\mathrm{p}}-x_0;\qquad y=y_{\mathrm{p}}-y_0$$

共线性方程可改写为

$$\begin{cases}x=-c\dfrac{m_{11}X_{\mathrm{P}}+m_{12}Y_{\mathrm{P}}+m_{13}Z_{\mathrm{P}}-(m_{11}X_0+m_{12}Y_0+m_{13}Z_0)}{m_{31}X_{\mathrm{P}}+m_{32}Y_{\mathrm{P}}+m_{33}Z_{\mathrm{P}}-(m_{31}X_0+m_{32}Y_0+m_{33}Z_0)}\\ y=-c\dfrac{m_{21}X_{\mathrm{P}}+m_{22}Y_{\mathrm{P}}+m_{23}Z_{\mathrm{P}}-(m_{21}X_0+m_{22}Y_0+m_{23}Z_0)}{m_{31}X_{\mathrm{P}}+m_{32}Y_{\mathrm{P}}+m_{33}Z_{\mathrm{P}}-(m_{31}X_0+m_{32}Y_0+m_{33}Z_0)}\end{cases}\tag{6-20}$$

设

$$D=-(m_{31}X_0+m_{32}Y_0+m_{33}Z_0)$$

$$L_1=-c\frac{m_{11}}{D},\qquad L_2=-c\frac{m_{12}}{D},\qquad L_3=-c\frac{m_{13}}{D},$$

$$L_4=-c\frac{m_{11}X_0+m_{12}Y_0+m_{13}Z_0}{D},$$

$$L_5=-c\frac{m_{21}}{D},\qquad L_6=-c\frac{m_{22}}{D},\qquad L_7=-c\frac{m_{23}}{D},$$

$$L_8=-c\frac{m_{21}X_0+m_{22}Y_0+m_{23}Z_0}{D},$$

$$L_9=\frac{m_{31}}{D},\qquad L_{10}=\frac{m_{32}}{D},\qquad L_{11}=\frac{m_{33}}{D},$$

代入式(6-20)，整理得到 DLT 公式：

$$\begin{cases}x=\dfrac{L_1X_{\mathrm{P}}+L_2Y_{\mathrm{P}}+L_3Z_{\mathrm{P}}+L_4}{L_9X_{\mathrm{P}}+L_{10}Y_{\mathrm{P}}+L_{11}Z_{\mathrm{P}}+1}\\ y=\dfrac{L_5X_{\mathrm{P}}+L_6Y_{\mathrm{P}}+L_7Z_{\mathrm{P}}+L_8}{L_9X_{\mathrm{P}}+L_{10}Y_{\mathrm{P}}+L_{11}Z_{\mathrm{P}}+1}\end{cases}\tag{6-21}$$

式中，$(L_1, \cdots, L_{11})$ 为反映物体空间与图像空间关系的 DLT 参数，包含了待求解的摄像机方位参数和有效焦距。

式(6-21) 可改写为

$$\begin{cases}X_{\mathrm{P}}L_1+Y_{\mathrm{P}}L_2+Z_{\mathrm{P}}L_3+L_4-xX_{\mathrm{P}}L_9-xY_{\mathrm{P}}L_{10}-xZ_{\mathrm{P}}L_{11}=x\\ X_{\mathrm{P}}L_5+Y_{\mathrm{P}}L_6+Z_{\mathrm{P}}L_7+L_8-yX_{\mathrm{P}}L_9-yY_{\mathrm{P}}L_{10}-yZ_{\mathrm{P}}L_{11}=y\end{cases}\tag{6-22}$$

式中，$(X_{\mathrm{P}}, Y_{\mathrm{P}}, Z_{\mathrm{P}})$ 为空间特征点 P 的坐标（已知）；(x, y) 为特征像点的像面坐标（已知）；$(L_1, \cdots, L_{11})$ 为待求解的 11 个未知参数，包含摄像机原点在空间坐标系中的坐标 (X_0, Y_0, Z_0)、空间坐标系的旋转矩阵 $\boldsymbol{M}=(m_{ij})$ 及有效焦距 c（镜头给定的标称焦距）。

每个空间特征点可以构成式(6-22) 所示的两个方程，对于 11 个未知参数，需要至少 6 个点来求解。构成如下方程组：

$$\begin{pmatrix} & & & & \vdots & & & & & & \\ X_{wi} & Y_{wi} & Z_{wi} & 1 & 0 & 0 & 0 & 0 & -x_iX_{wi} & -y_iY_{wi} & -z_iZ_{wi} \\ 0 & 0 & 0 & 0 & X_{wi} & Y_{wi} & Z_{wi} & 1 & -x_iY_{wi} & -x_iY_{wi} & -x_iY_{wi} \\ & & & & \vdots & & & & & & \end{pmatrix} \begin{pmatrix} L_1 \\ L_2 \\ \vdots \\ L_{11} \end{pmatrix} = \begin{pmatrix} \vdots \\ x_i \\ y_i \\ \vdots \end{pmatrix} \tag{6-23}$$

采用线性最小二乘方法求解未知参数（L_1，…，L_{11}）。

DLT 参数确定后，求解摄像机的方位参数。首先根据旋转矩阵 $\boldsymbol{M}$ 的正交特性得到

$$L_1^2+L_2^2+L_3^2=\frac{1}{L^2}(m_{11}^2+m_{12}^2+m_{13}^2)=\frac{1}{L^2} \tag{6-24}$$

式中，$L=-D/c$。

根据式(6-24) 可以计算出

$$L=\frac{1}{\sqrt{L_1^2+L_2^2+L_3^2}} \tag{6-25}$$

根据正交旋转矩阵的另外两行可以得到

$$L=\frac{1}{\sqrt{L_5^2+L_6^2+L_7^2}}, \qquad L=\frac{1}{\sqrt{L_9^2+L_{10}^2+L_{11}^2}} \tag{6-26}$$

旋转矩阵 $\boldsymbol{M}$ 可以通过下列各式获得：

$$\begin{bmatrix} L_1 & L_2 & L_3 \\ L_5 & L_6 & L_7 \\ L_9 & L_{10} & L_{11} \end{bmatrix}=\frac{1}{L}\begin{bmatrix} m_{11} & m_{12} & m_{13} \\ m_{21} & m_{22} & m_{23} \\ m_{31} & m_{32} & m_{33} \end{bmatrix}=\frac{\boldsymbol{M}}{L} \tag{6-27}$$

即

$$\boldsymbol{M}=L\begin{bmatrix} L_1 & L_2 & L_3 \\ L_5 & L_6 & L_7 \\ L_9 & L_{10} & L_{11} \end{bmatrix} \tag{6-28}$$

基站位置坐标可通过式(6-29) 求得

$$\begin{cases} m_{11}X_0+m_{12}Y_0+m_{13}Z_0=L_4L \\ m_{21}X_0+m_{22}Y_0+m_{23}Z_0=L_8L \\ m_{31}X_0+m_{32}Y_0+m_{33}Z_0=L \end{cases} \tag{6-29}$$

用矩阵表示为

$$\boldsymbol{M}\begin{bmatrix} X_0 \\ Y_0 \\ Z_0 \end{bmatrix}=\begin{bmatrix} L_4L \\ L_8L \\ L \end{bmatrix} \tag{6-30}$$

基站的空间位置为

$$\begin{bmatrix} X_0 \\ Y_0 \\ Z_0 \end{bmatrix}=\boldsymbol{M}^T\begin{bmatrix} L_4L \\ L_8L \\ L \end{bmatrix} \tag{6-31}$$

通过 DLT 计算出摄像机的外部方位参数（X_0，Y_0，Z_0）和 $\boldsymbol{M}$，作为迭代优化平差的初值进行摄像机内参数校准。

6.3.3 摄像机内参数校准细化补偿

上述摄像机内参数校准方法很大程度上已经提高了内参数的校准精度，但对于大空间高精度三维坐标视觉测量仍存在一定缺陷，在此基础上提出应辅以内参数校准细化补偿方法。

上述方法存在缺陷的原因主要表现在以下几个方面。

（1）*内参数综合优化的相关性干扰*　模型化内参数校准方法是建立在摄像机内参数和外部方位多参数综合优化求解基础上，由于摄像机内参数之间的相关性（见表 6-1），获得的结果是对应校准空间、空间特征点布局及基站位置的最优解，与真实物理参数存在一定差异，当测量空间、特征点及基站布局变化时必然引入一定的误差。

表 6-1　Megaplus 1.4i 摄像机内参数相关系数（单次虚拟立体靶标校准）

参　数	C	X_P	Y_P	K_1	K_2	K_3	P_1	P_2	B_1	B_2
C	1.000	0.089	0.033	0.105	−0.107	0.096	−0.081	−0.014	0.006	0.027
X_P	—	1.000	0.073	−0.041	0.025	−0.013	−0.935	−0.072	−0.071	0.141
Y_P	—	—	1.000	0.010	0.033	−0.022	−0.060	−0.842	−0.028	0.011
K_1	—	—	—	1.000	−0.953	0.881	0.026	−0.040	0.026	−0.006
K_2	—	—	—	—	1.000	−0.974	0.003	−0.006	−0.032	0.004
K_3	—	—	—	—	—	1.000	−0.002	0.010	0.035	−0.001
P_1	—	—	—	—	—	—	1.000	0.022	0.100	−0.186
P_2	—	—	—	—	—	—	—	1.000	0.052	0.041
B_1	—	—	—	—	—	—	—	—	1.000	−0.016
B_2	—	—	—	—	—	—	—	—	—	1.000

（2）*畸变参数的模型化误差*　镜头受透镜加工装配质量影响，畸变特性主要表现为径向畸变和切向畸变，但并不局限于这两种形式。如透镜球面加工误差造成球面各部分曲率变化的非连续平滑特性将导致 CCD 二维成像区域各点的畸变变化量的非均匀性，此类误差无法利用径向畸变和切向畸变模型公式修正。图 6-16 为对某摄像机进行校正后的成像区域畸变误差分布图，可以看出畸变分布具有非均匀性。

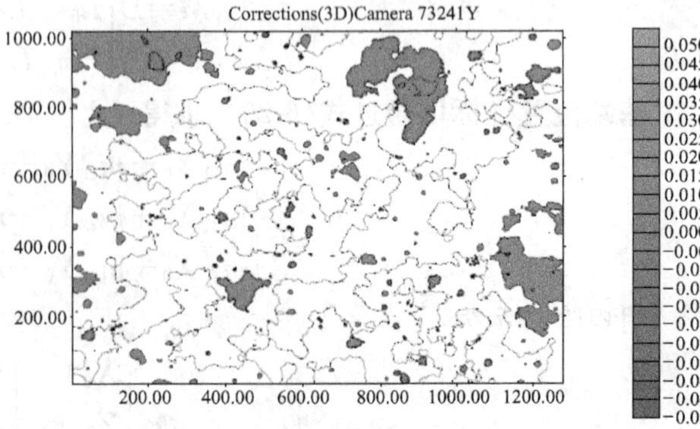

图 6-16　某摄像机校准误差分布

同时，由于径向畸变、切向畸变模型参数阶数的取舍、镜头与 CCD 芯片安装的非正交、CCD 像面的非平坦性等也将引入一定的非模型化畸变误差。

上述误差的引入将影响视觉测量系统测量精度的进一步提高及测量范围的扩展，有必要对摄像机内参数校准进行进一步细化校准。

（1）*像面细分校准补偿方法*　针对模型化摄像机内参数相关性较强和整个像面范围内单

一畸变参数模型化带来的误差，提出了像面细分校准补偿方法。该方法将像面按照内参数校准精度的不同需求细分为数十到数百个独立单元，利用上述摄像机内参数校准方法对每个单元分别校准，如图 6-17 所示。

物理意义上的主点偏移和有效焦距不随分区变化而改变，通过校准获得。对于每个分区的校准过程，除锁定主点偏移和有效焦距外，与前述立体和虚拟立体靶标摄像机内参数校准过程相同，需要每个分区内公共空间特征点数、对应的成像点数及基站数量应当满足求解条件。对于不同分区的校准应保证测量空间范围、校准摄像机优化布局等尽可能一致，保证全局校准的一致性。

1	2	3	4	5	6	7	8	9	10
11	12								20
21		23							30
31			34						40
41				45					50
51					56				60
61						67			70
71							78		80
81								89	90
91	92	93	94	95	96	97	98	99	100

图 6-17　CCD 分区校准分区示意图（100 分区）

经此方法校准的摄像机，由于独立校准区域的缩小，独立区域畸变的差异缩小，参数模型化引起的误差减小，有利于提高空间三维坐标的测量精度。对于每个分区独立的校准内参数以数据表的形式存储在相应的配置文件中，实际测量解算过程中，通过判断成像点图像观测值所在分区，调用相应的校准内参数实现图像观测值的补偿。

针对不同的应用场合及精度要求，像面细分校准补偿的分区原则、分区数量、空间靶标特性及校准摄像机布局需要综合优化，在满足校准精度要求的情况下简化校准补偿过程。

（2）独立内参数校准方法　针对内参数校准中的相关性影响及畸变参数非连续平滑变化引起的误差影响，借鉴航空摄影测量中的光学实验室校准法，提出了摄像机内参数独立校准方法。

航空摄影测量学光学实验室校准方法适用于“无焦系统”（调焦至无穷远的摄影测量系统的校准），主要采用两种校准方式，如图 6-18 所示。

图 6-18a 所示为多准直光管形式，使多准直光管按照扇形排列于不同视角方向组成准直光管阵列，交会于镜头透镜组的前节点，且中间的准直光管垂直于焦平面。准直光管投射独立的十字光标线到固定在焦平面上的感光片上，测量十字光标线的坐标，通过测量值计算相应的校准参数。

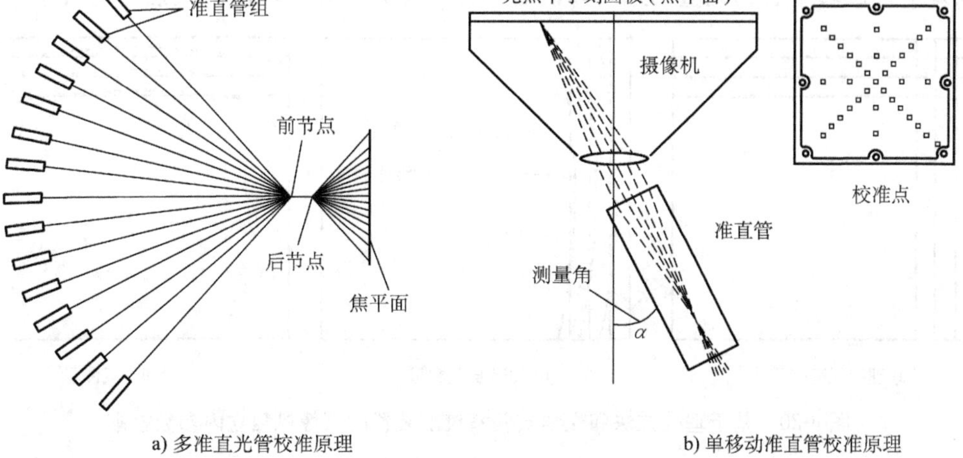

a) 多准直光管校准原理　　b) 单移动准直管校准原理

图 6-18　准直管摄像机校准原理

图 6-18b 所示为单移动准直管形式（Goniometers），采用光照的蚀刻精密十字刻画板固定在焦平面上，聚焦于无穷远的望远镜头指向摄像机镜头，并绕镜头透镜组前节点旋转，通过调整使刻画板栅格投射到望远镜上的图案与望远镜框标重合，精确测量望远镜的旋转角度，通过记录选择的交叉点的角度和已知的栅格间距，计算摄像机的有效焦距和畸变。

图 6-19 为卡尔蔡司（Zeiss）校准装置原理。

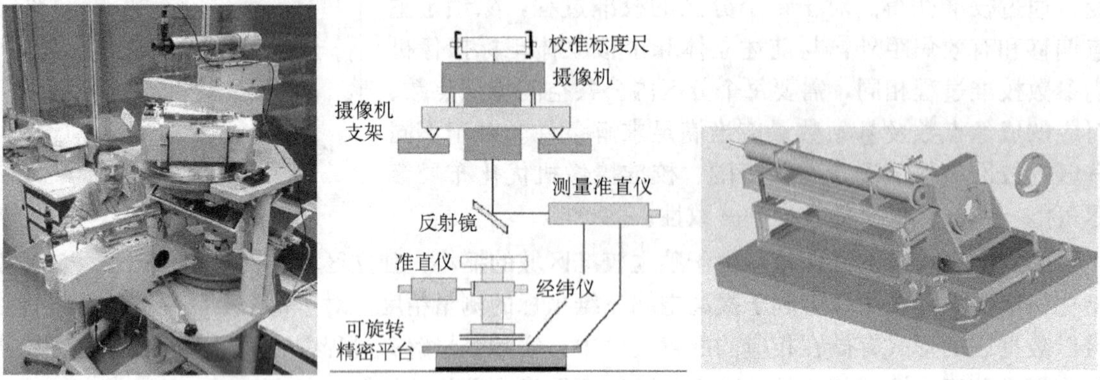

a) Zeiss 校准装置 (goniometer)　　b) Oberkochen 装置原理　　c) Jean 装置原理

图 6-19　卡尔蔡司摄像机校准装置

此外，Brown 于 1971 年提出了垂线法摄像机内参数校准方法：空间一条直线在不存在镜头畸变因素时，在摄像机中的成像仍为直线，利用空间直线（垂线）的成像变形量确定所处像素点处的畸变量。

结合航空摄影测量光学实验室方法与垂线法的概念，可以对视觉测量系统摄像机内参数进行独立校准，实现逐像元（区域）畸变细化修正。利用特殊设计的精密二维转台及辅助调整装置实现旋转中心与镜头光学中心的重合，摄像机在精密二维转台控制下实现偏航和俯仰的精密旋转。

对应确定角度的偏航和俯仰旋转，可以得到如图 6-20 所示的成像点分布，结合偏航角和俯仰角，以及成像点图像观测值，可以计算出对应像素点的畸变参数，结合整个像面的测量结果及上述旋转中心的调整结果可以确定图像主点偏移并计算出有效焦距的大小。

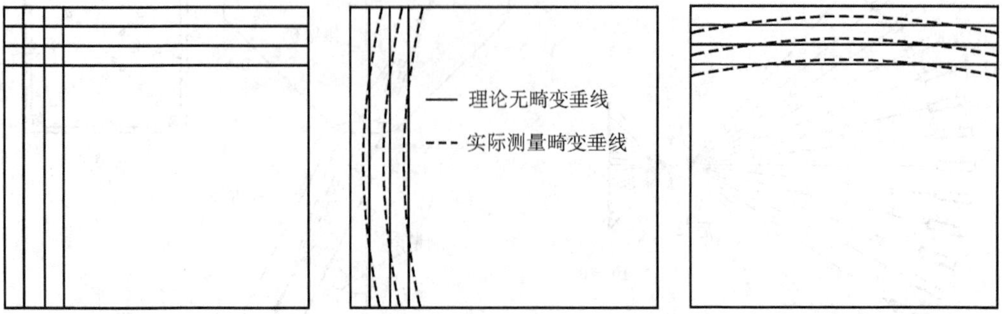

a) 理论无畸变垂线　　b) 偏航垂线测量　　c) 俯仰垂线测量

图 6-20　基于垂线方法和光学实验室校准装置的摄像机独立内参数校准

独立内参数校准克服了常规校准中摄像机内参数之间相关性的影响及由于镜头透镜组制

造中曲率变化非连续平滑等因素造成的畸变模型化误差影响，使测量过程中特征像点在任意成像位置均能得到良好的补偿。

参考文献

[1] 任同群．大型3D形貌测量高精度拼接方法与技术研究 [D]. 天津：天津大学，2008.

[2] 唐大林．光学坐标测量机测量原理研究及系统设计 [D]. 天津：天津大学，2006.

[3] 薛婷．三维视觉仪器化关键技术研究 [D]. 天津：天津大学，2006.

[4] 邾继贵，叶声华．工业现场近景数字摄影视觉精密测量 [J]. 地理空间信息，2004 (6)：11-14.

[5] 叶声华，邾继贵，等．视觉检测技术及应用 [J]. 中国工程科学，1999，1(1)：262-263.

[6] Ito M. Robot Vision Modelling-Camera Modelling and Camera Calibration. International Journal on Advanced Robotics [J]. 1991，5 (3)：321-335.

[7] Hall E L，Tio J B K，McPherson C A，Sadjadi F A. Measuring Curved Surfaces for Robot Vision [C]，IEEE Computer. 1982，15 (2)：42-54.

[8] Tsai R Y. A Versatile Camera Calibration Technique for High-Accuracy 3D Machine Vision Metrology using Off-the-Shelf TV Cameras and Lenses. IEEE Journal on Robotics and Automation [J]. 1987，3(4)：323-344.

[9] Faugeras D，Toscani G. The Calibration Problem for Stereo [C]. Proceedings of IEEE Computer Vision and Pattern Recognition，Los Alamitos，CA，1986：15-20.

[10] Ito M. Robot Vision Modeling-Camera Modelling and Camera Calibration [J]. Advanced Robotics. 1991，5(3)：321-335.

[11] Weng J，Cohen P，Herniou M. Camera Calibration with Distortion Models and Accuracy Evaluation [C]. IEEE Transactions on Pattern Analysis and Machine Intelligence. 1992，14(10)：965-980.

[12] Robert J Valkenburg. Classification of Camera Calibration Technology [C]. Proceedings of the New Zealand Image and Vision Computing '95 Workshop，Christchurch，New Zealand，1995：43-48.

[13] Clarke T A，Fryer J F. The Development of Camera Calibration Methods and Models [J]. Photogrammetric Record. 1998，16(91)：51-66.

[14] 邱茂林，马颂德，李毅．计算机视觉中摄像机校准综述 [J]. 自动化学报，2000，26(1)：43-55.

[15] Joaquim Salvi，Xavier Armangué，Joan Batlle. A Comparative Review of Camera Calibrating Methods with Accuracy Evaluation [J]. Pattern Recognition. 2002，35(7)：1617-1635.

[16] Fryer J G，Clarke T A，Chen J. Lens Distortion for Simple 'C' Mount Lenses [J]. International Archives of Photogrammetry and Remote Sensing. 1994，30(5)：97-101.

[17] Stein G P. Accurate Internal Camera Calibration using Rotation，with Analysis of Sources of Error [C]. IEEE Proceedings of Fifth International Conference on Computer Vision (ICCV' 95)，Massachusetts Institute of Technology，Cambridge，Massachusetts，1995：230-236.

[18] Carlo Tomasi，John Zhang. How to Rotate a Camera [C]. Proceedings of 10th International Conference on Image Analysis and Processing (ICIAP' 99)，Venice，Italy，1999：606-611.

[19] ClarkeT A，Fryer J F，Wang X. The Principal Point and CCD Cameras [J]. Photogrammetric Record. 1998，16(92)：293-312.

[20] Zhengyou Zhang，Quang-Tuan Luong，Olivier Faugeras. Motion of an Uncalibrated Stereo Rig：Self-Calibration and Metric Reconstruction [J]. IEEE Transactions on Robotics and Automation. 1996，12 (1)：103-113.

[21] Wang X, Clarke T A. Separate Adjustment of Close Range Photogrammetric Measurements [J]. ISPRS. 1998, 32(5): 177-184.

[22] Bill Triggs, Philip McLauchlan, Richard Hartley, Andrew Fitzgibbon. Bundle Adjustment-A Modern Synthesis [C]. Proceedings of International Workshop on Vision Algorithms, Corfu, Greece, 1999. Lecture Notes in Computer Science, 2000, 1883: 298-372.

[23] Juyang Weng, Paul Cohen, Marc Herniou. Calibration of Stereo Cameras using a Non-linear Distortion Model [C]. IEEE Proceedings of 10th International Conference on Pattern Recognition. Atlantic City, NJ USA, 1990: 246-253.

[24] Martins H A, Birk J R, Kelley R B. Camera Models based on Data from Two Calibration Planes [J]. Computer Graphics and Imaging Processing. 1981, 17: 173-180.

[25] Ma Songde. A Self-Calibration Technique for Active Vision System [J]. IEEE Transactions on Robotics and Automation, 1996, 12: 114-120.

[26] Kwon Y H, Lindley S L. Applicability of the Localized-Calibration Methods in Underwater Motion Analysis [C]. R. H. Sanders, Y. Hong. Proceedings of XⅧ International Symposium on Biomechanics in Sports, Hong Kong, China, 2000. Chinese University of Hong Kong Press: 48-55.

[27] Abdel-Aziz Y I, Karara H M. Direct Linear Transformation from Comparator Coordinates into Object Space Coordinates in Close-Range Photogrammetry [C]. Proceedings of the Symposium on Close-Range Photogrammetry, Falls Church, VA, 1971. American Society of Photogrammetry: 1-18.

第 7 章　视觉测量原理

视觉测量的目的是实现被测物体空间几何信息的获取，普通成像过程是三维空间到二维空间的变换，丢失一维信息，单纯依靠一幅图像不能提供充分几何约束，无法恢复三维信息。根本的解决途径是在单个摄像机成像以外，通过测量方法设计，引入（补充）其他几何约束，共同构造充分条件，解算空间信息。根据测量方法和测量模型不同，视觉测量主要包括结构光测量、立体视觉测量、单摄像机测量及光束平差测量等几种方法。

本章着重讨论视觉测量的原理，分别对结构光测量、立体视觉测量、单摄像机测量及光束平差测量的测量原理和测量模型进行深入分析。

7.1　结构光测量

结构光视觉测量方法的研究始于 20 世纪 70 年代，由激光三角法测量原理发展而来，是目前工业领域内广泛应用的一种视觉测量方法，具有结构简单、图像处理容易、实时性强及精度较高等优点。

7.1.1　结构光视觉原理

如图 7-1 所示，结构光视觉传感器由结构光投射器和摄像机组成。结构光投射器将一定模式的结构光投射于被测物表面，形成可视特征。根据结构光模式的不同，常见的可视特征有激光点、单条激光条和多条相互平行的激光条等。摄像机采集被测物表面含有可视特征的图像，传输到计算机进行处理，解算可视特征中心的精确空间三维坐标。

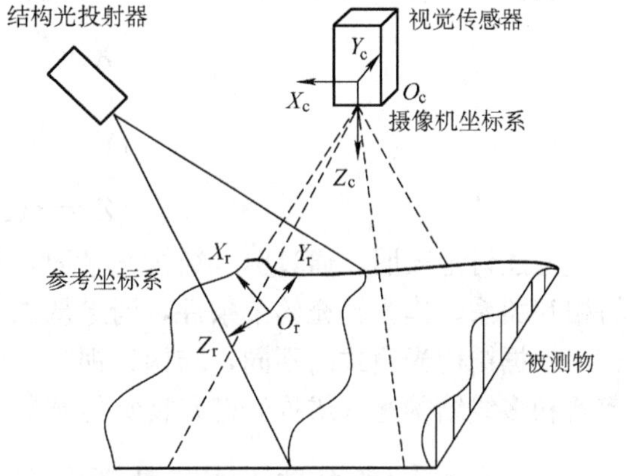

图 7-1　结构光视觉测量原理

图 7-1 中，将摄像机坐标系（$O_cX_cY_cZ_c$）作为视觉传感器坐标系，为方便描述，建立参考坐标系（$O_rX_rY_rZ_r$），建立原则可以根据结构光投射器所投射的结构光模式而定。由二维摄像机的成像模型可知：

$$\begin{cases} X_{cm}=\dfrac{(x_m-x_0+\Delta x)}{c}Z_{cm} \\ Y_{cm}=\dfrac{(y_m-y_0+\Delta y)}{c}Z_{cm} \end{cases} \tag{7-1}$$

式中，（X_{cm}，Y_{cm}，Z_{cm}）为被测点 m 在摄像机坐标系下的空间三维坐标；（x_m，y_m）为被测点在摄像机上成像点的图像坐标；c 为摄像机的有效焦距；（x_0，y_0）为像面中心，（Δx，Δy）为成像综合畸变，可用下式表示：

$$\begin{cases}\Delta x=x_c r^2 k_1+x_c r^4 k_2+x_c r^6 k_3+(2x_c^2+r^2)p_1+2p_2 x_c y_c+b_1 x_c+b_2 y_c\\ \Delta y=y_c r^2 k_1+y_c r^4 k_2+y_c r^6 k_3+2p_1 x_c y_c+(2y_c^2+r^2)p_2\end{cases} \tag{7-2}$$

式中，

$$\begin{cases}x_c=x_m-x_0\\ y_c=y_m-y_0\end{cases},\qquad r=\sqrt{x_c^2+y_c^2}$$

其中，c、x_0、y_0、k_1、k_2、k_3、p_1、p_2、b_1、b_2为摄像机模型参数，可通过摄像机标定技术获得。

以平面结构光为例，结构光平面在参考坐标系下具有确定的数学描述，具体形式由结构光的模式决定，统一的数学方程描述为

$$Z_r=f(X_r,Y_r) \tag{7-3}$$

参考坐标系（$O_rX_rY_rZ_r$）与摄像机坐标系（$O_cX_cY_cZ_c$）间的转换关系可以用旋转矩阵 $\boldsymbol{R}$ 和平移矩阵 $\boldsymbol{T}$ 来描述，如式(7-4) 所示，$\boldsymbol{R}$ 和 $\boldsymbol{T}$ 可通过传感器标定技术获得。

$$\begin{pmatrix}X_c\\ Y_c\\ Z_c\end{pmatrix}=\boldsymbol{R}\begin{pmatrix}X_r\\ Y_r\\ Z_r\end{pmatrix}+\boldsymbol{T} \tag{7-4}$$

式中，$\boldsymbol{R}=\begin{pmatrix}r_{11} & r_{12} & r_{13}\\ r_{21} & r_{22} & r_{23}\\ r_{31} & r_{32} & r_{33}\end{pmatrix}\qquad \boldsymbol{T}=\begin{pmatrix}t_1\\ t_2\\ t_3\end{pmatrix}$

由式(7-3) 和式(7-4) 能够求解结构光平面在摄像机坐标系下的方程：

$$Z_c=f(X_c,Y_c) \tag{7-5}$$

联立式(7-1) 和式(7-5)，得到结构光视觉传感器的数学模型：

$$\begin{cases}X_c=\dfrac{(x-x_0+\Delta x)}{c}Z_c\\ Y_c=\dfrac{(y-x_0+\Delta y)}{c}Z_c\\ Z_c=f(X_c,Y_c)\end{cases} \tag{7-6}$$

上述讨论表明：通过引入结构光平面，利用预先标定技术获取光平面与摄像机坐标系间的相互关系，作为补充约束条件，消除从二维图像空间到三维空间逆映射的多义性。

根据结构光模式的不同，结构光视觉传感器分为点结构光视觉传感器、线结构光视觉传感器和多线结构光（或称光栅）视觉传感器等多种。

7.1.2 点结构光视觉传感器数学模型

点结构光视觉传感器投射器发射出一束激光，在被测物表面形成光点，如图 7-2 所示。按下述方法建立参考坐标系 $O_rX_rY_rZ_r$：以光线上某点作为参考坐标系原点 O_r，以光线作为 Z 轴，X 轴与 Y 轴在与 Z 轴垂直的平面内，满足右手坐标系原则即可。激光线在参考坐标系 $O_rX_rY_rZ_r$下的方程为

$$\begin{cases}X_r=0\\ Y_r=0\\ Z_r=m\end{cases} \tag{7-7}$$

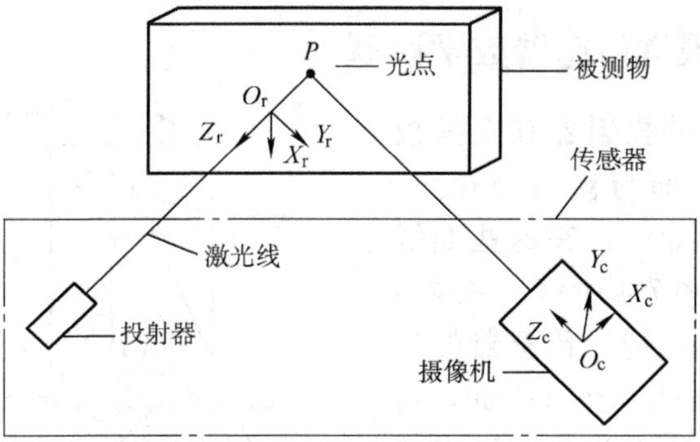

图 7-2　点结构光视觉传感器

将式(7-7) 带入式(7-6)，得到点结构光传感器的数学模型：

$$\begin{cases} X_c = \dfrac{(x - x_0 + \Delta x)}{c} Z_c \\ Y_c = \dfrac{(y - y_0 + \Delta y)}{c} Z_c \\ Z_c = X_c \dfrac{r_{33}}{r_{13}} + \dfrac{(r_{13}t_3 - r_{33}t_1)}{r_{13}} = Y_c \dfrac{r_{33}}{r_{23}} + \dfrac{(r_{23}t_3 - r_{33}t_1)}{r_{23}} \end{cases} \tag{7-8}$$

7.1.3　线结构光视觉传感器数学模型

线结构光视觉传感器的投射器发射出一个光平面，投射在被测物表面形成一条被调制的二维曲线，在曲线上采样获得被测点，如图 7-3 所示。

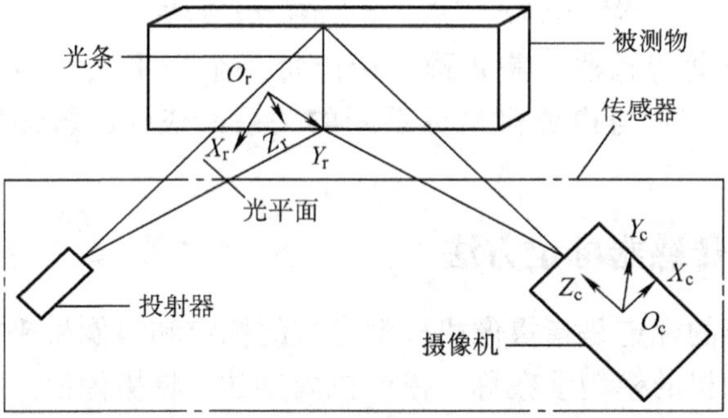

图 7-3　线结构光视觉传感器

按下述方法建立参考坐标系 $O_rX_rY_rZ_r$：以光平面上某点作为参考坐标系原点 O_r，令坐标系 X_rY_r平面与光平面重合，Z_r 轴满足右手坐标系即可。光平面在参考坐标系下的方程为

$$Z_r = 0 \tag{7-9}$$

将式(7-9) 带入式(7-6)，得到线结构光传感器的数学模型：

$$\begin{cases} X_c = \dfrac{(x - x_0 + \Delta x)}{c} Z_c \\ Y_c = \dfrac{(y - y_0 + \Delta y)}{c} Z_c \\ Z_c = \dfrac{r_{22}r_{31} - r_{21}r_{32}}{r_{11}r_{22} - r_{12}r_{21}} X_c + \dfrac{r_{11}r_{32} - r_{12}r_{31}}{r_{11}r_{22} - r_{12}r_{21}} Y_c + \dfrac{r_{21}r_{32} - r_{22}r_{31}}{r_{11}r_{22} - r_{12}r_{21}} t_1 + \dfrac{r_{12}r_{31} - r_{11}r_{32}}{r_{11}r_{22} - r_{12}r_{21}} t_2 + t_3 \end{cases} \tag{7-10}$$

7.1.4 多线结构光视觉传感器数学模型

多线结构光传感器的投射器在空间投射出多个光平面，光平面与被测物相交，形成多个被调制的二维曲线，在这些曲线上采样获得被测点，如图 7-4 所示。多线结构光传感器可以看做线结构光传感器的扩展，设激光投射器共发射出 i 个光平面，对于第 $k(k=1,2,\cdots,i)$ 个光平面建立参考坐标系 $O_r^{(k)}X_r^{(k)}Y_r^{(k)}Z_r^{(k)}$，建立方法与单线结构光传感器相同，第 k 个光平面与被测物相交得到的曲线上的点满足式(7-10) 所示的数学模型，联立所有 i 个光平面的方程组，得到多线结构光传感器的数学模型：

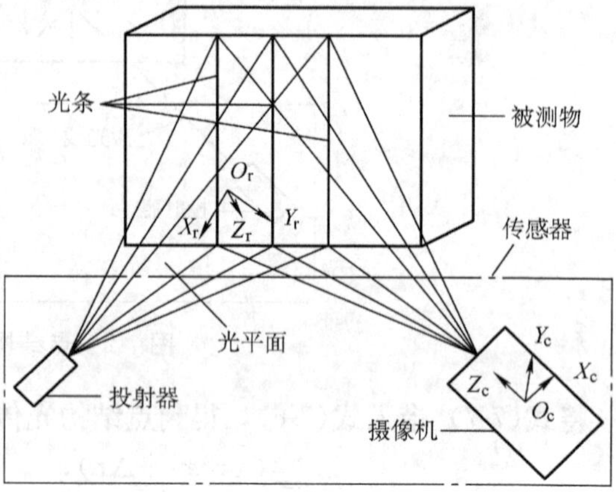

图 7-4 多线结构光视觉传感器

$$
\begin{cases}
X_c=\dfrac{(x-x_0+\Delta x)}{c}Z_c \\
Y_c=\dfrac{(y-y_0+\Delta y)}{c}Z_c \\
Z_c=\dfrac{r_{22}^{(k)}r_{31}^{(k)}-r_{21}^{(k)}r_{32}^{(k)}}{r_{11}^{(k)}r_{22}^{(k)}-r_{12}^{(k)}r_{21}^{(k)}}X_c+\dfrac{r_{11}^{(k)}r_{32}^{(k)}-r_{12}^{(k)}r_{31}^{(k)}}{r_{11}^{(k)}r_{22}^{(k)}-r_{12}^{(k)}r_{21}^{(k)}}Y_c+ \\
\dfrac{r_{21}^{(k)}r_{32}^{(k)}-r_{22}^{(k)}r_{31}^{(k)}}{r_{11}^{(k)}r_{22}^{(k)}-r_{12}^{(k)}r_{21}^{(k)}}t_1^{(k)}+\dfrac{r_{12}^{(k)}r_{31}^{(k)}-r_{11}^{(k)}r_{32}^{(k)}}{r_{11}^{(k)}r_{22}^{(k)}-r_{12}^{(k)}r_{21}^{(k)}}t_2^{(k)}+t_3^{(k)}
\end{cases}
\tag{7-11}
$$

对于多线结构光视觉传感器，需要预先标定每一个光平面对应的参考坐标系 $O_r^{(k)}X_r^{(k)}Y_r^{(k)}Z_r^{(k)}$ $(k=1,2,\cdots,i)$ 与摄像机坐标系间的关系，获取旋转矩阵 $\boldsymbol{R}^{(k)}$ 和平移矩阵 $\boldsymbol{T}^{(k)}$ $(k=1,2,\cdots,i)$。

7.1.5 结构光视觉传感器标定方法

结构光视觉传感器的标定是指摄像机模型参数的标定和摄像机坐标系与参考坐标系间转换关系的标定，将摄像机的模型参数称为摄像机内参数，将摄像机坐标系与参考坐标系间的转换关系称为传感器结构参数。摄像机内参数的标定在第 6 章已进行详细讨论，这里着重讨论传感器结构参数的标定方法。

视觉传感器结构参数的标定方法是：在摄像机内参数精确标定的前提下，首先在空间设置能够被摄像机捕获的可视特征点，利用其他测量仪器测出可视特征点在空间的精确位置关系，带入到传感器视觉模型，求解模型中的旋转矩阵 $\boldsymbol{R}$ 和平移矩阵 $\boldsymbol{T}$。

传感器结构参数标定方法主要有拉丝法、齿形靶标法、基于交比不变的标定方法和 2D (3D 立体) 靶标法。

1. 拉丝法

Dewar R 和 James K W 在 1988 年分别提出用“拉丝法”产生能够被摄像机捕获的特征点，标定传感器的结构参数，如图 7-5 所示。

拉丝法是将结构光投射到几根不共面的细丝上，形成三个以上的共面亮点。采用其他的测量手段（如经纬仪）测量亮点的精确空间三维坐标，代入结构光视觉成像模型解算传感器的结构参数。

拉丝法存在几方面缺点：

1）只能用于标定可见光视觉传感器，如果投射器投射出的结构光不可见，标定方法无法实现。

2）使用其他仪器瞄准的亮点中心和与特征提取算法提取的亮点中心不能严格对应，存在一定的误差，影响标定精度。

3）标定用细丝与实际被测物体的散射特性不同，在散射特性相差较大时，将导致测量时的光线或光平面与标定时的光线或光平面不一致，影响测量精度。

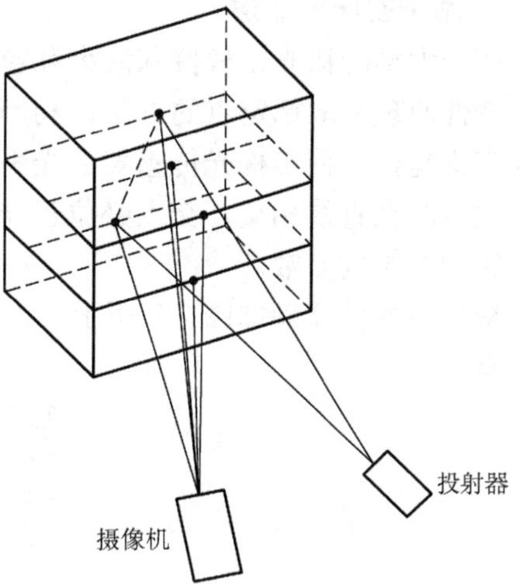

图 7-5　拉丝法示意图

2. 齿形靶标法

参考文献［3］提出一种利用简单一维工作台和齿形靶标标定线结构光传感器结构参数的方法，称为齿形靶标法。齿形靶标法操作简单，速度快，对可见光和不可见光均适用。

标定原理如图 7-6 所示。将结构光投射到齿形靶标的齿面上，光平面与齿面相交形成一条折线光条，在摄像机像面上成像。利用高精度图像处理技术提取折线上各转折点的图像坐标，得到光平面与各齿尖交点的图像坐标。

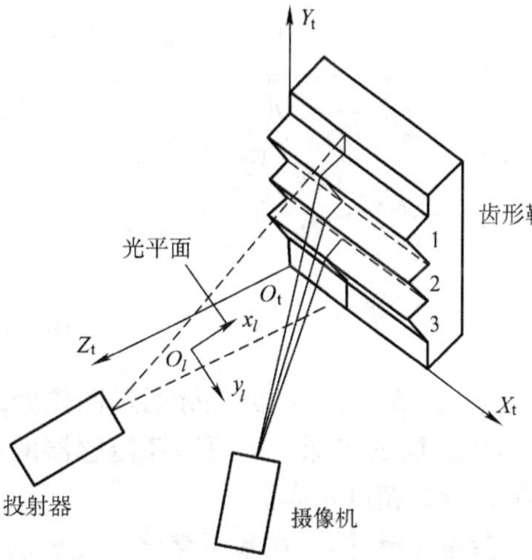

图 7-6　齿形靶标法示意图

齿形靶标经过精密加工制作而成，制作时需要保证：以平面 $O_tX_tY_t$ 作为齿形靶标的基准面，齿条棱线 1、2、3 均与基准面平行，并通过其他测量仪器将棱线 1、2、3 在坐标系 $O_tX_tY_tZ_t$ 的直线方程精确测得，设 3 条棱线的直线方程为

$$\begin{cases} y_t = y_1 \\ z_t = z_1 \end{cases}, \quad \begin{cases} y_t = y_2 \\ z_t = z_2 \end{cases}, \quad \begin{cases} y_t = y_3 \\ z_t = z_3 \end{cases}$$

其中，y_1、z_1、y_2、z_2、y_3、z_3 在坐标系 $O_tX_tY_tZ_t$ 下的精确值已知。

标定时，将齿形靶标紧固在一维工作台上，通过精密调整手段保证一维工作台的运动方向与基准面垂直，传感器的光平面与齿尖棱线垂直。此时，一维工作台的移动方向与光平面保持平行。在光平面内沿工作台的移动方向建立 O_lx_l 轴，平行靶标基准面的方向建立 O_ly_l 轴。设工作台在初始位置时光平面与棱线交点的 x_l 坐标为 0，y_l 坐标与基准坐标系 Y_t 坐标相等。一维工作台作一维移动，光平面与齿条棱线的交点坐标 x_l 发生变化，y_l 坐标保持不变，得到一些离散点的 $O_lx_ly_l$ 坐标值与各自对应的图像坐标，带入线结构光传感器模型中求解传感器模型参数。

3. 基于交比不变法

清华大学的徐光祐教授和澳大利亚的 Huynh 教授分别在 1995 年和 1999 年提出利用交比不变性原理获取标定点的方法。利用一个至少含有 3 个共线点的靶标，精确测量共线点的精确三维坐标，使结构光传感器的光平面投射到靶标平面，形成一条直线光条，光条与靶标上共线点所在直线相交，交点必位于光平面上，利用交比不变性获取交点的坐标，从而标定出传感器的结构参数。

交比不变性原理如图 7-7 所示。由透视模型可知，物方空间与像方空间的交比具有不变性，有

$$\frac{\dfrac{A_iC_i}{B_iC_i}}{\dfrac{A_iD_i}{B_iD_i}}=\frac{\dfrac{a_ic_i}{b_ic_i}}{\dfrac{a_id_i}{b_id_i}},\quad i=1,2,3 \tag{7-12}$$

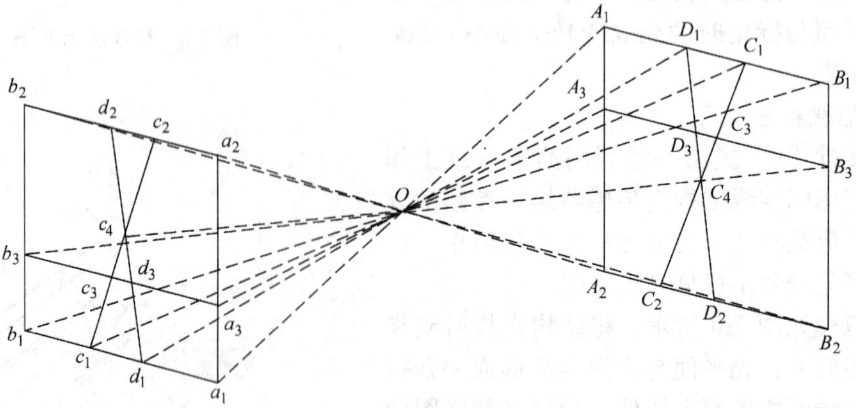

图 7-7　交比不变性原理

点 a_i、b_i、c_i、d_i的坐标通过图像处理获取，点 A_i、B_i、C_i坐标已知，通过式(7-12）能够获得点 D_i的坐标，进而解算传感器的结构参数。此方法的缺点是能够获取的标定点数量较少，标定精度不高。

参考文献［4］在基于交比不变法的基础上提出基于双重交比不变性的标定方法。在以上获取了 D_1、D_2、D_3坐标的基础上，在直线 D_1D_2上任取一点 C_4，再次利用交比不变性获取 D_4点的坐标。以此类推能够获取直线 D_1D_2上任意一点的坐标，提高了视觉传感器结构参数的标定算法稳定性。

4. 基于共面靶标标定法

参考文献［5］提出一种基于共面靶标的线结构光传感器快速标定方法。不需要辅助调整设备，仅需要一个共面靶标，通过摄像机投影中心及光条在摄像机像面上的信息，求解光平面内两条不重合的直线，得到光平面方程，从而标定传感器的结构参数。

如图 7-8 所示，在传感器的测量空间内放置含有多个圆孔的标准共面标定靶标。

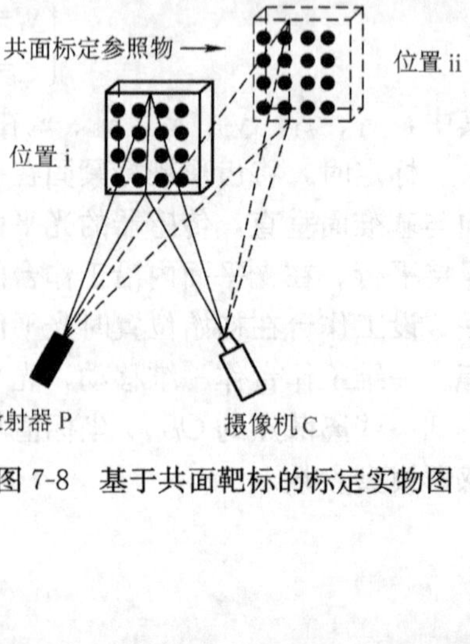

图 7-8　基于共面靶标的标定实物图

标定时，首先将靶标置于位置 i 处，在摄像机 C

的像面上得到多个圆孔的投影，根据共面靶标上圆孔在摄像机上的图像坐标和已知的空间关系，确定共面靶标在摄像机坐标系下的平面方程（位置i处）。同时，光投射器P在共面靶标上产生一个投影（图7-8中位置i所示实线），由此光条在摄像机像面上的像及摄像机的投影中心确定一个平面。该平面与标定靶标平面相交成直线，确定此投影的直线方程；然后在测量空间内，将参照物无约束移至位置ii处（保持光投射器P与摄像机C位置不变），同理可得到共面靶标在摄像机坐标系的平面方程（位置ii处）及标定靶标面上光条（图7-8中位置ii所示虚线）的直线方程。由位置i处光条的直线方程及位置ii处光条的方程可确定光平面的方程，从而得到光平面与摄像机之间的相对位置关系，实现传感器结构参数的标定。

结合标定原理图对标定原理做进一步说明：如图7-9所示，三维坐标系$O_cX_cY_cZ_c$为摄像机坐标系，$O_iX_iY_iZ_i$为建立在共面靶标上的坐标系，$O_{ii}X_{ii}Y_{ii}Z_{ii}$为移动后的共面靶标上的坐标系，$O_sX_sY_sZ_s$为传感器的参考坐标系，O_c为摄像机的投影中心；π_c为图像平面，π_s为光平面，π_i为标定靶标平面，π_{ii}为移动后的标定靶标平面，π_{ab}为由投影中心O_c及直线a_ib_i确定的平面，π_{cd}为由投影中心O_c及直线c_id_i确定的平面；P点代表光投射器。直线A_iB_i、C_iD_i为光投射器P在平面π_i及π_{ii}上的投影（光平面π_s与平面π_i及π_{ii}的交线），A_iB_i、C_iD_i在摄像机平面上的投影直线为a_ib_i、c_id_i。在标定靶标平面π_i坐标已知的前提下，通过图像处理得到光条A_iB_i在摄像机像面上的投影信息a_ib_i，由摄像机投影中心O_c及直线信息a_ib_i，确定平面π_{ab}。由透视变换模型可知，光条A_iB_i也在平面π_{ab}上，且A_iB_i在共面靶标平面π_i上，则A_iB_i为平面π_{ab}及平面π_i的交线，确定直线A_iB_i的方程。同理，在传感器测量空间内，把靶标平面移动到任一位置π_{ii}，确定直线C_iD_i的方程。因光条A_iB_i及C_iD_i是光平面π_s在平面π_i及π_{ii}上的投影，由此可知，A_iB_i及C_iD_i在光平面π_s上，得到光平面与摄像机之间的位置关系。

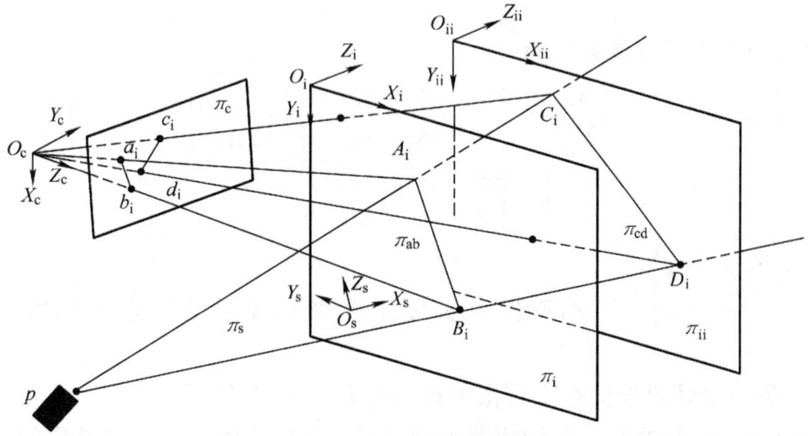

图7-9 基于共面靶标的标定原理图

7.2 立体视觉测量

立体视觉测量基于立体视差原理建立，利用空间相互关系已知的多个摄像机获取同一被测场景的图像，解算被测物体的三维几何信息。立体视觉包括双目立体视觉、三目立体视觉和多目立体视觉，其中双目立体视觉是最简单的立体视觉测量模型，三目立体视觉和多目立体视觉可以看成是双目立体视觉的扩展，能够以双目立体视觉模型为基础建立。

7.2.1 双目立体视觉测量模型

双目立体视觉模仿人类双眼获取三维信息，由两个摄像机组成，如图 7-10 所示。两个摄像机与被测物体在空间形成三角关系，利用空间点在两摄像机像平面上成像点坐标求取空间点的三维坐标。设 $O_{c1}X_{c1}Y_{c1}Z_{c1}$ 为摄像机 1 坐标系，有效焦距为 c_1，像平面坐标系为 $O_1x_1y_1$；$O_{c2}X_{c2}Y_{c2}Z_{c2}$ 为摄像机 2 坐标系，有效焦距为 c_2，像平面坐标系为 $O_2x_2y_2$，将摄像机 1 坐标系作为双目视觉传感器坐标系 $O_sX_sY_sZ_s$。

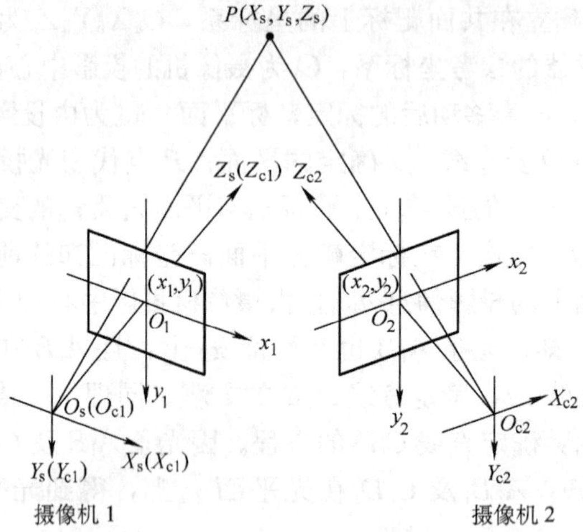

图 7-10　双目立体视觉测量模型

两摄像机之间的空间位置关系为

$$\begin{pmatrix} X_{c2} \\ Y_{c2} \\ Z_{c2} \\ 1 \end{pmatrix} = \begin{pmatrix} r_{11} & r_{12} & r_{13} & t_1 \\ r_{21} & r_{22} & r_{23} & t_2 \\ r_{31} & r_{32} & r_{33} & t_3 \\ 0 & 0 & 0 & 1 \end{pmatrix} \begin{pmatrix} X_{c1} \\ Y_{c1} \\ Z_{c1} \\ 1 \end{pmatrix} \tag{7-13}$$

式中，$\boldsymbol{R}=\begin{pmatrix} r_{11} & r_{12} & r_{13} \\ r_{21} & r_{22} & r_{23} \\ r_{31} & r_{32} & r_{33} \end{pmatrix}$，表示摄像机坐标系 2 到摄像机坐标系 1 的旋转矩阵；$\boldsymbol{T}=(t_1 \quad t_2 \quad t_3)^{\mathrm{T}}$，表示摄像机坐标系 2 到摄像机坐标系 1 的平移矩阵。

根据摄像机透视变换模型，在传感器坐标系下表示的空间被测点与两摄像机像面点之间的对应变换关系是

$$\rho_1 \begin{pmatrix} x_1 \\ y_1 \\ 1 \end{pmatrix} = \begin{pmatrix} c_1 & 0 & 0 & 0 \\ 0 & c_1 & 0 & 0 \\ 0 & 0 & 1 & 0 \end{pmatrix} \begin{pmatrix} X_s \\ Y_s \\ Z_s \\ 1 \end{pmatrix} \tag{7-14}$$

$$\rho_2\begin{pmatrix}x_2\\y_2\\1\end{pmatrix}=\begin{pmatrix}c_2r_{11} & c_2r_{12} & c_2r_{13} & c_2t_1\\c_2r_{21} & c_2r_{22} & c_2r_{23} & c_2t_2\\r_{31} & r_{32} & r_{33} & t_3\end{pmatrix}\begin{pmatrix}X_s\\Y_s\\Z_s\\1\end{pmatrix} \tag{7-15}$$

空间被测点的三维坐标：

$$\begin{cases}X_s=Z_sx_1/c_1\\Y_s=Z_sy_1/c_1\\Z_s=\dfrac{c_1(c_2t_1-x_2t_3)}{x_2(r_{31}x_1+r_{32}y_1+c_1r_{33})-c_2(r_{11}x_1+r_{12}y_1+c_1r_{13})}\\\quad=\dfrac{c_1(c_2t_2-y_2t_3)}{y_2(r_{31}x_1+r_{32}y_1+c_1r_{33})-c_2(r_{21}x_1+r_{22}y_1+c_1r_{23})}\end{cases} \tag{7-16}$$

式(7-16) 便是双目立体视觉模型的数学描述，如果旋转矩阵 $\boldsymbol{R}$ 和平移矩阵 $\boldsymbol{T}$ 已知，通过两摄像机像面点坐标（x_1，y_1）和（x_2，y_2）即可求解空间点的三维坐标（X_s，Y_s，Z_s）。

上述讨论表明：双目立体视觉测量方法通过增加一个测量摄像机提供补充约束条件，利用预先标定技术获取两摄像机坐标系间的相互关系，消除从二维图像空间到三维空间映射的多义性。

7.2.2　双目立体视觉传感器标定方法

由双目立体视觉测量模型可知，测量前需要预先标定两摄像机的内参数和两摄像机间的旋转矩阵 $\boldsymbol{R}$ 和平移矩阵 $\boldsymbol{T}$，摄像机标定在 6.4 节已经进行过详细讨论，这里着重讨论在已知摄像机内参数的情况下，两摄像机间旋转矩阵 $\boldsymbol{R}$ 和平移矩阵 $\boldsymbol{T}$ 的标定方法。

通常采用三维精密靶标或三维控制场实现传感器结构参数的标定。采用三维精密靶标和三维精密控制场的原理相同，在两摄像机的公共视场中设置控制点，利用外部三维坐标测量装置测量控制点三维坐标或者给定基准距离长度，代入双目立体视觉模型求解传感器结构参数。

由式(7-16) 得到下述关系式：

$$\begin{aligned}&(c_2t_1-x_2t_3)(r_{21}x_1+r_{22}y_1+c_1r_{23})-(c_2t_2-y_2t_3)(r_{11}x_1+r_{12}y_1+c_1r_{13})\\&\quad=(y_2t_1-x_2t_2)(r_{31}x_1+r_{32}y_1+c_1r_{33})\end{aligned} \tag{7-17}$$

式(7-17) 是一个含有 12 个未知数（$r_{11}\sim r_{33}$ 和 $t_1\sim t_3$）的非线性方程。$t_1\sim t_3$ 具有齐次性，设 $\boldsymbol{T}'=\alpha\boldsymbol{T}$，根据坐标系的选择方法可知，$t_1\neq 0$，令 $\alpha=1/t_1$，有 $\boldsymbol{T}'=(1\quad t_2'\quad t_3')^{\mathrm{T}}$，式(7-17) 转化为含有 11 个未知数的方程，用函数 $f(\boldsymbol{x})=0$ 来表示。其中，

$$x=(t_2',t_3',r_{11},r_{12},r_{13},r_{21},r_{22},r_{23},r_{31},r_{32},r_{33})$$

由 $r_{11}\sim r_{33}$ 构成的旋转矩阵 $\boldsymbol{R}$ 具有正交性，满足 6 个正交约束方程：

$$\begin{cases}h_1(\boldsymbol{x})=r_{11}^2+r_{21}^2+r_{31}^2-1=0\\h_2(\boldsymbol{x})=r_{12}^2+r_{22}^2+r_{32}^2-1=0\\h_3(\boldsymbol{x})=r_{13}^2+r_{23}^2+r_{33}^2-1=0\\h_4(\boldsymbol{x})=r_{11}r_{12}+r_{21}r_{22}+r_{31}r_{32}=0\\h_5(\boldsymbol{x})=r_{11}r_{13}+r_{21}r_{23}+r_{31}r_{33}=0\\h_6(\boldsymbol{x})=r_{12}r_{13}+r_{22}r_{23}+r_{32}r_{33}=0\end{cases} \tag{7-18}$$

联合式(7-17) 和式(7-18) 可以构造无约束最优目标函数：

$$F(\boldsymbol{x}) = \sum_{i=1}^{n} f_i^2(\boldsymbol{x}) + M\sum_{i=1}^{6} h_i^2(\boldsymbol{x}) = \min \tag{7-19}$$

式中，M 为罚因子；n 为设置的控制点数。可以看出，方程含有 5 个独立变量，当 $n \geqslant 5$ 时，即可利用数学优化方法求解 $\boldsymbol{x}$。

由于控制点间的精确距离已知，由两个控制点间的距离能够求解比例因子 α。设某两个控制点 i、j 的距离为

$$D_{ij}^2 = (X_i - X_j)^2 + (Y_i - Y_j)^2 + (Z_i - Z_j)^2 \tag{7-20}$$

控制点 i、j 在含有比例因子的传感器坐标空间距离 D'^2_{ij} 与 D^2_{ij} 满足下式：

$$D'^2_{ij} = (X'_i - X'_j)^2 + (Y'_i - Y'_j)^2 + (Z'_i - Z'_j)^2 = \alpha^2 D_{ij}^2 \tag{7-21}$$

根据 D'_{ij} 与 D_{ij} 求解比例因子 α，由 α 能够得到最优的旋转矩阵 $\boldsymbol{R}$ 和平移矩阵 $\boldsymbol{T}$，完成传感器结构参数的标定，也可以在控制点空间坐标未知的情况下，仅利用定点交会约定条件进行标定，相关内容参见第 9 章。

根据具体应用的需要，在双目立体视觉的基础上扩展，利用 3 个或 3 个以上摄像机组成三目立体视觉或多目立体视觉测量系统。在多目立体视觉中，按照双目立体视觉的标定方法精确标定出每两个摄像机之间的转换关系（$\boldsymbol{R}$ 和 $\boldsymbol{T}$），在所有摄像机间建立起一条转换关系传递链。测量时，使用视角合适的任意两个摄像机或多个摄像机采集测量图像，利用双目立体视觉测量模型求解被测物精确的空间三维几何信息。

7.3 单摄像机测量

单摄像机测量是指利用单个摄像机对被测物单次成像，测得被测物三维几何信息的测量方法。由 7.1 节的讨论可知：单张图像的透视模型反映的是三维空间到二维图像空间的映射关系，无法通过二维图像反求空间三维信息。单摄像机测量方法是在单张图像的基础上，通过控制点技术为透视模型增加附加约束关系，实现空间物体三维几何信息的测量。

7.3.1 单摄像机测量数学模型

单摄像机测量是利用单个摄像机单次成像结合控制点技术实现被测物体空间三维几何信息测量的一种方法。测量过程中需要利用一个标准的精密靶标测头，如图 7-11 所示。靶标测头上设置若干个控制点，在靶标测头的末端设置测量球，用于和被测物接触。靶标上控制点可采用主动发光方式，也可采用被动反光方式。

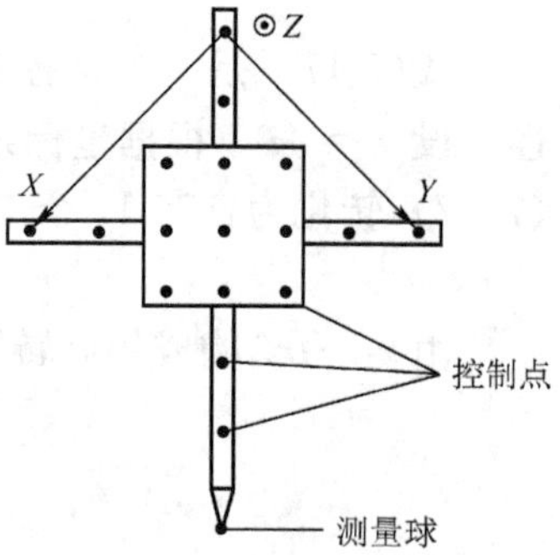

图 7-11 精密靶标测头

通过靶标上的控制点建立靶标测头坐标系：以测头最上端的点作为坐标系原点，以此点到测头最左点的方向为 x 轴方向，以此点到测头最右点的方向为 y 轴方向，z 轴方向为垂直靶标平面向外，符合右手坐标系。每个控制点和末端测量球在靶标测头坐标系下的精确三维坐标预先经过精确标定。

测量时，手持靶标测头，使测头末端测量球与被测点接触，单摄像机对靶标测头采集图像，便可测得被测点在摄像机坐标系下的空间三维坐标。如图 7-12 所示，任取靶标测头上

的 3 个控制点 A、B、C，摄像机得到的对应成像点为 A'、B'、C'，其像面坐标分别为（x_1，y_1）、（x_2，y_2）和（x_3，y_3）。由于靶标测头经过精确标定，控制点及测量球间的关系固定已知，即控制点间的距离 AB、AC 和 BC 已知，分别设为 d_1、d_2 和 d_3，设摄像机的有效焦距为 c。

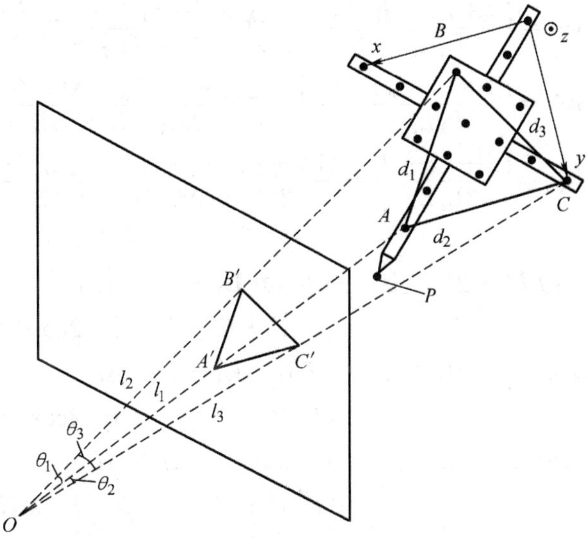

图 7-12　单摄像机测量点原理图

设投影中心 O 与 3 个像点的距离分别为 l_1、l_2 和 l_3，则有

$$\begin{cases} l_1^2=x_1^2+y_1^2+c^2 \\ l_2^2=x_2^2+y_2^2+c^2 \\ l_3^2=x_3^2+y_3^2+c^2 \end{cases} \tag{7-22}$$

由余弦定理可知，OA 与 OB 的夹角 θ_1、OA 与 OC 的夹角 θ_2 以及 OB 与 OC 的夹角 θ_3 分别为

$$\begin{cases} \cos\theta_1=\dfrac{l_1^2+l_2^2-[(x_1-x_2)^2+(y_1-y_2)^2]}{2l_1l_2} \\ \cos\theta_2=\dfrac{l_1^2+l_3^2-[(x_1-x_3)^2+(y_1-y_3)^2]}{2l_1l_3} \\ \cos\theta_3=\dfrac{l_2^2+l_3^2-[(x_2-x_3)^2+(y_2-y_3)^2]}{2l_2l_3} \end{cases} \tag{7-23}$$

同样地，设投影中心 O 与 3 个控制点 A、B、C 的距离分别为 L_1、L_2 和 L_3，有

$$\begin{cases} \cos\theta_1=\dfrac{L_1^2+L_2^2-d_1^2}{2L_1L_2} \\ \cos\theta_2=\dfrac{L_1^2+L_3^2-d_2^2}{2L_1L_3} \\ \cos\theta_3=\dfrac{L_2^2+L_3^2-d_3^2}{2L_2L_3} \end{cases} \tag{7-24}$$

给定初始值 L_1'、L_2'和 L_3'（L_1'、L_2'和 L_3'均大于 0），则有

$$\begin{cases}L_1=L_1'+\Delta L_1\\L_2=L_2'+\Delta L_2\\L_3=L_3'+\Delta L_3\end{cases}\tag{7-25}$$

于是，有以下关系式成立：

$$\begin{cases}\cos\theta_1=\dfrac{L_1^2+L_2^2-d_1^2}{2L_1L_2}=\dfrac{(L_1'+\Delta L_1)^2+(L_2'+\Delta L_2)^2-d_1^2}{2(L_1'+\Delta L_1)(L_2'+\Delta L_2)}\\\cos\theta_2=\dfrac{L_1^2+L_3^2-d_2^2}{2L_1L_3}=\dfrac{(L_1'+\Delta L_1)^2+(L_3'+\Delta L_3)^2-d_2^2}{2(L_1'+\Delta L_1)(L_3'+\Delta L_3)}\\\cos\theta_3=\dfrac{L_2^2+L_3^2-d_3^2}{2L_2L_3}=\dfrac{(L_2'+\Delta L_2)^2+(L_3'+\Delta L_3)^2-d_3^2}{2(L_2'+\Delta L_2)(L_3'+\Delta L_3)}\end{cases}\tag{7-26}$$

展开整理后有

$$\begin{cases}(2\cos\theta_1L_2'-2L_1')\Delta L_1+(2\cos\theta_1L_1'-2L_2')\Delta L_2\\\qquad=(L_1')^2+(L_2')^2-d_1^2-2\cos\theta_1L_1'L_2'\\(2\cos\theta_2L_3'-2L_1')\Delta L_1+(2\cos\theta_2L_1'-2L_3')\Delta L_3\\\qquad=(L_1')^2+(L_3')^2-d_2^2-2\cos\theta_2L_1'L_3'\\(2\cos\theta_3L_3'-2L_2')\Delta L_2+(2\cos\theta_3L_2'-2L_3')\Delta L_3\\\qquad=(L_2')^2+(L_3')^2-d_3^2-2\cos\theta_3L_2'L_3'\end{cases}\tag{7-27}$$

写成矩阵形式

$$\begin{aligned}&\begin{bmatrix}2\cos\theta_1L_2'-2L_1' & 2\cos\theta_1L_1'-2L_2' & 0\\2\cos\theta_2L_3'-2L_1' & 0 & 2\cos\theta_2L_1'-2L_3'\\0 & 2\cos\theta_3L_3'-2L_3' & 2\cos\theta_3L_2'-2L_3'\end{bmatrix}\begin{bmatrix}\Delta L_1\\\Delta L_2\\\Delta L_3\end{bmatrix}\\&=\begin{bmatrix}(L_1')^2+(L_2')^2-d_1^2-2\cos\theta_1L_1'L_2'\\(L_1')^2+(L_3')^2-d_2^2-2\cos\theta_2L_1'L_3'\\(L_2')^2+(L_3')^2-d_3^2-2\cos\theta_3L_2'L_3'\end{bmatrix}\end{aligned}\tag{7-28}$$

按式(7-28) 迭代获取 L_i 的准确数值，根据 L_i 的数值，可以求解出 3 个控制点在摄像机坐标系下的空间坐标：

$$\begin{cases}X_i=\dfrac{L_i}{(x_i^2+y_i^2+c^2)}x_i\\Y_i=\dfrac{L_i}{(x_i^2+y_i^2+c^2)}y_i\\Z_i=\dfrac{L_i}{(x_i^2+y_i^2+c^2)}c\end{cases}\tag{7-29}$$

将摄像机坐标系作为全局坐标系，根据 3 个控制点在全局坐标系下的坐标值，可以求解出从靶标测头坐标系到全局坐标系的转换矩阵 $\boldsymbol{M}_{\mathrm{T-G}}$。靶标测头末端测量球在靶标测头坐标系下的三维坐标通过预先标定已知，由此得到靶标测头末端被测点的空间三维坐标。

7.3.2 控制点空间坐标求解的多义性

利用 3 个控制点求解控制点 A、B、C 与投影中心 O 的距离 L_1、L_2、L_3时，由于方程组的非线性和约束不充分，最终可能得到两组正解，如图 7-13 所示。

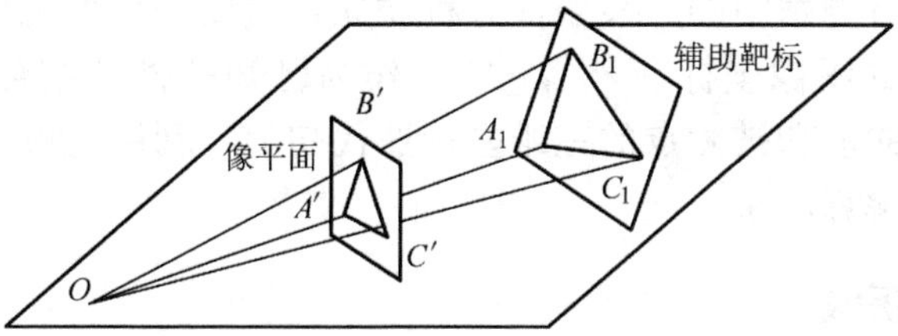

a) 情况一

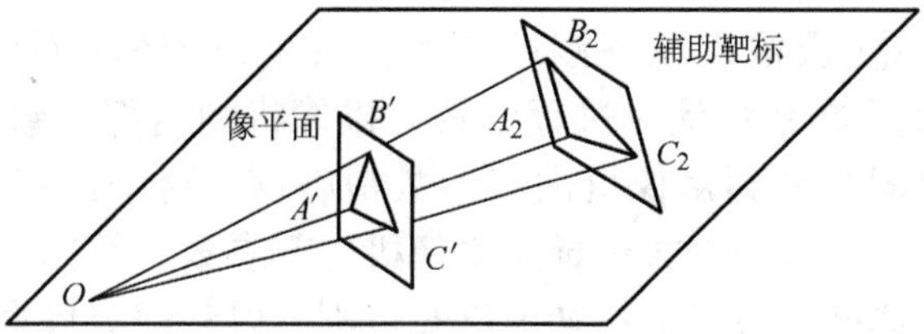

b) 情况二

图 7-13 控制点三维坐标求解的多义性

为了得到正确的结果以求解出靶标测头正确的位置姿态，可以采用如下两种方法来处理：

1）在靶标上设置多于 3 个，一般为 5 个控制点增加约束，可唯一确定靶标测头的位置姿态，解决多义性问题。

2）以控制点距离摄影中心的远近关系来判别结果的正确性，此方法需要测量过程中测量者的辅助判断。

7.4 光束平差测量

光束平差测量是基于成像光束空间交会的几何模型建立的，以光束平差优化算法为核心。通过摄像机在测量空间不同位置建立多个测站，从不同位姿对空间被测点采集测量图像，由高精度图像处理和同名像点自动配准技术获取光束平差的迭代条件，然后通过光束平差优化算法求解出被测点精确的空间三维坐标。

光束平差优化算法是近景摄影测量中基于共线条件方程的重要解析方法，是一种严格的数据处理方法，尤其适用于测量精度要求高、视场大的情况。光束平差测量涉及两个关键问题：光束平差测量的数学模型和平差迭代初值的获取，本节将着重讨论这两部分内容。

7.4.1 光束平差测量数学模型

摄像机在不同测站下对同一点的成像光束在空间中必然相交于一点，光束平差测量正是以此为基础建立的。成像光束交会示意图如图 7-14 所示。

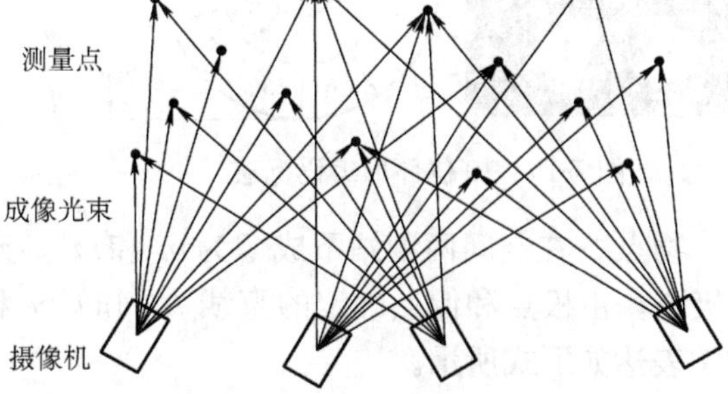

图 7-14 成像光束交会示意图

对于每个测站下，每一个被测点均满足共线条件方程，即被测点、被测点对应的像点和摄像机的投影中心三点必然在同一直线上。将所有测量点在所有测站中的共线条件方程联立，组成一个大规模的非线性方程组，将被测点在空间各测站中的图像坐标（$x_i^{(k)}$，$y_i^{(k)}$）作为已知条件，结合摄像机的内部参数初值、各测站的位置姿态初值和被测点的三维坐标迭代初值，利用光束平差优化算法将被测点在空间的精确三维坐标解算出来。

7.4.2　平差初值的获取

在具体的解算过程中，平差初值的选取十分重要，是光束平差测量能否实现的关键。平差初值主要分为 3 种：① 摄像机在各测站下的位置姿态初值；② 被测点三维坐标初值；③ 摄像机内部参数初值。在平差优化过程中将对摄像机的内部参数和位姿参数、测点坐标同时进行优化，并最终同时得到摄像机内部参数精确值，这个过程也称为摄像机自标定过程。此时，可以依照 6.4 节讨论的方法标定摄像机内部参数，并作为摄像机内部参数的迭代初值。如果摄像机在各测站下位置姿态初值已知，则可以利用双目立体视觉模型将被测点在空间的三维坐标初值解算出来。因此，在光束平差的 3 种初值中，摄像机在各测站下位置姿态初值的获取是最关键、最核心的问题。摄像机在各测站下位置姿态初值的获取问题称为摄像机的初始定向问题。

解决摄像机初始定向问题的方法之一是在被测场景中设置编码标志，利用相邻图像中的公共编码标志，结合对极几何约束解算出相邻图像间的基本矩阵。基本矩阵是摄像机内、外参数的综合反映，利用基本矩阵便可获得相邻测站间的转换关系。继而获得各测站间关系的转换链，将所有测站统一在某一全局坐标系下，得到各测站间的初始位置姿态，实现摄像机的初始定向。

图 7-15 所示的是一个 10 位的环形编码标志。编码标志中心的圆称为定位圆，用于提供编码标志的位置信息；周围的环形扇形区域称为编码段，用来提供编码标志的编码值信息。每个编码标志均对应唯一的一个编码值，在测量图像中，能够通过编码标志自身的编码值实现同名编码标志的匹配。

在实现同名编码标志匹配的情况下，利用对极几何约束能够求解出匹配图像对间的基本矩阵，对极几何关系如图 7-16 所示。

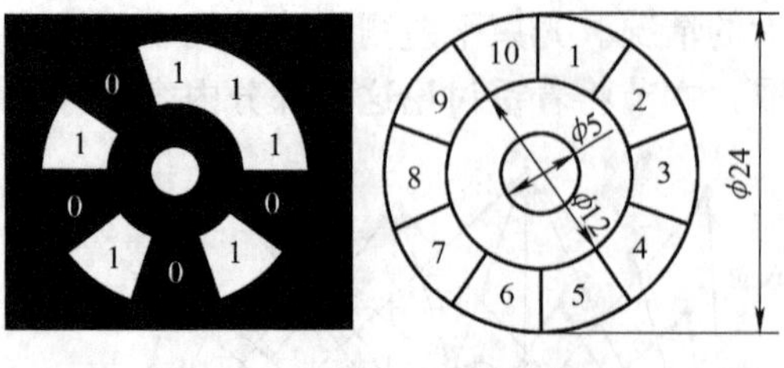

图 7-15　10 位环形编码标志

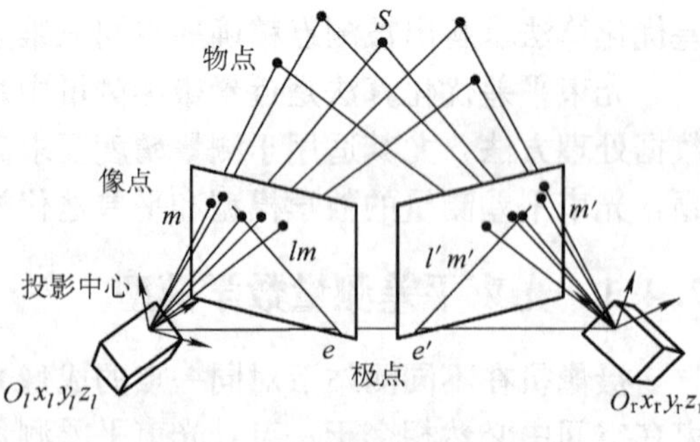

图 7-16　对极几何约束关系

物点 S 在空间两测站下成像为 m 和 m'，光学中心 O_l 和 O_r 的连线与像面的交点 e 和 e' 称为极点，由极点和像点确定的直线 lm 和 $l'm'$ 称为像点 m' 和 m 的对极线。对极几何关系的数学表达如下式所示。

$$\boldsymbol{m}'^{\mathrm{T}}\boldsymbol{F}\boldsymbol{m}=0 \tag{7-30}$$

式中，$\boldsymbol{F}$ 是一个 3×3 的奇异矩阵，称为基本矩阵；$\boldsymbol{m}$ 和 $\boldsymbol{m}'$ 为像点的齐次坐标。

不妨设 $\boldsymbol{F}$ 为

$$\boldsymbol{F}=\begin{bmatrix} f_{11} & f_{12} & f_{13} \\ f_{21} & f_{22} & f_{23} \\ f_{31} & f_{32} & 1 \end{bmatrix} \tag{7-31}$$

编码标志的图像坐标能够通过图像处理方法获得，设编码标志的图像齐次坐标为：

$$\boldsymbol{m}=(x_1 \quad y_1 \quad 1)^{\mathrm{T}};\boldsymbol{m}'=(x_1' \quad y_1' \quad 1)^{\mathrm{T}} \tag{7-32}$$

代入式(7-30)，得到下方程

$$x_1(x_2f_{11}+y_2f_{21}+f_{31})+y_1(x_2f_{12}+y_2f_{22}+f_{32})+(f_{13}+f_{23})=-1 \tag{7-33}$$

方程含有 8 个未知数，因此需要保证相邻测量图像中至少含有 8 个公共的编码标志，建立线性方程组，求解该方程组，便可获得基本矩阵 $\boldsymbol{F}$ 的初始估计值。

理论上，匹配点应位于各自像面对应的极线上。以像点到各自像面对应极线的距离平方和最小作为约束条件，以 $\boldsymbol{F}$ 的初始估计值作为迭代初值，对基本矩阵进行非线性优化，能够得到基本矩阵优化估计值，优化方程如下式所示：

$$\sum_{i}^{n}[d(m_i,\boldsymbol{F}^{\mathrm{T}}m_i')^2+d(m_i',\boldsymbol{F}^{\mathrm{T}}m_i)^2]=\min \tag{7-34}$$

式中，$d(m_i，\boldsymbol{F}^{\mathrm{T}}m_i')$、$d(m_i'，\boldsymbol{F}^{\mathrm{T}}m_i)$ 分别为像点 m_i、m' 到其所在像面上对应极线的距离；$\boldsymbol{F}^{\mathrm{T}}m_i'$、$\boldsymbol{F}^{\mathrm{T}}m_i$ 为对应极线的解析表达式。基本矩阵的深入讨论涉及很多内容，详见第 9 章相关内容。

由基本矩阵可以分解得到两测站间的旋转矩阵和平移矩阵，由此得到所有相邻测站间的位姿关系，进而得到各测站的位姿初值。同时，根据相邻测站间的位姿初值，也可以通过立体视觉模型解算出测点的坐标初值。

参考文献

[1] 邹定海．三维视觉检测系统研究及其 ADC 应用 [D]. 天津：天津大学，1992.
[2] 孙长库，叶声华．激光测量技术 [M]. 天津：天津大学出版社，2000.
[3] 段发阶，刘凤梅，叶声华．一种新型线结构光传感器结构参数标定方法 [J]. 仪器仪表学报，2000，21(1)：108-110.
[4] 张广军．机器视觉 [M]. 北京：科学出版社，2008.
[5] 郝继贵，李艳军，叶声华．基于共面标定参照物的线结构光传感器快速标定方法 [J]. 中国机械工程，2006，17(2)：183-186.
[6] 郝继贵，叶声华．工业现场近景数字摄影视觉精密测量 [J]. 地理空间信息，2004，(6)：11-14.
[7] 唐大林．光学坐标测量机测量原理研究及系统设计 [D]. 天津：天津大学，2006.
[8] 任同群．大型 3D 形貌测量高精度拼接方法与技术研究 [D]. 天津：天津大学，2008.
[9] 郭磊．现场条件下大空间 3D 精密定位原理与方法研究 [D]. 天津：天津大学，2008.
[10] 王大为．无表面干扰的三维形貌拼接技术研究 [D]. 天津：天津大学，2007.

第8章　工业在线视觉测量系统

工业在线100%测量是实现制造过程控制和制造质量监控的关键技术，并且为产品的全寿命管理提供技术支持。在制造过程中，对工件的加工环节进行实时测量和质量监控，及时剔除不合格产品以减少后续加工工艺的浪费，同时监控工艺状况；制造结束后，测量系统建立每件产品重要尺寸的数据库，供维护查询。工业在线测量技术已经成为加工测量一体化的重要组成部分。

视觉测量具有非接触、高效率的特点，随着图像处理技术的完善和硬件平台的不断进步，系统性能不断提高，应用成本不断降低，已经具备了大规模工业应用的条件，非常适合于解决工业领域内的在线测量问题。

白车身三维尺寸在线检测是视觉在线测量技术在汽车制造业中的典型应用，也是一类典型的工业在线视觉测量系统，它能够对白车身各分总成、总成关键点的空间坐标实现100%在线测量，实时反映焊装线的工作状态，对白车身焊装质量控制有着重要意义。测量系统的测量空间大，姿态复杂，大大超过了单个摄像机的视场范围，一般根据生产线要求的不同可以采用固定式多传感器测量和机器人移动式测量两种方式，扩大测量系统的工作空间。车身在线视觉测量系统具有一定的代表性，其测量原理和关键技术对于其他的工程应用系统研究有一定的借鉴作用。

8.1　固定式多传感器在线测量系统

8.1.1　系统的工作原理

典型的固定式多传感器在线测量系统如图8-1所示，包括多个视觉传感器、机械定位、

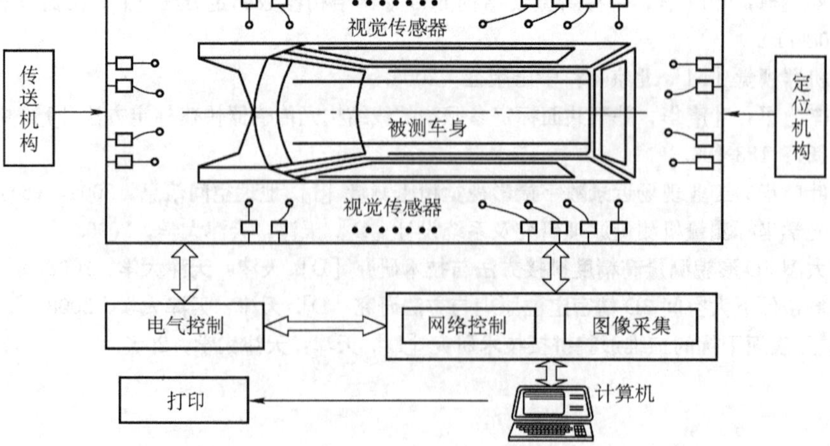

图8-1　固定式多传感器在线测量系统

全局校准、现场控制、测量软件等几个主要部分。每个视觉传感器都是一个测量单元，对应车身上一个被测点，系统组建时，所有传感器已统一到基准坐标系下，由计算机控制。测量时，每个视觉传感器测量相应点的三维坐标，并转换到基准坐标系中，全部传感器给出车身上所有被测点的测量结果，完成对车身各特征控制点及关键功能尺寸参数的测量。

8.1.2　系统全局校准

固定式多传感器在线测量系统通常包含多达几十个视觉传感器，每个传感器均在自身坐标系（传感器局部坐标系）中进行测量，必须将系统中全部传感器坐标系统一到一个全局坐标系（系统基准坐标系）中，才能实现系统功能，这就是全局校准技术。

图 8-2 为借助外部坐标测量装置实现间接全局校准的示意图，核心是由多台经纬仪（或激光跟踪仪）组成的移动式高精度外部坐标测量装置和精密标准靶标。全局校准时，首先，用传感器测量靶标（靶标上一面设计有标准圆孔等传感器测量特征），得到传感器坐标系和靶标坐标系之间的转换关系；其次，同时用外部坐标测量装置观测靶标（靶标上另一面设计有叉丝或鸟巢等定位特征）在空间的位置，得到靶标坐标系和外部测量装置坐标系之间的转换关系；再次，用外部坐标测量装置观测视觉检测系统的基准坐标系（通常选择与车身坐标系重合，建立在定位工装夹具上），得到两者之间的关系；最后，由坐标变换链：传感器坐标系→靶标坐标系→外部坐标测量装置坐标系→基准坐标系，实现传感器坐标系到视觉测量系统基准坐标系之间的统一，即全局校准。

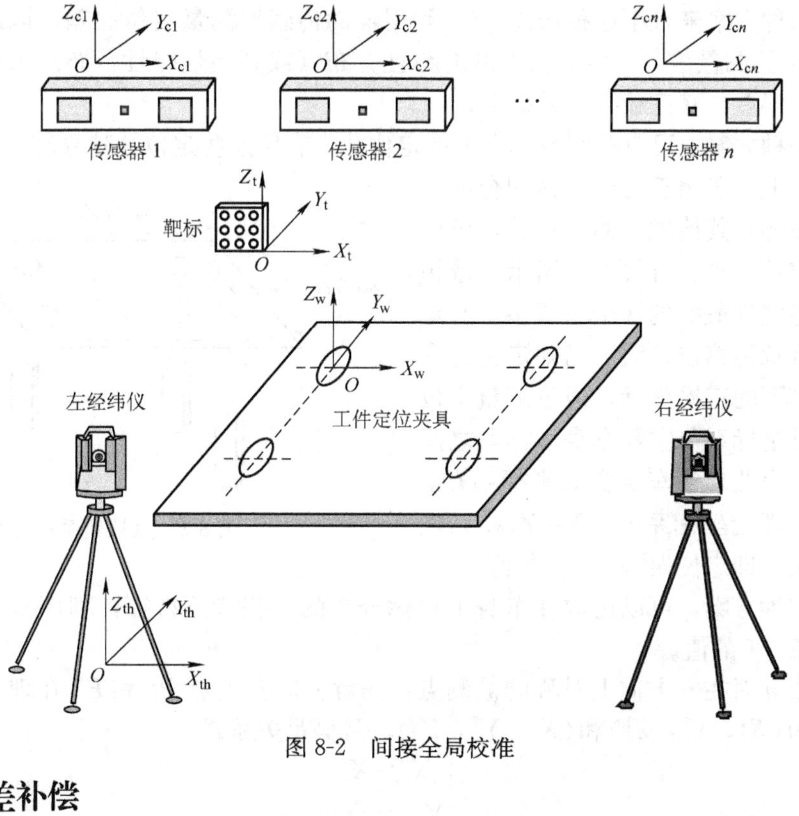

图 8-2　间接全局校准

8.1.3　误差补偿

固定式多传感器在线测量系统在运行过程中主要考虑两类误差：定位误差与系统误差。

1. 定位误差

车身定位主要有两种方式：一种是由随行夹具将车身运送至测量工位，车身借助起落装置（滚床）松开随行夹具，通过车身底盘上的标准定位孔与定位工装上的定位销之间配合实现定位，称为一次定位；另一种是车身由随行夹具送至工位，直接由随行夹具实现工装定位，被测车身则由底盘上的标准定位孔与随行夹具上的定位销完成配合，这种定位方式涉及车身在随行夹具上的定位及随行夹具在测量工位中的定位两部分，称为二次定位。

由于一次定位中的定位工装固定不动，且定位孔与定位销之间的配合误差能很好地控制，可忽略不计，故下文讨论的定位误差主要针对二次定位展开。

在全局校准时，所有传感器坐标系被统一到基准坐标系中，基准坐标系一般定义在定位工装上，由于存在二次定位，测量时实际的车身坐标系和定位工装定义的基准坐标系之间存在随行夹具环节，造成一定的定位误差。

理想定位情况下，定义车身坐标系为理论坐标系 $O_{W0}X_{W0}Y_{W0}Z_{W0}$，即为测量系统的坐标系，存在定位误差时，车身理论坐标系 $O_{W0}X_{W0}Y_{W0}Z_{W0}$ 和车身实际坐标系 $O_{W1}X_{W1}Y_{W1}Z_{W1}$ 会存在差异，两者之间的转换关系表示为

$$\begin{bmatrix} X_{W0} \\ Y_{W0} \\ Z_{W0} \end{bmatrix} = \boldsymbol{R}\begin{bmatrix} X_{W1} \\ Y_{W1} \\ Z_{W1} \end{bmatrix} + \boldsymbol{T} \tag{8-1}$$

式中，$\boldsymbol{R}$、$\boldsymbol{T}$ 分别为车身实际坐标系相对于理论坐标系的旋转和平移矩阵。

可采取两种方案来减小这种误差：① 利用辅助传感器测量定位误差，以此修正最终测量结果；② 根据测量信息，由测量点的对称性分布（或其他规律性分布）采用统计分析方法，估算定位误差，修正最终测量结果。

针对第一种方案，可直接测量车身上的定位孔，利用这些定位孔建立动态车身坐标系。

车身底盘上除了用于与定位销配合的定位孔外，一般还有其他成对的定位孔，可以作为测量的定位基准，如图 8-3 所示，选择车身上工艺稳定性最好的 3 个（或多个）定位孔，布置视觉传感器，因为已知定位孔在车身理论数模下的三维坐标，通过测量定位孔可确定基准坐标系与实际车身坐标系之间的转换关系。由此求出车身实际坐标系 $O_{W1}X_{W1}Y_{W1}Z_{W1}$ 与理论坐标系 $O_{W0}X_{W0}Y_{W0}Z_{W0}$ 之间的转换关系，即定位误差 $\boldsymbol{R}$、$\boldsymbol{T}$ 的值。

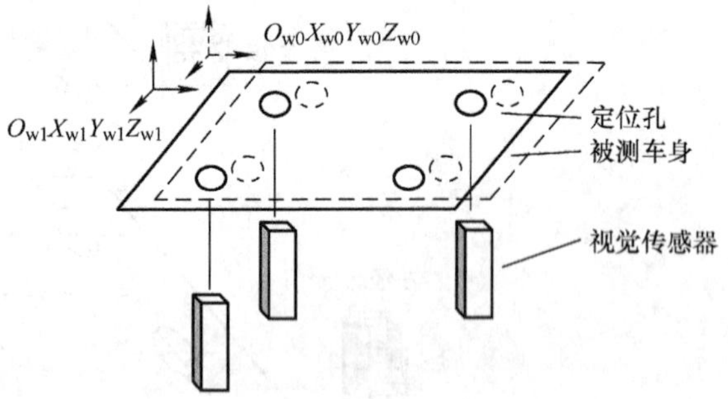

图 8-3　直接建系示意图

针对第二种方案，可以选取在车身上对称分布的一些待测特征，利用多点统计对称信号，估算出 $\boldsymbol{R}$、$\boldsymbol{T}$ 的值。

假设选取 n 对在 y 方向上对称的被测点，任意一对被测点 P_i^1 和 P_i^2 在理想定位状态下的坐标分别为(X_i^1, Y_i^1, Z_i^1)和(X_i^2, Y_i^2, Z_i^2)，且满足关系式：

$$\begin{cases} X_i^1 = X_i^2 \\ Y_i^1 = -Y_i^2 \\ Z_i^1 = Z_i^2 \end{cases} \tag{8-2}$$

存在定位误差时，上述两点的坐标分别为($\widetilde{X}_i^1$，$\widetilde{Y}_i^1$，$\widetilde{Z}_i^1$)和($\widetilde{X}_i^2$，$\widetilde{Y}_i^2$，$\widetilde{Z}_i^2$)，由式(8-1)可知

$$\begin{cases}\widetilde{\boldsymbol{P}}_i^1=\boldsymbol{R}\boldsymbol{P}_i^1+\boldsymbol{T}\\ \widetilde{\boldsymbol{P}}_i^2=\boldsymbol{R}\boldsymbol{P}_i^2+\boldsymbol{T}\end{cases} \tag{8-3}$$

$$\min_{\boldsymbol{R},\boldsymbol{T}}\sum_{i=1}^{n}(|\widetilde{X}_i^1-\widetilde{X}_i^2|+|\widetilde{Y}_i^1+\widetilde{Y}_i^2|+|\widetilde{Z}_i^1-\widetilde{Z}_i^2|) \tag{8-4}$$

结合旋转矩阵正交约束方程，通过最优化方法求解 $\boldsymbol{R}$、$\boldsymbol{T}$ 的估算值。

2. 系统误差

固定式多传感器在线测量系统中，传感器分辨率与整个系统测量分辨率相同，如果能够保证全局校准的高精度，则系统测量精度能够达到和传感器测量精度相近的水平。但在现场全局标定时，复杂的操作环境会引入多种误差，导致最终的测量结果与真实值之间存在固定的差异，造成系统误差。系统误差可以通过附加修正值的方式消除，按照汽车制造工艺的要求，修正值一般通过三坐标测量机对相同标准车身的测量结果比较得到。具体方法是：首先使用三坐标测量机测量多台标准车身上的被测点，计算出每一个被测点的均值，记作$\boldsymbol{H}_i$；然后令固定式多传感器在线测量系统完成同样的测量过程，得到相应的均值$\boldsymbol{h}_i$，计算出两者的差值$\boldsymbol{E}_i=\boldsymbol{H}_i-\boldsymbol{h}_i$，此差值（或进一步统计处理）作为测量结果的修正值。

8.1.4　系统机械结构

固定式多传感器在线测量系统中，传感器的数量由具体测量要求确定，所有传感器通过“万向头一支架”的机械连接形式固定安装在基础支撑结构（框架）上，如图 8-4 所示。车

图 8-4　固定式多传感器在线测量系统的框架式结构

身上被测点的分布决定了支架的安装位置。传感器可随万向头灵活转动，调整万向头使被测特征以合适的姿态出现在传感器视场的合适位置，如图 8-5 所示。某种意义上，多传感器固定式视觉检测系统在功能上相当于多测头同时工作的坐标测量机（CMM），由于结构中没有任何运动部件，不存在机械磨耗，长期运行也可有效保证精度。

图 8-5　传感器姿态调整

8.1.5　控制系统

自动化控制系统是固定式多传感器在线测量系统的重要组成部分，是系统安全、稳定、高效运转的重要保证。

车身被测点一般在几十甚至上百个以上，分布在长达数米的空间范围内，控制系统不仅要对所有的传感器进行实时控制，还要实现对机械传送及定位系统的控制，必须具备良好的扩展和适应能力，方便系统配置，整个系统采用现场总线实现测量信号传输和控制信号连接，图 8-6 给出了采用 CAN 现场总线的固定式多传感器在线测量系统的控制系统框图。

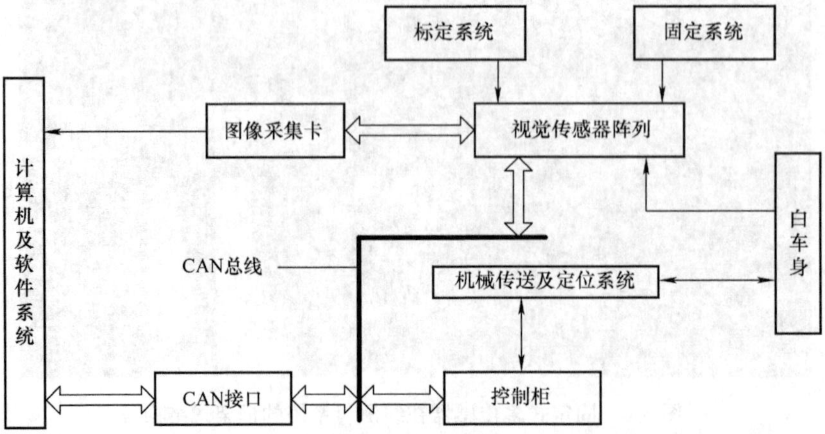

图 8-6　控制系统框图

控制网络能够完成以下任务：

1）主控机实时控制各个传感器，使其动作互相协调。

2）自动控制白车身随行夹具及工位夹具。

3）手动应急控制作为辅助手段控制随行夹具及工位夹具。

4）定位补偿信息的实时获取。

系统中控制节点多，可靠性要求高，传统的集中控制方式虽然功能集中，速度较快，但具有硬件结构复杂、现场布线困难、扩展不方便、故障诊断困难等缺点。针对控制信号和测量图像信号的不同特点和带宽要求，分别采用 CAN 总线和视频总线的连接方式，每个传感器作为总线上的一个独立节点直接挂接在总线上；控制台和主控机作为两个主控节点也挂接在总线上，优先级别由节点标识符决定，最终形成总线型广播式网络拓扑结构，示意图如图 8-7 所示。

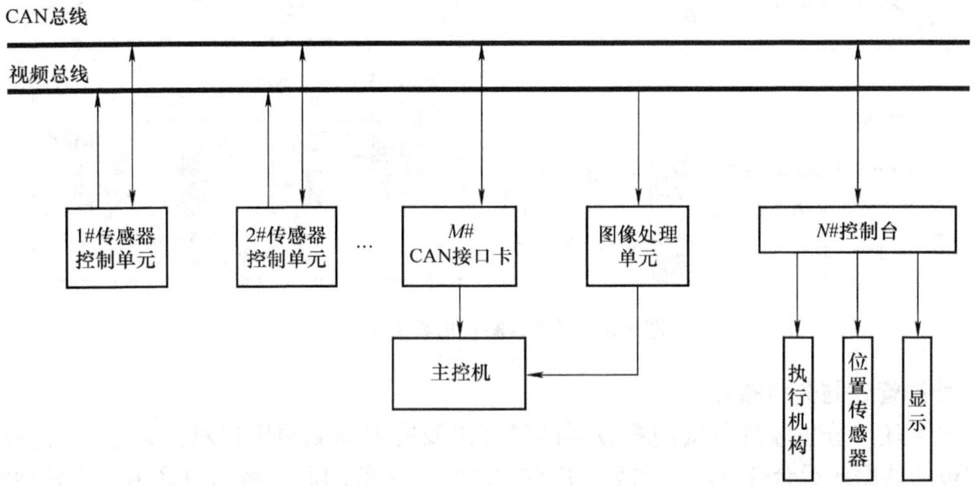

图 8-7　控制网络框图

8.1.6　数据管理

由于在线测量系统实现对白车身焊装线的在线 100％测量，生产节奏快，且每辆白车身对应许多测量点，因此测量数据量十分庞大，有必要对测量数据进行可靠有效地管理。

1. 数据管理系统

测量数据管理系统由测量计算机和数据库服务器组成，如图 8-8 所示，测量计算机和数据库服务器都是企业网内部的节点，网络接口方面与其他局域网用户完全一样。在数据管理上，测量结果直接存储在数据库服务器中，同时数据会复制到远程数据库服务器中。企业网内部用户可以在远程办公室通过访问数据库服务器实时查询、分析测量数据，实现了无人值守，极大地提高了使用效率。

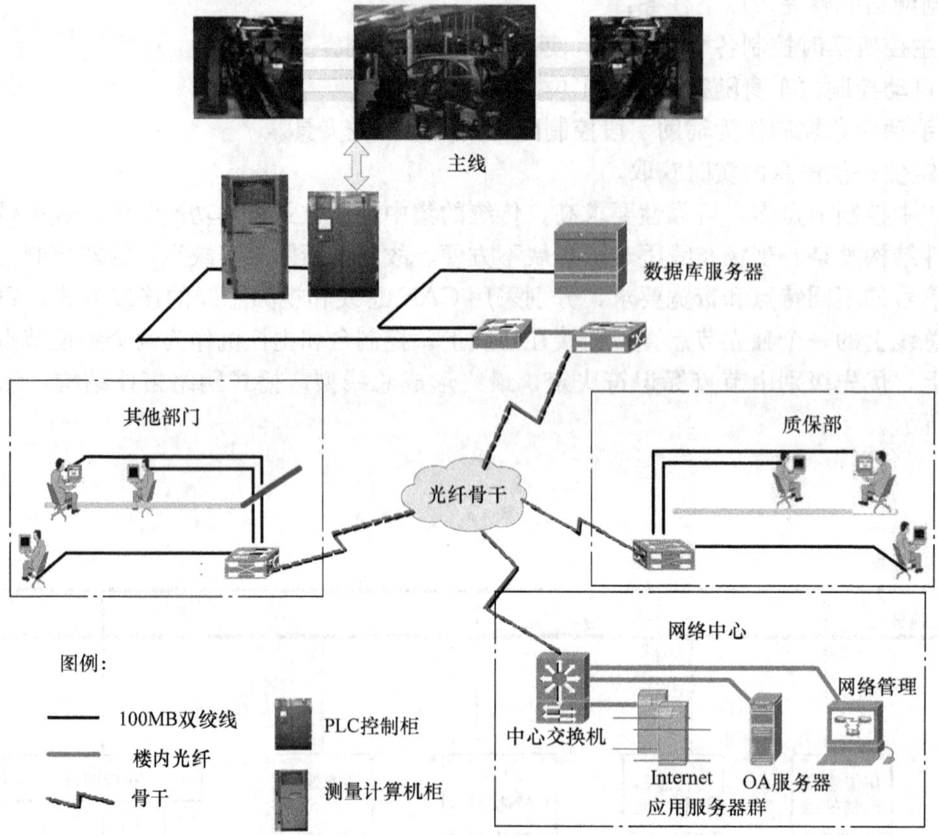

图 8-8　测量数据管理系统示意图

2. 数据管理与分析软件

数据管理与分析软件负责测量数据的管理以及完成局域网用户对测量数据的查询和分析。它包括数据库后台管理软件和数据库前台软件。一般的局域网用户采用前台软件实现数据的查询和分析功能。

数据库后台采用 SQL Server 进行管理，SQL Server 在服务器上安装，由专业人员进行维护。

数据库前台软件是局域网内各用户访问数据库需要安装的软件，它主要包括以下几个部分的功能。

1）按被测点的方式查询、统计，即显示被测车身同一点所有测量值的误差变化趋势以及合格率等统计信息，如图 8-9 所示，这是在线测量系统给出的最具价值的信息，它能够实时反映出整个焊装线的状态和变化趋势，是进行质量控制最直接的依据。

2）按整车的方式进行查询、统计，显示出每辆白车身上所有点的坐标、偏差以及是否合格等信息，如图 8-10 所示。

3）功能尺寸分析，对被测车身空间点的位置关系（距离、直线度、平面度）进行分析。

4）统计功能，按照月份、年度对白车身的生产质量进行统计。

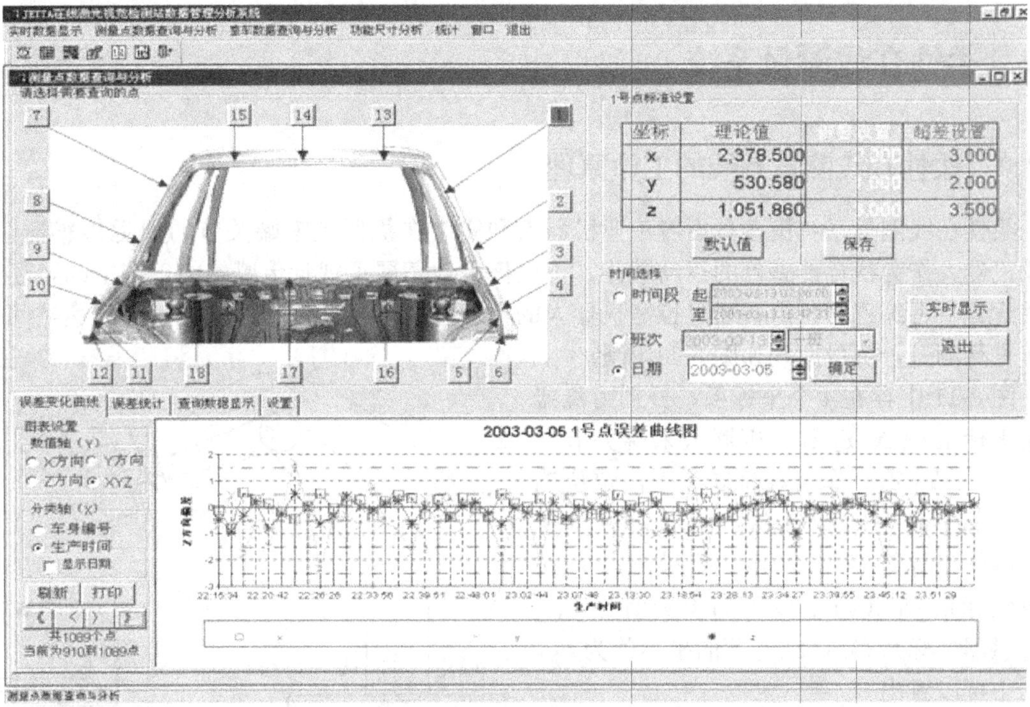

图 8-9　测量点查询窗口

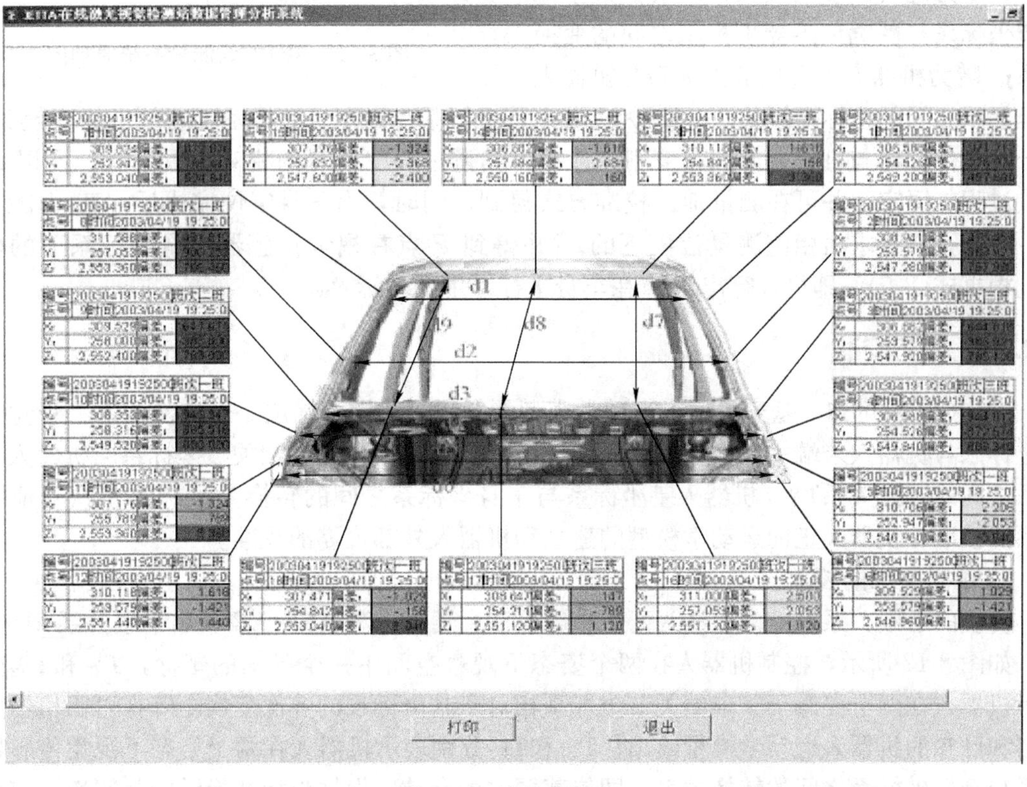

图 8-10　整车查询窗口

8.2 柔性在线测量系统

8.2.1 柔性在线测量系统的工作原理

柔性在线测量系统由多自由度工业机器人和安装在机器人末端关节的视觉传感器组成。工业机器人作为视觉传感器的运动载体，不仅极大地拓展了视觉传感器的工作空间，还兼有灵活配置、可编程的特点，通过控制机器人的空间位姿，视觉传感器能够依次到达空间指定位置进行测量，测量原理如图 8-11 所示。

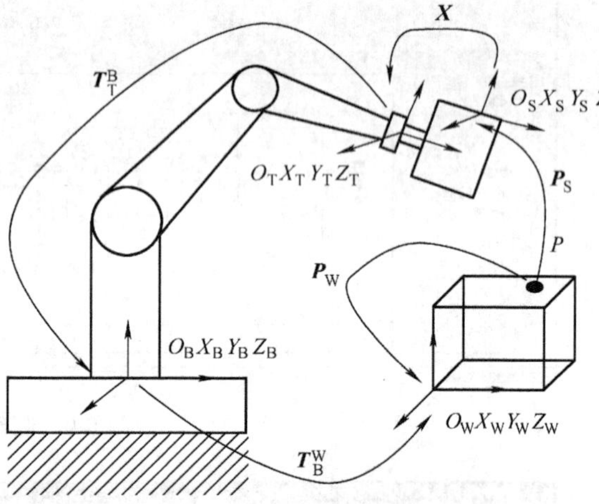

图 8-11　柔性在线测量系统原理图

图 8-11 中存在 4 个坐标系，分别为机器人基坐标系 $O_BX_BY_BZ_B$、机器人末端关节坐标系 $O_TX_TY_TZ_T$、车身在生产线上由定位工装确定的车身坐标系 $O_WX_WY_WZ_W$ 和视觉传感器测量坐标系 $O_SX_SY_SZ_S$。令被测点 P 在车身坐标系 $O_WX_WY_WZ_W$ 下的坐标值为 $\boldsymbol{P}_W$，在传感器坐标系 $O_SX_SY_SZ_S$ 下的坐标值为 $\boldsymbol{P}_S$，从图中可以看出

$$\boldsymbol{P}_W=\boldsymbol{T}_B^W\times\boldsymbol{T}_T^B\times\boldsymbol{X}\times\boldsymbol{P}_S \tag{8-5}$$

式中，$\boldsymbol{X}$ 为机器人手眼关系，即机器人末端关节坐标系与视觉传感器坐标系之间的变换关系；$\boldsymbol{T}_T^B$为机器人末端关节坐标系与机器人基坐标系之间的坐标变换关系；$\boldsymbol{T}_B^W$为机器人基坐标系与白车身坐标系之间的坐标变换关系。由于视觉传感器与机器人末端关节刚性连接，测量过程中两者的相对位置不变，所以 $\boldsymbol{X}$ 在测量过程中恒定，并可在测量前由校准方式得到。同时，当车身定位完成后，$\boldsymbol{T}_B^W$也随之确定，因此，只需求出相应测量位姿下的$\boldsymbol{T}_T^B$并得到 P 点在视觉传感器测量坐标系下的坐标 $\boldsymbol{P}_S$，根据式(8-5)，即可计算出 P 点在车身坐标系下的坐标 $\boldsymbol{P}_W$。

8.2.2 系统校准

由式(8-5) 可知，基于机器人运动学模型的系统校准需要确定 3 个转换关系：视觉传感器坐标系与机器人末端关节坐标系之间的转换关系 X、机器人末端关节坐标系与机器人基坐标系之间的转换关系$\boldsymbol{T}_T^B$、机器人基坐标系与车身坐标系之间的转换关系$\boldsymbol{T}_B^W$，依次对应手眼关系的校准、机器人正向运动学模型的建立和机器人外部位姿的校准。

1. 手眼关系的校准

传统的手眼关系校准的方法为两步求解算法，通过方程 $\boldsymbol{AX}=\boldsymbol{XB}$ 求出手眼关系 $\boldsymbol{X}$ 的值。

如图 8-12 所示，控制机器人在两个姿态下观察空间中一个已知的靶标，$\boldsymbol{T}_{T1}^B$和$\boldsymbol{T}_{T2}^B$分别表示机器人在两个姿态下其末端关节坐标系相对于基坐标系的齐次变换矩阵，可由机器人控制器和已知的机器人运动学模型给出；$\boldsymbol{T}_{C1}$和$\boldsymbol{T}_{C2}$分别表示机器人在两个姿态下视觉传感器坐标系与靶标坐标系之间的转换关系，即传感器的外参数。根据坐标变换链的封闭性，有如下关系：

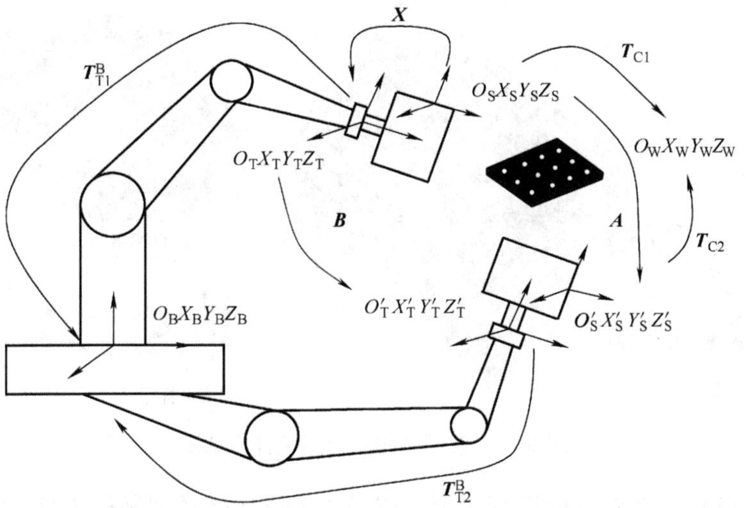

图 8-12 手眼关系校准示意图

$$\boldsymbol{T}_{C2}{}^{-1}\boldsymbol{X}\boldsymbol{T}^{B}_{T2}=\boldsymbol{T}_{C1}^{-1}\boldsymbol{X}\boldsymbol{T}^{B}_{T1} \tag{8-6}$$

在等式两边同时左乘$\boldsymbol{T}_{C1}$，右乘$(\boldsymbol{T}^{B}_{T2})^{-1}$，可以得到

$$\boldsymbol{T}_{C1}\boldsymbol{T}_{C2}{}^{-1}\boldsymbol{X}\boldsymbol{T}^{B}_{T2}(\boldsymbol{T}^{B}_{T2})^{-1}=\boldsymbol{T}_{C1}\boldsymbol{T}_{C1}{}^{-1}\boldsymbol{X}\boldsymbol{T}^{B}_{T1}(\boldsymbol{T}^{B}_{T2})^{-1} \tag{8-7}$$

如果用$\boldsymbol{A}$表示两个姿态下视觉传感器坐标系的转换关系，用$\boldsymbol{B}$表示两个姿态下机器人末端工具坐标系的转换关系运动，即

$$\boldsymbol{A}=\boldsymbol{T}_{C1}\boldsymbol{T}_{C2}{}^{-1} \tag{8-8}$$

$$\boldsymbol{B}=\boldsymbol{T}^{B}_{T1}(\boldsymbol{T}^{B}_{T2})^{-1} \tag{8-9}$$

将式(8-8) 和式(8-9) 代入式(8-7) 可得

$$\boldsymbol{AX}=\boldsymbol{XB} \tag{8-10}$$

将式(8-10) 中的齐次变换矩阵分成旋转和平移向量并展开：

$$\begin{bmatrix}\boldsymbol{R}_A & \boldsymbol{t}_A\\ \boldsymbol{0}^T & 1\end{bmatrix}\begin{bmatrix}\boldsymbol{R}_X & \boldsymbol{t}_X\\ \boldsymbol{0}^T & 1\end{bmatrix}=\begin{bmatrix}\boldsymbol{R}_X & \boldsymbol{t}_X\\ \boldsymbol{0}^T & 1\end{bmatrix}\begin{bmatrix}\boldsymbol{R}_B & \boldsymbol{t}_B\\ \boldsymbol{0}^T & 1\end{bmatrix} \tag{8-11}$$

整理后可得到

$$\boldsymbol{R}_A\boldsymbol{R}_X=\boldsymbol{R}_X\boldsymbol{R}_B \tag{8-12}$$

$$\boldsymbol{R}_A\boldsymbol{t}_X+\boldsymbol{t}_A=\boldsymbol{R}_X\boldsymbol{t}_B+\boldsymbol{t}_X \tag{8-13}$$

由此给出两步求解算法的步骤：第一步，求解式(8-12) 中的旋转矩阵$\boldsymbol{R}_X$；第二步，利用已知的$\boldsymbol{R}_X$ 求解式 (8-13) 中的平移矢量$\boldsymbol{t}_X$。

上述方法以机器人运动学模型为基础建立，但机器人在实际运行中存在定位误差，影响测量精度，为此可以选用另一种不依赖机器人运动学模型的手眼关系校准方法。

如图 8-13 所示，视觉传感器通过连接杆固定在机器人末端关节上，传感器与连接杆采用键与键槽配合的方式固定在一起，由于连接杆两端配合面均采用精密加工，配合精度由加工精度保证，故可将传感器键坐标系与连接杆的键槽坐标系取为重合，同理，将末端关节坐标系和与之配合的连接杆末端坐标系也取为重合。

此外，在校准过程中需要使用一个特制的精密靶标，靶标上的圆孔尺寸和相互之间的位置关系经过精确标定。

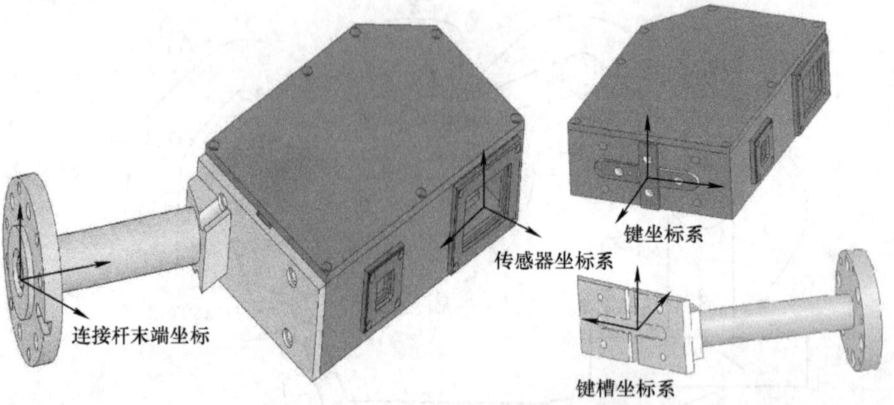

图 8-13　视觉传感器与连接杆示意图

首先使用视觉传感器对靶标进行测量，取得传感器坐标系到靶标坐标系的转换关系 $\boldsymbol{T}_1$；再使用 CMM 测量靶标和传感器上的键，建立起靶标坐标系到 CMM 坐标系的转换关系 $\boldsymbol{T}_2$ 以及 CMM 坐标系到传感器键坐标系的转换关系 $\boldsymbol{T}_3$；然后使用 CMM 测量连接杆的两端配合面，建立起键槽与法兰盘坐标系之间的转换关系 $\boldsymbol{T}_4$；通过坐标变换链：视觉传感器坐标系→靶标坐标系→CMM 坐标系→键槽坐标系→机器人末端关节坐标系，建立手眼关系，数学表示为

$$\boldsymbol{X}=\boldsymbol{T}_1\boldsymbol{T}_2\boldsymbol{T}_3\boldsymbol{T}_4 \tag{8-14}$$

手眼关系建立过程中没有引入机器人运动学模型，精度能够得到很好的保证，且传感器的键坐标系与连接杆的键槽坐标系的重合可通过精密机械加工精度保证，更换传感器时只需重新对传感器参数进行配置即可。

2. 机器人正向运动学模型的建立

机器人末端关节坐标系与机器人基坐标系之间的转换关系，可以通过机器人正向运动学模型得到。机器人正向运动学模型是定位误差模型推导的基础，关系到机器人本体校准精度，需要考虑两个原则：尽量高的精确性和尽量少的参数个数，这里选用 D-H 模型。

根据 D-H 准则在每个关节处建立关节坐标系，坐标系 $i-1$ 和坐标系 i 之间的相对位置和方位用 4 个 D-H 参数（又常被称为机器人运动参数或连杆几何参数）表示成如下形式：

$$\boldsymbol{A}_i=\mathrm{Trans}_z(d_i)\mathrm{Rot}_z(\theta_i)\mathrm{Trans}_x(a_i)\mathrm{Rot}_x(\alpha_i) \tag{8-15}$$

式中，Trans()为平移变换，Rot()为旋转变换；a_i 为杆件长度，定义为从 z_{i-1} 轴到 z_i 轴的距离，沿 x_i 轴指向为正；α_i 为杆件扭角，定义为从 z_{i-1} 轴到 z_i 轴的转角，绕 x_i 轴正向转动为正，且 $\alpha_i\in[-\pi,\pi)$；d_i 为关节距离，定义为从 x_{i-1} 轴到 x_i 轴的距离，沿 z_{i-1} 轴指向为正；θ_i 为关节转角，定义为从 x_{i-1} 轴到 x_i 轴的转角，绕 z_{i-1} 轴正向转向为正，且 $\theta_i\in[-\pi,\pi)$。

N 自由度机器人末端关节坐标系相对于基坐标系的变换为

$$\boldsymbol{T}_{\mathrm{T}}^{\mathrm{B}}=\boldsymbol{A}_1\boldsymbol{A}_2\cdots\boldsymbol{A}_N \tag{8-16}$$

上述过程只是简单地确定机器人末端关节坐标系与机器人基坐标系之间的转换关系，实际应用时精确描述转换关系需要准确知道各连杆参数，涉及的机器人定位误差补偿问题将在下一节中进行详细讨论。

3. 机器人外部位姿的校准

根据现场车身的定位工装情况，车身坐标系的建立可分为静态和动态两种方法。静态建系是指当车身的定位工装理论上不发生变化时，直接以定位工装为基准，建立不变的车身坐标系。动态建系是指每辆车身的定位情况都会发生变化时，需要以车身自身的定位孔作为基准，建立变化的车身坐标系，与固定式测量系统采用硬件手段消除定位误差的原理类似。

借助激光跟踪仪对机器人 TCP（Tool Center Point）进行测量，可得到 TCP 跟踪仪坐标系下的坐标值 $\boldsymbol{F}=(x_{\mathrm{T}}\quad y_{\mathrm{T}}\quad z_{\mathrm{T}}\quad 1)^{\mathrm{T}}$，同时根据正向运动学得到 TCP 在机器人基坐标系下的坐标值 $\boldsymbol{M}=(x_{\mathrm{R}}\quad y_{\mathrm{R}}\quad z_{\mathrm{R}}\quad 1)^{\mathrm{T}}$，存在坐标转换方程：

$$\boldsymbol{F}=\begin{pmatrix}\boldsymbol{R} & \boldsymbol{t}\\ \boldsymbol{0}^{\mathrm{T}} & 1\end{pmatrix}\boldsymbol{M} \tag{8-17}$$

式中，$\boldsymbol{R}$ 和 $\boldsymbol{t}$ 分别为机器人基坐标系与激光跟踪仪坐标系之间变换矩阵的旋转和平移矢量。

对方程进行求解，可将机器人基坐标系与激光跟踪仪坐标系统一起来，再利用激光跟踪仪对车身进行测量，得到跟踪仪坐标系与车身坐标系的转换关系，进而完成机器人外部位姿的校准。

8.2.3 机器人定位误差补偿

使用机器人的理论运动学模型进行解算时，由于各连杆参数的实际值与理论值存在偏差，导致机器人运动时存在绝对定位误差，通常可达±2mm 左右，而且在长时间运行过程中，机器人受自身和环境因素的影响会引起这一定位误差进一步扩大，因此必须采取有效手段对工业机器人的定位误差进行补偿。

1. 基于距离模型的机器人定位误差补偿方法

(1) *位置误差表达式*　基于 D-H 模型对机器人进行分析，如果每一关节均有参数误差存在，相邻连杆坐标系之间的齐次变换矩阵也会存在误差 $\mathrm{d}\boldsymbol{T}_{n-1}^{n}$，称为由参数误差造成的微分摄动齐次矩阵，其表达式为

$$\mathrm{d}\boldsymbol{T}_{n-1}^{n}=\frac{\partial \boldsymbol{T}_{n-1}^{n}}{\partial \theta}\Delta\theta+\frac{\partial \boldsymbol{T}_{n-1}^{n}}{\partial a}\Delta a+\frac{\partial \boldsymbol{T}_{n-1}^{n}}{\partial d}\Delta d+\frac{\partial \boldsymbol{T}_{n-1}^{n}}{\partial \alpha}\Delta\alpha \tag{8-18}$$

若假设

$$\frac{\partial \boldsymbol{T}_{n-1}^{n}}{\partial q_n}=\boldsymbol{T}_{n-1}^{n}\boldsymbol{A}_{qn} \tag{8-19}$$

$$\boldsymbol{A}_{qn}=(\boldsymbol{T}_{n-1}^{n})^{-1}\frac{\partial \boldsymbol{T}_{n-1}^{n}}{\partial q_n} \tag{8-20}$$

式中，q 为各连杆的几何参数，则由式(8-19) 和式(8-20) 可得到

$$\mathrm{d}\boldsymbol{T}_{n-1}^{n}=\boldsymbol{T}_{n-1}^{n}(A_{\theta n}\Delta\theta+A_{an}\Delta a+A_{dn}\Delta d+A_{\alpha n}\Delta\alpha) \tag{8-21}$$

令

$$\Delta_n=A_{\theta n}\Delta\theta+A_{an}\Delta a+A_{dn}\Delta d+A_{\alpha n}\Delta\alpha \tag{8-22}$$

那么，机器人末端关节坐标系相对于机器人基坐标系的坐标变换为

$$\boldsymbol{T}_0^N+d\boldsymbol{T}_0^N=\prod_{n=1}^{N}(\boldsymbol{T}_{n-1}^{n}+\mathrm{d}\boldsymbol{T}_{n-1}^{n})=\prod_{n=1}^{N}(\boldsymbol{T}_{n-1}^{n}+\boldsymbol{T}_{n-1}^{n}\Delta_n) \tag{8-23}$$

根据微分运动变换，并忽略高阶小项，可以得到末端关节坐标系的位置微动量：

$$\mathrm{d}P=\sum_{i=1}^{N}(k_{i\theta}\Delta\theta_i+k_{ia}\Delta a_i+k_{id}\Delta d_i+k_{i\alpha}\Delta\alpha_i)=\begin{bmatrix}k_{1\theta}x & k_{1a}x & k_{1d}x & k_{1\alpha}x & k_{2\theta}x & \cdots & k_{N\alpha}x\\ k_{1\theta}y & k_{1a}y & k_{1d}y & k_{1\alpha}y & k_{2\theta}y & \cdots & k_{N\alpha}y\\ k_{1\theta}z & k_{1a}z & k_{1d}z & k_{1\alpha}z & k_{2\theta}z & \cdots & k_{N\alpha}z\end{bmatrix}\begin{bmatrix}\delta\theta_1\\ \delta a_1\\ \delta d_1\\ \delta\alpha_1\\ \delta\theta_2\\ \vdots\\ \delta\alpha_N\end{bmatrix} \tag{8-24}$$

式中，系数 k_{iq} 是由式（8-23）中对应矩阵的第 4 列前 3 行构成的。

如果假设

$$\boldsymbol{B}=\begin{bmatrix}k_{1\theta}x & k_{1a}x & k_{1d}x & k_{1\alpha}x & k_{2\theta}x & \cdots & k_{N\alpha}x\\ k_{1\theta}y & k_{1a}y & k_{1d}y & k_{1\alpha}y & k_{2\theta}y & \cdots & k_{N\alpha}y\\ k_{1\theta}z & k_{1a}z & k_{1d}z & k_{1\alpha}z & k_{2\theta}z & \cdots & k_{N\alpha}z\end{bmatrix} \tag{8-25}$$

$$\Delta\boldsymbol{q}=(\Delta\theta_1\quad \Delta a_1\quad \Delta d_1\quad \Delta\alpha_1\quad \Delta\theta_2\quad \cdots\quad \Delta\alpha_N) \tag{8-26}$$

式中，$\Delta\boldsymbol{q}$ 为机器人所有连杆参数的固有误差向量。那么，对于机器人工作范围内的任一空间位置，其末端关节的位置误差可表示为

$$\mathrm{d}\boldsymbol{P}_i=\boldsymbol{B}_i\Delta\boldsymbol{q}_i \tag{8-27}$$

式(8-27) 给出了机器人的位置误差与机器人各关节变量误差及连杆参数误差的关系。

(2) **距离误差的描述** 如图 8-14 所示，设机器人指令轨迹上任意一点在机器人基坐标系 $O_R X_R Y_R Z_R$ 下的位置坐标为 $x_R(i)$、$y_R(i)$、$z_R(i)$，其中 i 表示机器人的指令轨迹上的点号，则机器人指令轨迹上相邻两点之间的距离的二次方值为

$$l_R^2(i+1)=(x_R(i+1)-x_R(i))^2+(y_R(i+1)-y_R(i))^2+(z_R(i+1)-z_R(i))^2 \tag{8-28}$$

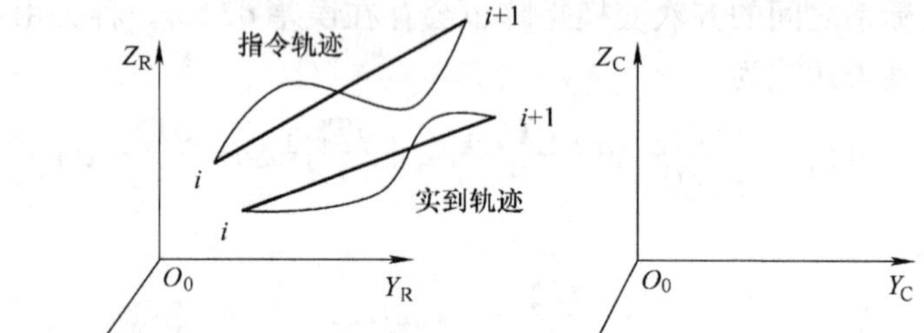

图 8-14 机器人距离误差描述

设机器人实到轨迹上任意一点在测量系统坐标系 $O_C X_C Y_C Z_C$ 下的位置坐标为 $x_C(i)$，$y_C(i)$，$z_C(i)$，其中 i 表示机器人实到轨迹上的点号，则机器人实到轨迹上相邻两点之间的距离的二次方值为

$$l_C^2(i+1)=(x_C(i+1)-x_C(i))^2+(y_C(i+1)-y_C(i))^2+(z_C(i+1)-z_C(i))^2 \tag{8-29}$$

理想情况下，如果上述轨迹过程描述的是同一轨迹过程，则在两个坐标系下的这两点间的距离应该是相等的，即 $l_R(i+1)$ 和 $l_C(i+1)$ 相等；由于定位误差的存在，$l_R(i+1)$ 和 $l_C(i+1)$之间存在一个差值，称之为距离误差，描述为

$$\Delta l(i+1)=l_C(i+1)-l_R(i+1) \tag{8-30}$$

(3) *距离误差与位置误差的关系*　如图 8-15 所示，A 和 B 分别表示指令轨迹上的第 i 个和第 $i+1$ 个点，A'和 B'分别表示对应的实际轨迹上的点。

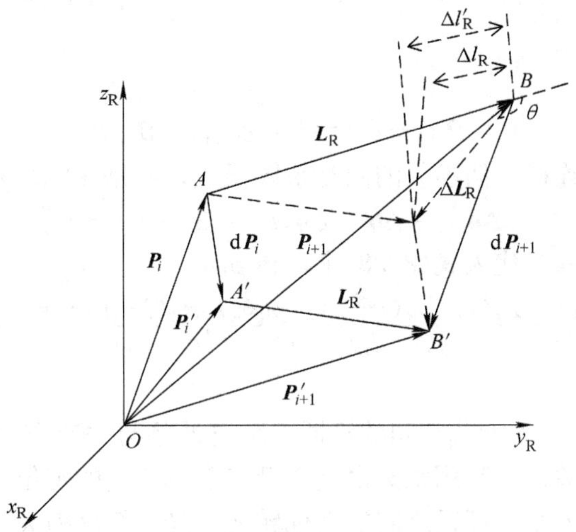

图 8-15　向量关系图

以机器人基坐标系作为参考坐标系，从图 8-15 中可得到以下表达式：

$$\begin{cases} \boldsymbol{L}_R=\boldsymbol{P}_{i+1}-\boldsymbol{P}_i \\ \boldsymbol{L}'_R=\boldsymbol{P}'_{i+1}-\boldsymbol{P}'_i \\ \mathrm{d}\,\boldsymbol{P}_i=\boldsymbol{P}'_i-\boldsymbol{P}_i \\ \mathrm{d}\,\boldsymbol{P}_{i+1}=\boldsymbol{P}'_{i+1}-\boldsymbol{P}_{i+1} \end{cases} \tag{8-31}$$

式中，$\boldsymbol{L}_R$、$\boldsymbol{L}'_R$向量分别表示 AB 和 $A'\ B'$向量；$\boldsymbol{P}_i$、$\boldsymbol{P}_{i+1}$和$\boldsymbol{P}'_i$、$\boldsymbol{P}'_{i+1}$分别为指令轨迹和对应的实到轨迹上的点的在坐标系中的向量；d $\boldsymbol{P}_i$和 d $\boldsymbol{P}_{i+1}$为机器人的位置误差向量。由各向量之间的关系，可得

$$\Delta\boldsymbol{L}_R=\boldsymbol{L}'_R-\boldsymbol{L}_R=(\boldsymbol{P}'_{i+1}-\boldsymbol{P}'_i)-(\boldsymbol{P}_{i+1}-\boldsymbol{P}_i)=\mathrm{d}\,\boldsymbol{P}_{i+1}-\mathrm{d}\,\boldsymbol{P}_i \tag{8-32}$$

已知向量$\boldsymbol{L}_R$的表达式如下：

$$\boldsymbol{L}_R=(x_R(i+1)-x_R(i),y_R(i+1)-y_R(i),z_R(i+1)-z_R(i)) \tag{8-33}$$

根据向量点乘的计算公式，可得

$$\boldsymbol{L}_R\cdot\Delta\boldsymbol{L}_R=|\boldsymbol{L}_R|\,|\Delta\boldsymbol{L}_R|\cos\theta=l_R\Delta l'_R \tag{8-34}$$

式中，l_R 为向量$\boldsymbol{L}_R$的长度；θ 为向量$\boldsymbol{L}_R$和$\Delta\boldsymbol{L}_R$之间的夹角；$\Delta l'_R$为向量$\Delta\boldsymbol{L}_R$在向量$\boldsymbol{L}_R$上的投影。

假设 Δl_R 为机器人的距离误差，则

$$\Delta l'_R\approx\Delta l_R \tag{8-35}$$

由式(8-34) 和式(8-35) 可得

$$\boldsymbol{L}_R\cdot\Delta\boldsymbol{L}_R\approx l_R\Delta l_R \tag{8-36}$$

联立式(8-32)、式(8-33)、式(8-36)，有

$$l_R\Delta l_R\approx[x_R(i+1)-x_R(i),y_R(i+1)-y_R(i),z_R(i+1)-z_R(i)]\cdot(\mathrm{d}\,\boldsymbol{P}_{i+1}-\mathrm{d}\,\boldsymbol{P}_i) \tag{8-37}$$

又因为 $l_R=l_R(i+1)$，$\Delta l_R=\Delta l(i+1)$，则机器人距离误差与位置误差之间的关系可用式(8-38) 表示

$$\Delta l(i+1)=\left[\frac{x_R(i+1)-x_R(i)}{l_R(i+1)},\frac{y_R(i+1)-y_R(i)}{l_R(i+1)},\frac{z_R(i+1)-z_R(i)}{l_R(i+1)}\right]\cdot(\mathrm{d}\overline{\boldsymbol{P}_{i+1}}-\mathrm{d}\overline{\boldsymbol{P}_i}) \tag{8-38}$$

由式(8-27) 可知

$$\mathrm{d}\boldsymbol{P}_{i+1}-\mathrm{d}\boldsymbol{P}_i=\boldsymbol{B}_{i+1}\Delta\boldsymbol{q}_{i+1}-\boldsymbol{B}_i\Delta\boldsymbol{q}_i \tag{8-39}$$

假定机器人只含有连杆几何参数的固有系统误差，或是除此之外的参数误差很小，则有

$$\Delta\boldsymbol{q}_{i+1}=\Delta\boldsymbol{q}_i=\Delta\boldsymbol{q},i=1,2,\cdots,N-1 \tag{8-40}$$

将式(8-39)和式(8-40)代入式(8-38)中，得到

$$\Delta l(i+1)=\left[\frac{x_R(i+1)-x_R(i)}{l_R(i+1)},\frac{y_R(i+1)-y_R(i)}{l_R(i+1)},\frac{z_R(i+1)-z_R(i)}{l_R(i+1)}\right]\cdot(\boldsymbol{B}_{i+1}-\boldsymbol{B}_i)\cdot\Delta\boldsymbol{q} \tag{8-41}$$

式(8-41) 直接给出了笛卡儿空间的机器人距离误差与关节空间的各关节变量以及各连杆参数误差之间的数学关系，利用距离误差模型实现机器人的定位误差补偿，可以避免外部测量设备坐标系与机器人基坐标系之间的坐标转换，降低精度损失。

2. 机器人定位误差补偿策略

(1) 系统校准时的机器人本体定位误差补偿　在系统组建时，运用基于距离误差模型的定位误差补偿方法对机器人各连杆参数的标称值进行修正，以实现对由于机器人模型参数不准确造成的定位误差进行补偿。

(2) 系统运行中的定位误差在线补偿　大量实验表明，机器人在往复运动过程中受自身状态及环境因素的综合影响，其中机器人机械摩擦及电动机发热导致某些杆件和关节产生热膨胀变形，造成机器人偏离预先示教的姿态，测量结果产生漂移。

考虑到使用激光跟踪仪等外部测量设备对系统运行中的定位误差测量不能满足在线误差补偿的实时性要求，在机器人附近设置对温度变化不敏感的测量基准，通过对基准的测量间接得到末端关节定位情况的变化，并将该操作作为正常生产测量节拍的一部分。

如图 8-16 所示，在机器人附近安装碳化硅材料的基准球体，通过控制碳化硅掺杂材料的比例，将其线膨胀系数控制在 $5\times10^{-6}\mathrm{m/℃}$以下。相对于机器人，球体可以被看做是不受温度变化影响的测量基准。将机器人在没有发生热膨胀变形下的状态作为标准状态，机器人在该状态下测量基准球上的基准孔，求解出孔心间距 l_i；在测量系统连续工作一段时间后，机器人以相同姿态再次得到孔心距离 l_i'，两种状态下测得的对应距离误差 l_i-l_i'所反映的就是机器人末端关节的位置变化量，根据距离误差补偿模型即可求解出当前状态相对于标准状态的机器人连

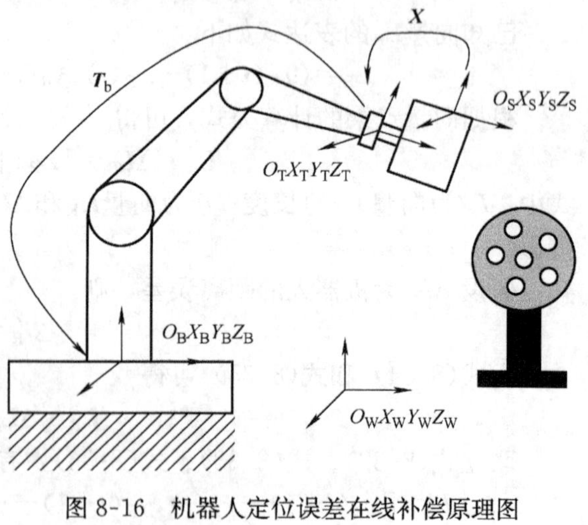

图 8-16　机器人定位误差在线补偿原理图

杆参数变化量，从而完成机器人定位误差的在线补偿，保证测量稳定性。

图 8-17 给出了定位误差在线补偿的结果，图中数据是对同一车身重复测量的结果，所有的数据按时间分为 A、B、C 三部分，A 段为机器人从室温开始测量并且没有进行运动误差补偿，B 段记录的测量结果进行了补偿运算，进入 C 段后再次取消了补偿。可以看出，x 和 y 方向的坐标测量值都产生了规律性的变化，且 x 方向的变化最为明显，最后一次测量值较初始测量值偏离了 0.146mm，y 方向的测量值也有 0.057mm 的小幅度偏差，而 z 方向的测量值并没有体现出明显的漂移现象。补偿阶段 x 方向的测量误差平均值与初始测量误差之间的偏差仅为 0.031mm。

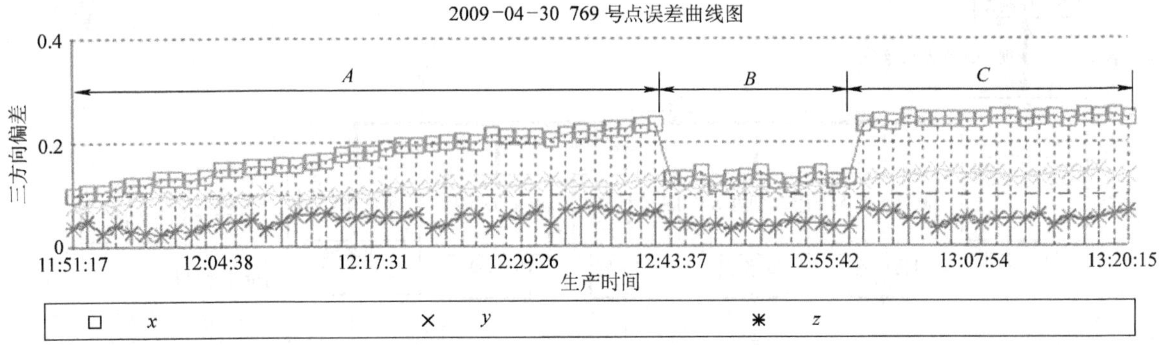

图 8-17　定位误差在线补偿结果

8.2.4　在线测量系统的工作过程与控制网络

如图 8-18 所示，一个完整的柔性在线测量系统通常是由视觉传感器、工业机器人、PLC 电气控制系统、测量计算机、服务器、测量和控制软件以及图像处理系统等部分组成，其控制网络拓扑结构如图 8-19 所示。

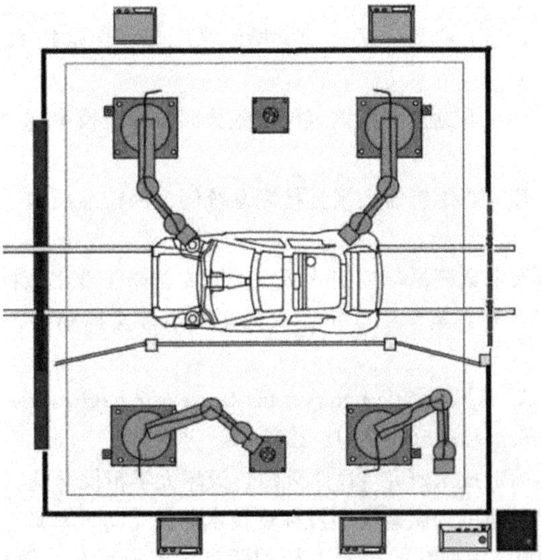

图 8-18　柔性在线测量系统示意图

柔性在线测量系统在生产中的实际工作过程为：

1）白车身由生产线运送到系统所在工位并精确定位。

2）所有机器人同时携带视觉传感器按照示教路径对各自区域内的待测点依次进行测量。

3）测量计算机同步控制传感器采集特征点图像信息并进行图像处理与数据计算。

4）按照程序完成所有点的测量后，所有机器人回到初始位置。

5）测量计算机得出车身是否合格的结论，根据事先设定的质量监控线标准，做出继续生产还是停线的决定。

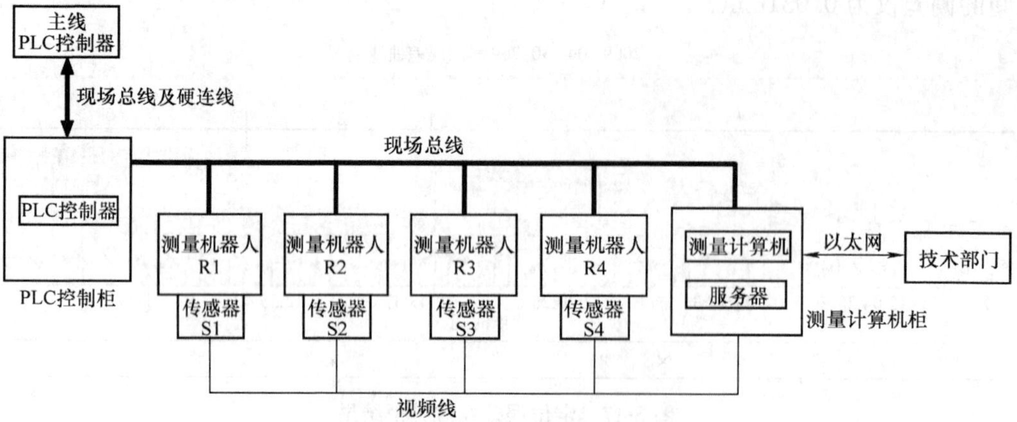

图 8-19　控制网络拓扑结构

参考文献

[1] 刘常杰，杨学友，邾继贵，等．基于工业机器人白车身柔性坐标测量系统研究［J］．光电子·激光，2006，17(2)：207-210.

[2] 任永杰，邾继贵，杨学友，等．机器人柔性视觉检测系统现场标定技术［J］．机器人，2009，31(1)：82-87.

[3] 段发阶，王仲，张晓霞，等．视觉检测系统定位误差分离及修正技术探讨［J］．宇航测试技术，1996，16(4-5)：84-87.

[4] 王一，刘常杰，任永杰，等．通用机器人视觉检测系统的全局校准技术［J］．光学精密工程，2009，17(12)：3028-3033.

[5] 徐德，谭民，李原．机器人视觉测量与控制［M］．北京：国防工业出版社，2008.

[6] 刘常杰，杨学友，邾继贵，等．基于工业机器人白车身柔性坐标测量系统研究［J］．光电子·激光，2006，17(2)：207-210.

[7] Denavit J，Hartenberg，R S. A kinematic notation for lower-pair mechanisms based on matrices［J］. ASME Journal of Applied Mechanics，1995(5)：215-221.

[8] 任永杰．测量机器人本体标定技术研究［D］．天津，天津大学精仪学院，2007.

[9] 王一．面向测量的多关节运动机构误差模型及标定技术研究［D］．天津，天津大学精仪学院，2009.

[10] 周学才，张启先，郑时雄．一种新的机器人机构距离误差模型及补偿算法［J］．机器人，1991，13(1)：44-49.

[11] 周学才，张启先．距离误差模型在机器人精度研究中的应用［J］．机器人，1995，17(1)：1-6.

第 9 章　数字化视觉精密测量

一直以来，在视觉测量的研究应用领域存在着两类工作：一类工作是定位于工业制造领域，研究解决常规尺度下的几何量测量问题；另一类是源于工程测量中的摄影测量理论，研究解决大尺度下的空间地理信息测量问题。第一类工作是本书前面章节的主要关注内容，不再赘述。第二类工作随着摄影测量学和数字成像技术的不断发展，获得了迅速发展，应用范围不断拓展，已经成为解决大尺度下工业制造业精密测量问题的一个重要方法。

9.1　概述

随着数字成像技术及器件的快速进步、数据处理成本的降低和便捷性提高，数字近景摄影测量方法获得了长足的发展。传统意义上，数字近景摄影测量的研究对象是数十米至数百米空间范围内三维空间位置信息的测量问题，主要作为一种精细化地理信息获取手段应用在工程勘察、建筑测绘、环境保护等工程测量领域。近年来数字成像器件性能的不断提升，大大促进了数字近景测量精度的提高，应用背景也大大拓展，基于数字近景摄影测量原理的视觉测量技术已经成为大尺度下三维空间的一种重要测量方法。

数字化视觉精密测量是数字近景摄影测量、数字化成像技术以及工业应用需求相互作用、相互促进的结果。该方法利用单台或多台高分辨率数字相机在不同的位置对已知空间坐标的控制点（Control Point/Ground Point）和被测点进行成像，利用控制点和被测点的成像特征定位信息，根据摄影测量中的共线方程，建立同名点对应光束的交会约束关系，经由优化算法求解获取被测点的三维坐标信息和被测体的三维形貌。与常规的视觉测量不同，数字化视觉测量具有大视场、大景深、高精度（相对测量精度）、信息量大、算法复杂等特点。

9.1.1　测量系统的构成

数字化视觉精密测量系统一般由数字图像采集装置（数字相机及其附件）、外部方位装置（EO）、比例基准尺（Reference Scale Bar）、编码特征点（Coded Target）、控制点（Control Target）、反射特征点（Reflection Target）、特征点光学投射器、特征量块、测量软件等构成，如图 9-1 所示。

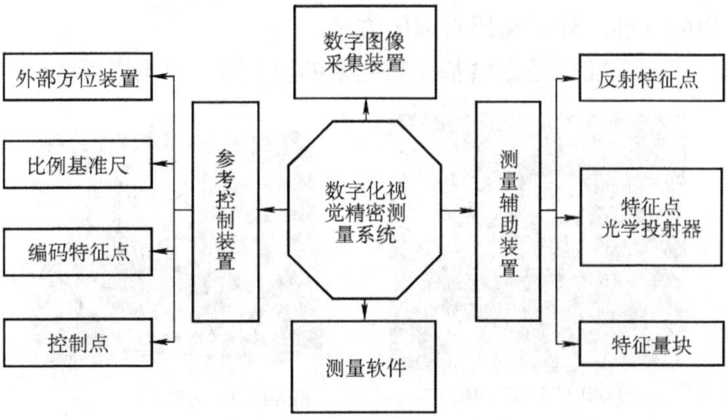

图 9-1　数字化视觉精密测量系统构成框图

1. 数字图像采集装置

数字化视觉精密测量系统绝大多数场合采用手持式（便携式）图像采集装置在测量空间内（或周围）实施移动测量（采集），对采集装置的便携性有很高要求，同时需要完成闪光控制、自动曝光光强优化、编码点识别、采集图像存储或无线传输以及必要的图像压缩等工作。图像采集装置通常包括高分辨率相机、同轴闪光灯、图像采集卡、板载计算机系统等。图 9-2 为一典型的数字图像采集测量装置——GSI（Geodetic Systems，Inc.）的 INCA 3 测量相机。

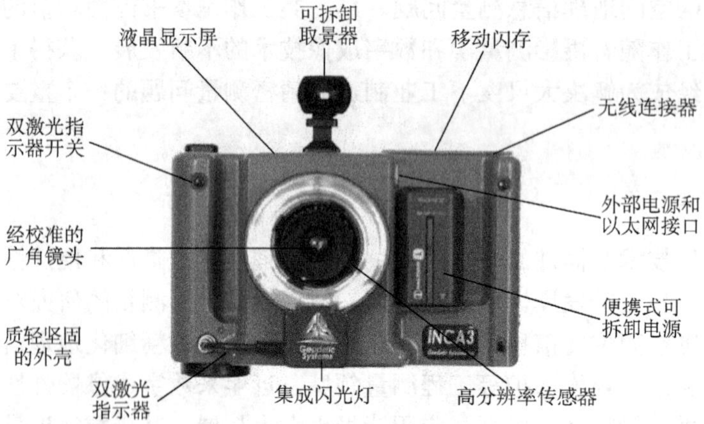

图 9-2　INCA 3 测量相机

2. 参考控制装置

参考控制装置提供数字化视觉精密测量中的辅助约束信息，实现空间三维坐标的自动化高精度测量。参考控制装置包含外部方位装置、比例基准尺、编码特征点和控制点等，在不同的测量场合或测量过程中可以同时使用或有选择部分使用。

外部方位装置（EO）是包含多于 3 个控制点（一般为 5 个点），且控制点的空间坐标（相互位置关系）在其自身坐标系（EO 坐标系）下已知的参考装置，用于测量过程中初始空间坐标系的建立和测量基站（各图像采集时的相机位置，下称测量基站）外部方位的求解约束，图 9-3 中给出了多种 EO 装置实物图，为便于在众多空间特征点中实现唯一识别，多采用内（外）环或编码点编码方法。

比例基准尺是提供基准长度量的比例尺，采用高稳定性材料（如殷钢）制作，尺上含有

a) GSI 的自动定向靶

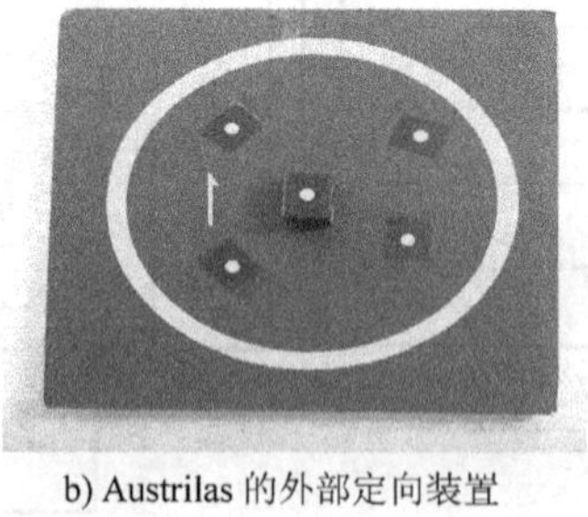
b) Austrilas 的外部定向装置

c) Aicon 的外部方位装置

图 9-3　外部方位装置

2个或多个特征点，特征点之间的距离经预先精密校准给出精确值，用于提供空间距离约束，将长度量值传递到角度交会测量（数字摄影测量本质上是基于空间方位角度测量的系统）系统中，得到空间被测特征点的三维坐标值，如图9-4所示。

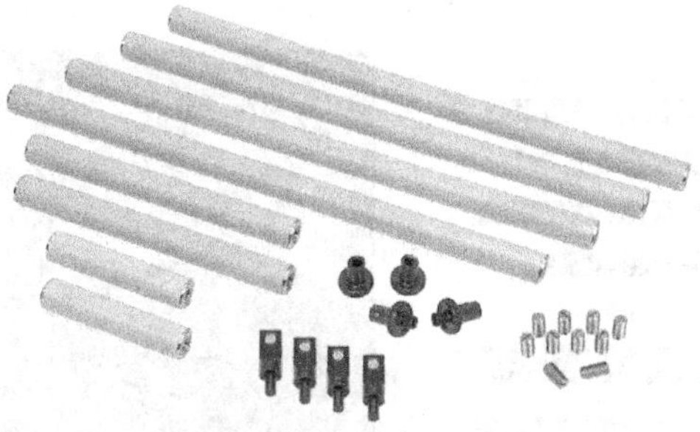

a) GSI 比例基准尺

b) Aicon 比例基准尺

图 9-4 比例基准尺

编码特征点是为实现自动化测量和扩大测量空间而设置的辅助装置。根据编码方式不同，可提供测量基站外部方位和相对方位求解所需约束关系、空间特征点匹配、空间比例初始约束等辅助信息（作用）。具体编码点有多种不同形式，常用的编码点包括环形编码点和GSI编码点两类，如图9-5所示。

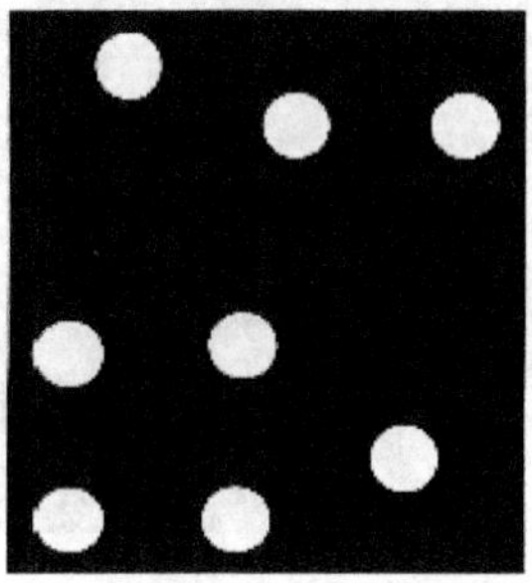

a) GSI 编码点

b) 环形编码点

图 9-5 编码点

控制点是空间三维坐标已知的点，在数字化视觉精密测量中起到辅助约束作用和精度控制作用。控制点的空间三维坐标可以通过被测工件或空间的基准点已知坐标或其他测量装置（如激光跟踪仪、经纬仪等）测量获取。控制点的另一个作用是可以实现超大型工件多次数字化视觉精密测量的数据拼接，实现测量结果的整体统一。

3. 测量辅助装置

对于采用非接触式三维坐标测量的数字化视觉精密测量方法，被测几何要素依赖于包括反射特征点、光学投射器投射光点和特征量块等在内的测量辅助装置获取。

反射特征点利用高反射率反光材料制作，贴敷在被测体表面，通过测量反射点的坐标获取被测体的几何要素（点云）等。为保证良好的成像点质心定位精度，根据测量空间范围的大小和测量基站与被测物体距离的不同，一般采用不同尺寸的反射特征点，如图 9-6 所示。

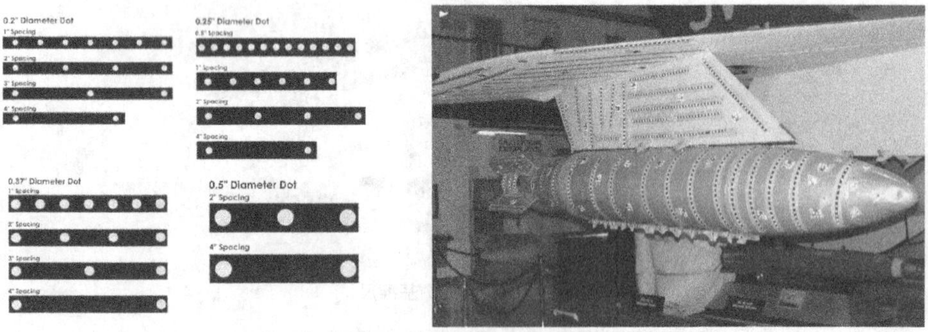

图 9-6　反射特征点

另一辅助装置为特征点光学投射器（见图 9-7）。光学投射器包含电源控制箱、照明/闪光光源、特征点模板和投射光路系统等，通过与图像采集测量装置同步的闪光控制，投射数千个光学特征点至被测体表面，实现被测特征的光学非接触标记和测量。

a) GSI 的 Pro-Spot　　b) 光学投射器工作状态

图 9-7　特征点光学投射器

特征量块是携带反射特征点或编码点的辅助测量装置，用于工件的几何校验和工装夹具校准等。特征量块主要包括两类：一类为销孔类特征量块，如图 9-8 所示，其销（孔）的定位面与被测量孔（销）配合，特征量块上基准面与反射点中心之间的相对位置预先精确校准（或加工保证），通过测量特征点的空间三维坐标来确定孔（销）的端面中心坐标等几何信息，进而获取几何校验结果或空间尺寸信息等；另一类为边角型特征量块，如图 9-9 所示，通过测量量块上特征点的三维坐标，根据量块预校准数据获取靠接点的坐标信息，该类量块主要用于工件外形尺寸、边缘直线度、工装夹具定位点（面）等的测量辅助。

a) 0°量块　b) 90°量块　c) 45°量块　d) 90°双点量块　e) 45°双点量块

f) 端面同心量块　g) 鸟巢量块　h) 球形特征点量块

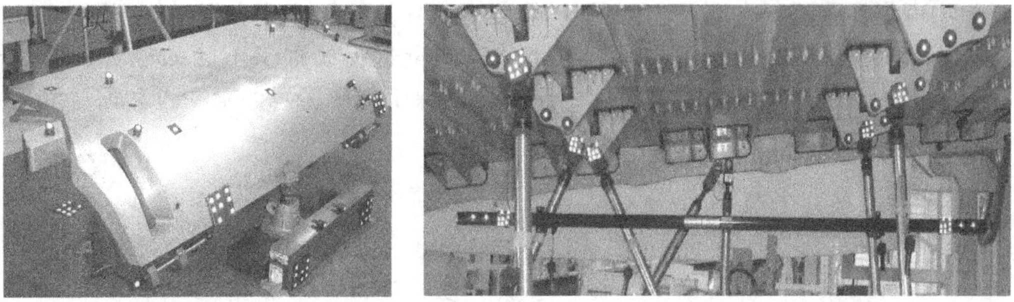

i) 飞机起落架舱门测量　j) A380 飞机机翼翼盒测量

图 9-8　销孔类特征量块及其应用

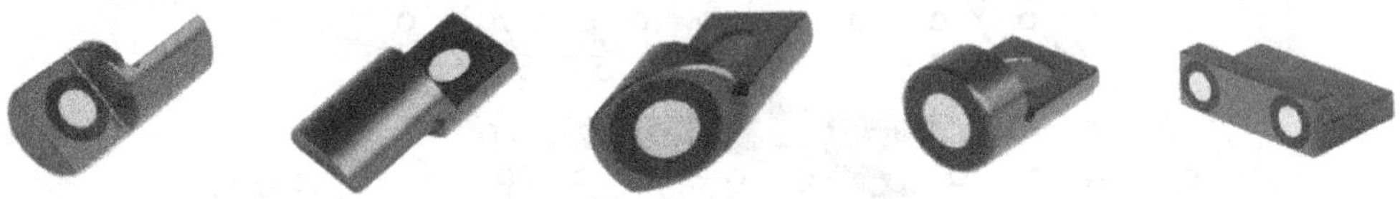

a) 不同形式的边角点量块

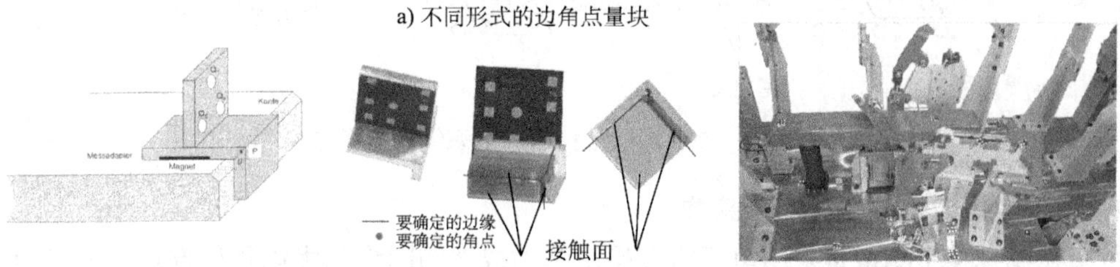

b) 多特征点边缘量块　c) 编码点角点量块　d) 边角量块工装测量

图 9-9　边角型特征量块及其应用

4. 测量软件

测量软件是数字化视觉精密测量系统的核心之一，完成图像采集与处理、特征点与编码点等识别与定位、相机基站外部方位（相对方位）求解、空间特征点三维坐标优化求解、数据处理及输出等任务。

9.1.2 测量原理及工作流程

1. 测量布局

数字化视觉精密测量系统的测量布局如图 9-10 所示。测量时，应根据被测对象的特点及测量要求，合理贴敷反射特征点或利用特征点光学投射器投射光点至被测区域，按照系统测量处理要求将外部方位装置（EO）、编码特征点（Code Target）和比例基准尺（Scale Bar）放置或固定在适当的位置。一般地，外部方位装置在测量中用于确定（定义）世界坐标系，在每个测量工程和解算过程中只能固定在一个确定的位置；编码点用于特征像点匹配（同名点匹配）和相机摄影基站方位求解，布局应当满足相邻基站图像中存在至少 4 个可识别公共编码点；比例基准尺用于实现空间三维坐标求解过程中的长度比例约束，虽然这一比例约束可以利用单一位置放置的比例基准尺实现，但为了降低测量误差，增加可靠性，需要在测量空间的不同区域和方位放置多个位置。对于如 GSI 采用的普通特征点（非编码）比例基准尺，可将其随测量过程放置于不同的位置；而对于如 Aicon 采用的编码特征点比例基准尺，由于需要确保工程中编码的唯一性，需要同时放置多个不同编码的比例基准尺。

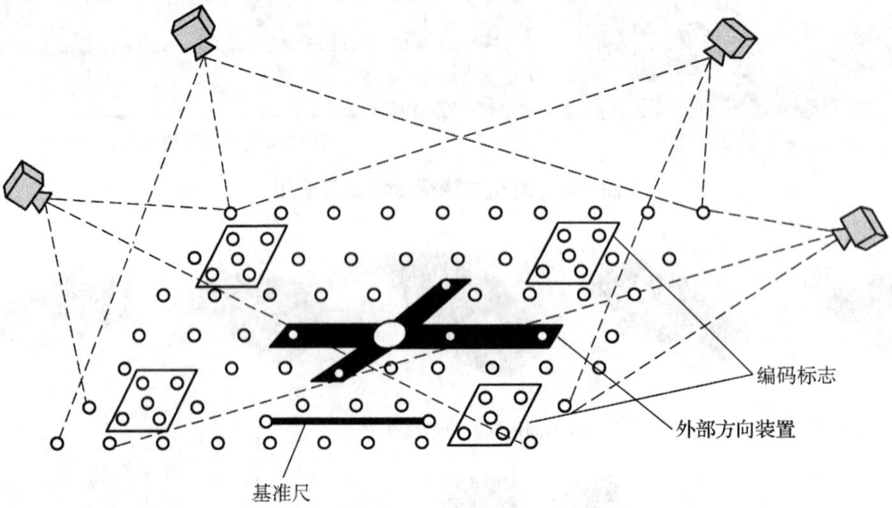

图 9-10 数字化视觉精密测量系统的测量布局

2. 测量优化网络建立与图像采集

数字化视觉精密测量是采用单相机多摄影基站成像的网络化优化测量方式，为获得高精度的测量结果，对摄影成像基站布局及成像数量方面有着明确要求，主要包括以下几个方面：

1）相机基站交会角处于 35°～80°时可获得较高的测量精度（见图 9-11），对于某些特殊测量场合由于受活动空间限制不能达到此最佳状态，也应保证不小于 15°的极限交会角。

2）相机成像基站数量应当满足优化求解所需约束条件数，即 $2MN>3N+6M$，其中，M 为摄影基站数；N 为测量过程中所有测量点数。另外，在上述条件满足前提下，为解算空间某一特征点坐标，至少需要通过两个基站中的两条成像射线交会，为了充分发挥数字化视觉精密测量方法的优势，一般应保证有效射线数不低于 4（见图 9-12）。有效射线数由有效基站数（成像基站外部方位可求解确定）和有效图像观测值数（空间特征点在基站成像中可提取并且解算过程中不会因超差而被拒绝）确定。

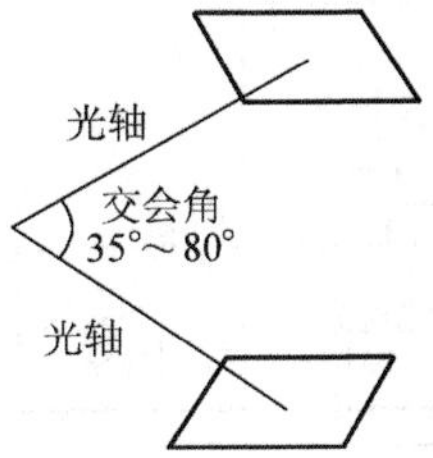

图 9-11　相机基站交会角

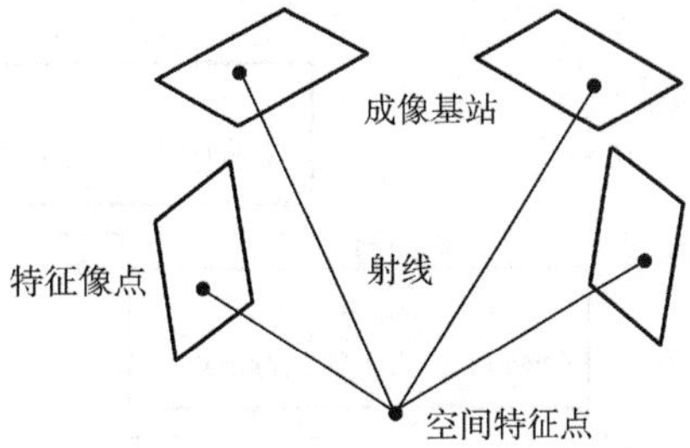

图 9-12　空间特征点有效射线数

3）为消除相机行列之间的不对称性误差和确保相机定向参数的可优化求解，一般在同一基站附近采用相机正常和绕光轴旋转 90°两次成像方式，增强约束条件。

4）相机基站与被测目标之间的距离应当根据被测体大小进行合理规划，同时根据该距离选择合适尺寸的反射特征点，在保证适当的特征像点像素数量（保证图像处理精度）的同时，也要避免由于特征像点过大造成质心与形心不重合，引起定位误差。

按上述要求完成测量布局及测量网络规划后即可进行测量图像采集工作，可以手持摄影测量集成装置，按照网络规划的成像基站位置对被测体进行成像并预处理和存储图像。特定应用条件下，也可以运用（借助）自动化运动装置（如机器人），实现全自动的测量图像采集。在图像采集过程中，需要根据测量现场环境条件，合理地设置光圈大小（一般采用小光圈以增大景深范围）、曝光时间和同轴闪光灯的闪光指数，以获得良好的成像灰度和图像对比度，提高特征点的识别率和质心定位精度，这一过程也可通过预成像由程序自动优化曝光时间和闪光指数完成。另外，为提高图像存储、传输和后续解算的处理速度，图像采集过程中，需要采用硬件算法，根据测量图像有用信息集中在特征像点及其周围的特点，对采集图像进行图像压缩（一般压缩比可达 1∶10）。图 9-13 为现场测量实例。

图 9-13　数字化视觉精密测量实例

3. 数字化视觉精密测量处理过程

采集到的测量图像经过特征点扫描（编码点识别）、相机成像基站外部方位确定（相对方位和初始绝对方位）、特征点匹配、优化平差求解等处理过程得到被测空间特征点的三维坐标，这一处理过程如图 9-14 所示。

（1）*特征点扫描*　采集的测量图像按照扫描设置参数（灰度阈值、特征像点大小的上下限、闭合性及椭圆拟合检测等）进行扫描、候选特征点识别和质心定位，获取候选特征点像面二维坐标值，同时根据编码点的编码规律及约束关系实现编码点识别，根据外部方位装置特征及特征点分布约束规律实现外部方位装置识别。

（2）*相机成像基站外部方位确定*　相机成像基站的外部方位根据空间约束条件的不同分为初始绝对方位和相对方位两种。

对于基站成像中存在多于 3 点的空间三维坐标及其之间距离已知的外部方位装置，可以

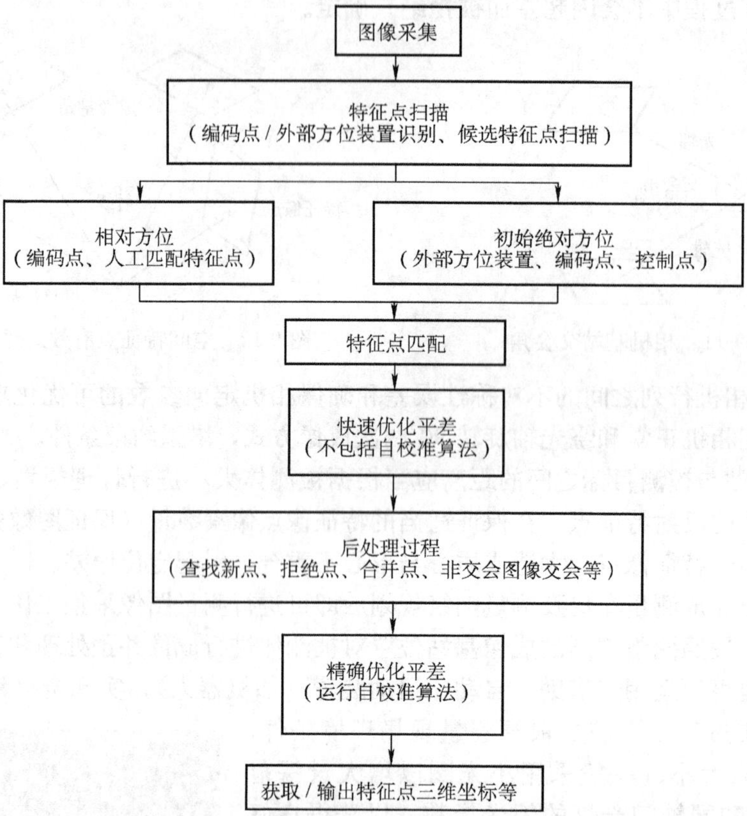

图 9-14 数字化视觉精密测量处理过程

利用空间姿态估计算法确定相机成像基站的初始绝对方位。

对于两个或以上成像基站存在一定数量的相互对应编码点或人工匹配特征点的成像基站，可以利用共面外极线约束方法确定相机成像基站的相对方位。

（3）特征点匹配 一旦相机成像基站外部方位确定，即可利用外极线约束匹配方法对扫描获得的候选特征点进行匹配，确定特征点在各幅成像中的对应关系。

（4）快速优化平差 对于相机内参数预校准、相机成像基站初始外部方位确定、特征点已匹配的情况，特征点空间三维坐标的求解过程就是基于共线性约束的优化平差求解过程。由于相机内参数、特征点定位等各环节均存在不可避免的误差，且相机成像基站外部方位为误差较大的初始值，并有可能引起特征点的误匹配，而共线性约束优化平差方法为高阶非线性求解过程，为确保算法高精度、快速收敛于迭代真值，在处理过程中一般需引入快速优化平差过程。在此过程中锁定相机内参数，只对特征点空间三维坐标及相机成像基站外部方位进行优化，并且收敛极限设置在一个较宽的范围内。

（5）后处理过程 经过快速优化平差过程，相机成像基站外部方位等参数的精度得到有效提高，前文提到的由于初始外部方位误差较大引起的特征点误匹配、不匹配等问题可以得到进一步修正解决。

（6）精确优化平差 精确优化平差过程是建立在快速优化平差和后处理过程基础上的最终优化平差过程，在此过程中，特征点空间三维坐标、相机成像基站外部方位等参数得到进一步优化，同时对相机内参数进行自校准，进而提高特征点空间三维坐标的测量精度。

经精确优化平差后获取的特征点空间三维坐标及各种误差评价参数可以以多种格式输出，用于后续测量数据分析过程。

9.2　相机成像基站的外部方位

9.2.1　初始绝对方位

相机成像基站的初始绝对方位是指利用外部方位装置、编码点、控制点等提供的已知空间约束条件，运用姿态估计算法求解获得的相机成像基站相对于初始世界坐标系（如外部方位装置坐标系）的方位关系，包括平移矢量和旋转矩阵。由于后续优化平差过程将进一步精确计算该方位关系，所以首先确定的就是其初始绝对方位。

1. 参考装置及其识别

用于相机成像基站初始绝对方位求解的装置包含外部方位装置、编码点和控制点，其中控制点为人工定义的空间三维坐标已知的点，无需识别。

(1) *外部方位装置的构成及坐标系定义*　理论分析表明，利用多于 3 个（通常为 5 个）空间坐标已知的特征点，通过空间姿态估计方法，可以确定相机坐标系相对于世界坐标系（外部方位装置坐标系）的位姿，即相机成像基站的绝对方位。在发展初期，无一例外地使用了外部方位装置，典型的外部方位装置及其坐标系定义如图 9-15 所示。

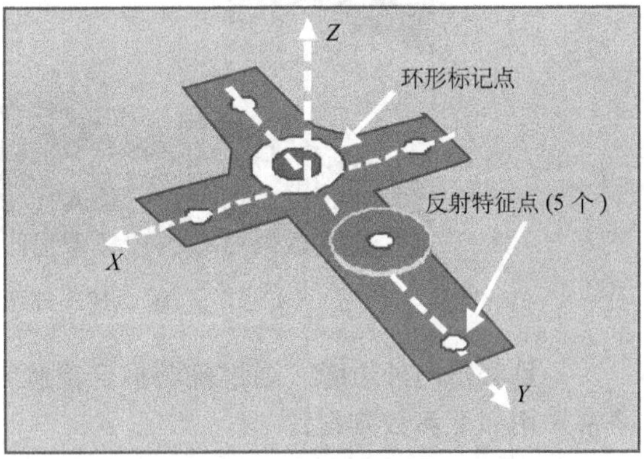

图 9-15　外部方位装置及其坐标系

外部方位装置（EO）由 5 个反射特征点和 1 个环形标记点构成，其坐标系定义如图 9-15 所示，X、Y 轴分别通过处于同一平面上的 4 个特征点，该坐标系在确定初始绝对方位的过程中定义为测量空间的世界坐标系。外部方位参考装置上的各特征点在世界坐标系中的坐标已知，其精度通过加工过程或精确校准保证，为已知量值。

(2) *外部方位装置的识别*　图 9-15 所示外部方位装置的识别包含两个步骤：环形标记点的识别和特征点的识别。

1) 环形标记点的识别：由于环形标记点的特殊形式及大小设计，在整个测量空间内确保不会出现多义性（对于极少出现的多义性问题可以采用算法予以验证剔除）。首先进行区域检测，当特征像点像素个数（面积）大于设定阈值时，可将其作为候选环形标记点，再利用边缘检测和椭圆拟合测试等精细图像处理算法实现精确识别。

区域检测算法用于检测识别特征点（包含此处的环形标记点），边缘搜索可采用递推填充算法（Recursive Fill Algorithm），搜索过程如图 9-16 所示，框内为像素点灰度值，预先设置某一像素灰度阈值（如 20），框外数字为搜索顺序。搜索过程从最亮点开始，首先向右搜索，搜索到边缘后按逆时针搜索方向搜索。搜索算法采用试探性搜索策略，在像面某一行搜索直至像素灰度值小于设定的灰度阈值，原路返回并进入要搜索的下一行搜索，直至全部结束。对一幅图像搜索完毕后进行特征像点区域大小判断，得到环形标记候选成像点。

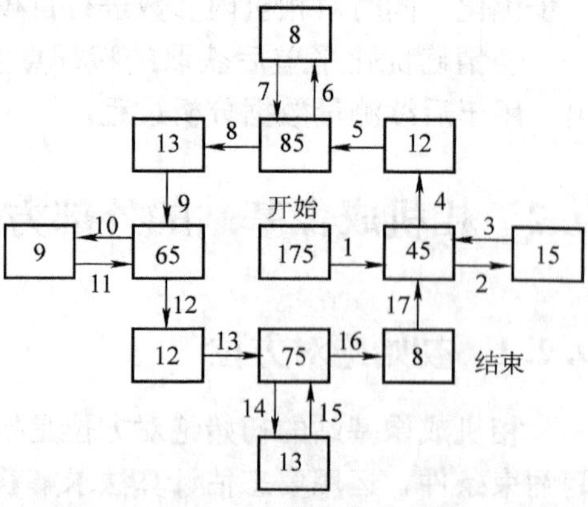

图 9-16　区域检测特征像点的边缘搜索方法

由于受到阳光、灯光、反射光等环境光的影响，不能确保环形标记候选成像点即为真实的环形标记成像点，需要进一步验证。如图 9-17 所示，由于环形标记点尺寸明显大于普通反射特征点，按行扫描时其灰度梯度变化较慢，且具有双边缘（外环边缘和内环边缘），对环形标记点的进一步验证首先按上述特性搜索并判断内外边缘的存在与否。

图 9-17　环形识别点边缘特性

一旦获得内外边缘，通过椭圆拟合检验方法对环形标记点进行最终验证。椭圆拟合方法通常采用如下参数方程：

$$\begin{aligned}&\left(\frac{\cos\theta}{a^2}+\frac{\sin\theta}{b^2}\right)(x-x_0)^2+\left(\frac{\sin\theta}{a^2}+\frac{\cos\theta}{b^2}\right)(y-y_0)^2+\\&\left(\frac{1}{a^2}-\frac{1}{b^2}\right)\sin2\theta(x-x_0)(y-y_0)-1=0\end{aligned} \tag{9-1}$$

式中参数如图 9-18 所示。

椭圆拟合过程是给定 n 个边缘像素的图像观测值 (x_i, y_i)，利用非线性最小二乘拟合方法求解最佳椭圆拟合参数及边缘像素的残差。

最小二乘拟合公式为

$$\boldsymbol{Av}+\boldsymbol{B\Delta}=\boldsymbol{f} \tag{9-2}$$

式中，$\boldsymbol{v}$ 为残差；$\boldsymbol{\Delta}$ 为参数。

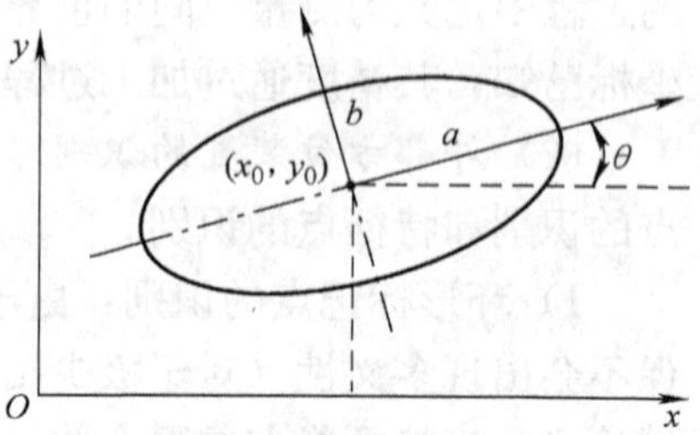

图 9-18　椭圆参数

对于每一个边缘像素点可以得到观测值方程：

$$\begin{aligned}F_i(x_i,y_i)=&\left(\frac{\cos\theta}{a^2}+\frac{\sin\theta}{b^2}\right)(x_i-x_0)^2+\left(\frac{\sin\theta}{a^2}+\frac{\cos\theta}{b^2}\right)(y_i-y_0)^2+\\&\left(\frac{1}{a^2}-\frac{1}{b^2}\right)\sin2\theta(x_i-x_0)(y_i-y_0)-1\end{aligned} \tag{9-3}$$

则

$$f_i=F_i(\boldsymbol{x}^0) \tag{9-4}$$

而矩阵 **A**、**B** 分别为

$$\boldsymbol{A}=\begin{bmatrix} \frac{\partial F_1}{\partial x_1} \frac{\partial F_1}{\partial y_1} & & & \\ & \frac{\partial F_2}{\partial x_2} \frac{\partial F_2}{\partial y_2} & & \\ & & \ddots & \\ & & & \frac{\partial F_n}{\partial x_n} \frac{\partial F_n}{\partial y_n} \end{bmatrix} \tag{9-5}$$

$$\boldsymbol{B}=\begin{bmatrix} \frac{\partial F_1}{\partial a} & \frac{\partial F_1}{\partial b} & \frac{\partial F_1}{\partial \theta} & \frac{\partial F_1}{\partial x_0} & \frac{\partial F_1}{\partial y_0} \\ \frac{\partial F_2}{\partial a} & \frac{\partial F_2}{\partial b} & \frac{\partial F_2}{\partial \theta} & \frac{\partial F_2}{\partial x_0} & \frac{\partial F_2}{\partial y_0} \\ \vdots & \vdots & \vdots & \vdots & \vdots \\ \frac{\partial F_n}{\partial a} & \frac{\partial F_n}{\partial b} & \frac{\partial F_n}{\partial \theta} & \frac{\partial F_n}{\partial x_0} & \frac{\partial F_n}{\partial y_0} \end{bmatrix} \tag{9-6}$$

可得

$$\boldsymbol{\Delta}=\boldsymbol{B}^{\mathrm{T}}\ (\boldsymbol{AA}^{\mathrm{T}})^{-1}\boldsymbol{BB}^{\mathrm{T}}\ (\boldsymbol{AA}^{\mathrm{T}})^{-1}\boldsymbol{f} \tag{9-7}$$

$$\boldsymbol{x}=\boldsymbol{x}^0+\boldsymbol{\Delta} \tag{9-8}$$

$$\boldsymbol{v}=A^{\mathrm{T}}(-\boldsymbol{B\Delta}+\boldsymbol{f}) \tag{9-9}$$

$$\sigma_0=\sqrt{\frac{\boldsymbol{v}^{\mathrm{T}}\boldsymbol{v}}{n-5}} \tag{9-10}$$

环形标记点内外边缘的判断基于椭圆拟合的结果实现，需要判断椭圆长短轴的比值，必须低于给定的阈值（避免成像角过大引起的误差）。此外，为了进行图像投影校正以确定外部方位装置特征点，需要精确确定内外环包含的边缘点。根据椭圆拟合参数计算边缘拟合点至拟合椭圆中心的距离，即

$$d_i=\sqrt{v_{x_i}^2+v_{y_i}^2} \tag{9-11}$$

如果 d_i 大于一定阈值，将该点从边缘点中剔除。

通过内外环边缘搜索、椭圆拟合、大小及长短轴比值判断、内外环椭圆中心距离差等一系列判断，可以确定所搜索的特征像点是否为环形标记点。

2）外部方位装置特征点检测：考虑到外部方位装置形式各异，对其特征点的检测与判断应不依赖于特征点的数量及排列形式。外部方位装置成像后的已知量包含 n 个特征点的空间三维坐标值，m 个特征像点的二维图像坐标观测值（且 $m \geqslant n$），以及经椭圆拟合判断得到的环形标记点图像坐标。

外部方位装置特征像点的选取是选择在环形标记像点一定半径范围内的成像特征点，搜索半径的选取依据外部方位装置设计时最远特征点到环形标记点中心的距离与环形标记点半径的比值，以及环形标记点成像尺寸的大小，按比例关系及适当的余量确定。

图 9-19 为外部方位装置正投影的成像，实线为外部方位装置特征像点搜索范围，可以看出，除外部方位装置特征像点外，还包含不属于外部方位装置的 1 号常规特征点。更为普

遍的是，如图 9-20 所示的外部方位装置任意位姿的成像结果，实线同样为外部方位装置特征像点的搜索范围，此时不属于外部方位装置的常规特征点 1、2 号点均被包含在候选点列中。

图 9-19　外部方位装置正投影成像

图 9-20　外部方位装置实际成像

避免或剔除错误点的方法包括外部方位装置设计优化、图像投影校正和后方交会验证。

① 外部方位装置设计优化：对于图 9-19 和图 9-20 所示的在搜索范围内始终包含着错误候选点的情况，可以将外部方位装置设计成安装背板形式，保证其他特征点不会出现在该范围之内，图 9-3b 所示的 Austrilas 外部方位装置即为该形式。

② 图像投影校正：图 9-20 中，由于搜索范围的设定没有考虑任意位姿成像对外部方位装置特征点范围的影响，常规 2 号点也被包含在实线所示的搜索范围内造成误选取。为了避免该情况出现，需对图像进行投影校正，使图像接近于正投影方式，再在设定范围内搜索，减少出错几率。

近似投影校正是利用外部方位参考装置的环形标记点成像椭圆仿射变换实现。如图 9-21 所示，对于像面二维空间上的任一点 P，设其投影校正点为 P'，根据向量几何：

$$|\boldsymbol{v}'|=\sqrt{(\boldsymbol{r}_{\mathrm{a}}\cdot\boldsymbol{v})^2+\left(\frac{a}{b}\boldsymbol{r}_{\mathrm{b}}\cdot\boldsymbol{v}\right)^2} \tag{9-12}$$

式中，$\boldsymbol{v}$ 和 $\boldsymbol{v}'$ 分别为椭圆中心到点 P 和其校正点 P' 的向量；

$$\boldsymbol{r}_{\mathrm{a}}=\begin{pmatrix}\cos\theta\\ \sin\theta\end{pmatrix},\ \boldsymbol{r}_{\mathrm{b}}=\begin{pmatrix}-\sin\theta\\ \cos\theta\end{pmatrix}$$

图 9-21 中，实线椭圆为环形标记点实际成像，虚线圆为环形标记点正投影变换之后的位置，实际成像中的任一特征点 P 经图像校正后在正投影中的位置为 P' 点。如果 P 点处于搜索范围之内，且转换之后 P' 点也处于搜索范围之内，则该点确定为外部方位装置候选特征点（如图 9-20 中虚线椭圆之内的外部方位装置特征点和 1 号常规特征点）；如果 P' 点处于搜索范围之外，则该点被剔除（如图 9-20 中的 2 号点）。

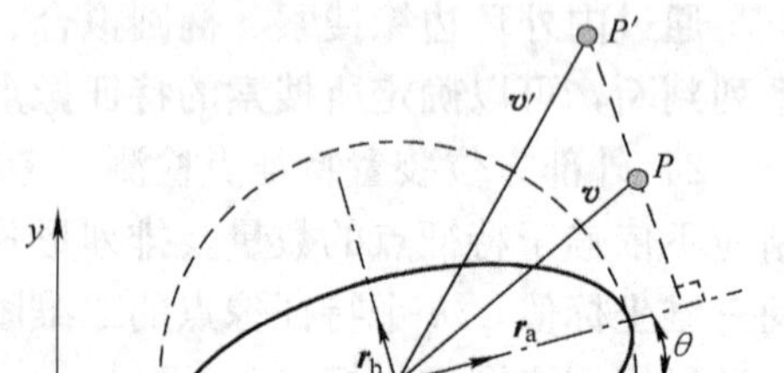

图 9-21　环形标记点椭圆至圆的仿射变换

图像投影校正的物理意义是正投影中的圆形搜索范围对应实际成像中的椭圆（图 9-20 中虚线）选

择范围，能够有效剔除任意成像位姿中对应正投影（图 9-19 中）在搜索范围之外的特征点。

③ 外部方位装置特征点验证：对于 GSI 类型的外部方位装置，包含在搜索范围内的常规特征点无法剔除（如图 9-19 和图 9-20 中 1 号点），只能在初始绝对方位求解过程中进行验证剔除。

如图 9-22 所示，根据各点与环形标记点的相对位置关系，存在一个多余点时，可能的外部方位装置候选点组合有 3 种可能：（EO1，EO2，EO3，EO4，EO5）、（EO1，EO2，EO3，EO4，1）和（EO1，EO2，EO3，1，EO5），存在多个多余点时，组合数量将按级数增加。对于每种可能存在的组合，利用姿态估计绝对定位算法（下文中将提到）进行求解，根据残余误差大小判断正确的外部方位装置特征点并进一步判断是否外部方位装置。

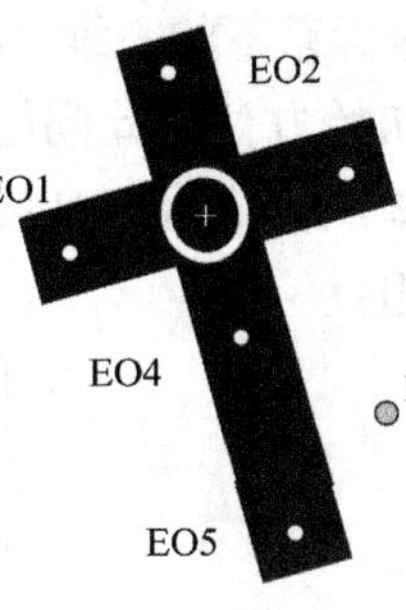

图 9-22　外部方位参考装置候选点组合

2. 初始绝对定向求解算法

初始绝对定向求解算法是基于视觉测量共角约束空间姿态估计算法完成的。如图 9-23 所示，利用空间多于 3 个相互之间空间距离（或坐标）已知的特征点和相应成像点之间的关系，可以确定相机坐标系相对于外部方位装置坐标系（世界坐标系）的方位关系。

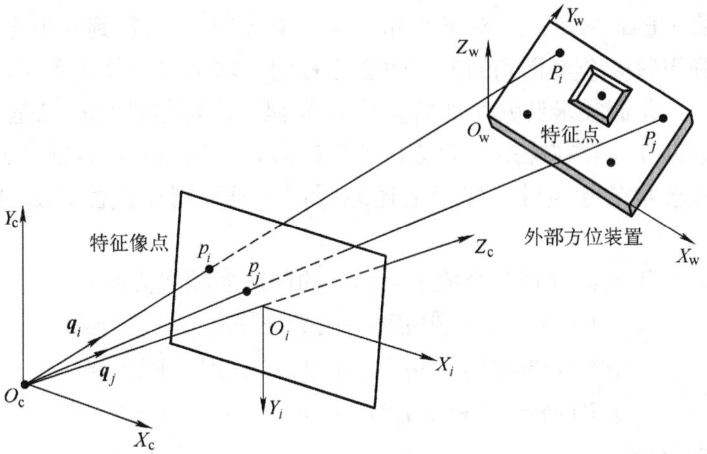

图 9-23　相机初始绝对定向原理图

假设 P_i 是外部方位装置上第 i 个特征点，像点为 p_i。$\boldsymbol{q}_i$ 是从相机原点出发指向像点 p_i 的单位向量，与三维点 P_i 处于相同方向，若已知比例因子 r_i，可以通过像点 p_i 求得空间点 P_i 在相机坐标系下的三维坐标：

$$\boldsymbol{P}_i = r_i \boldsymbol{q}_i \tag{9-13}$$

外部方位装置上的特征点在自身坐标系（世界坐标系）中的坐标预先校准并精确已知，可以确定特征点之间的空间距离 d_{ij}

$$\begin{aligned} d_{ij}^2 &= \| \boldsymbol{P}_i - \boldsymbol{P}_j \| = \| r_i \boldsymbol{q}_i - r_j \boldsymbol{q}_j \|^2 = (r_i \boldsymbol{q}_i - r_j \boldsymbol{q}_j) \cdot (r_i \boldsymbol{q}_i - r_j \boldsymbol{q}_j) \\ &= r_i^2 - 2 r_i r_j (\boldsymbol{q}_i \boldsymbol{q}_j) + r_j^2 = r_i^2 - 2 r_i r_j \cos\theta_{ij} + r_j^2 \end{aligned} \tag{9-14}$$

式(9-14) 可改写为

$$f(r_i,r_j)=r_i^2+r_j^2-2r_ir_j\cos\theta_{ij}-d_{ij}^2=0 \tag{9-15}$$

对于空间 n 个特征点，可以得到 n 个未知数的 $n(n-1)/2$ 维二次方程组，其中，d_{ij}^2 是已知量，由外部方位装置上特征点的三维坐标确定；θ_{ij} 是已知量，由特征点图像坐标 p_i、p_j 及相机有效焦距 c 确定。通过求解方程组可以得到未知比例系数 r_i，进而能够确定空间特征点 P_i 在相机坐标系下的三维坐标。利用求解得到的多点三维坐标，可以确定相机相对于外部方位装置的初始方位。此问题为典型的投影 n 点姿态估计问题（PnP 问题），求解算法如下。

（1）*三点算法（P3P 问题）及初值确定*　对于空间 3 点，由式(9-15) 得到 3 个方程组成的方程组：

$$\begin{cases}f(r_1,r_2)=r_1^2+r_2^2-2r_1r_2\cos\theta_{12}-d_{12}^2=0\\ f(r_1,r_3)=r_1^2+r_3^2-2r_1r_3\cos\theta_{13}-d_{13}^2=0\\ f(r_2,r_3)=r_2^2+r_3^2-2r_2r_3\cos\theta_{23}-d_{23}^2=0\end{cases} \tag{9-16}$$

用 r_1 替代 r_2、r_3，并设 $r=r_1{}^2$，可以得到四次多项式方程：

$$g(r)=a_5r^4+a_4r^3+a_3r^2+a_2r+a_1=0 \tag{9-17}$$

方程最多有 4 个解，为了得到唯一解，还必须加入其他限制条件。已经证明在一般场合 3 点问题只有两种解，为了获得唯一解，需要增加多于一个的特征点，由此形成了 4 点、5 点以至 n 点的姿态估计算法。为了加快求解速度，通常应用线性求解算法确定可能解的迭代初值，为后续非线性迭代过程做准备。

（2）*四点算法（P4P 问题）*　对于空间 4 点，由式(9-15) 得到 6 个方程组成的方程组。求解方法之一是利用每 3 个点得到的方程建立方程组，求解并寻找 4 个点的公共解。这种方法存在如下缺陷：一是必须求解几个四阶多项式方程，运算量较大；二是必须找到公共解，由于实际得到的数据往往存在噪声，无法得到精确解，导致结果不存在公共解；三是数据的冗余没有增强系统求解的稳定性。鉴于上述原因，一般采用非线性方法对超定方程组进行求解。

用 r_1 替代 r_2、r_3 和 r_4，得到 3 个关于 $r=r_1{}^2$ 的四次多项式方程：

$$\begin{cases}g^{(1)}(r)=a_5^{(1)}r^4+a_4^{(1)}r^3+a_3^{(1)}r^2+a_2^{(1)}r+a_1^{(1)}=0\\ g^{(2)}(r)=a_5^{(2)}r^4+a_4^{(2)}r^3+a_3^{(2)}r^2+a_2^{(2)}r+a_1^{(2)}=0\\ g^{(3)}(r)=a_5^{(3)}r^4+a_4^{(3)}r^3+a_3^{(3)}r^2+a_2^{(3)}r+a_1^{(3)}=0\end{cases} \tag{9-18}$$

用矩阵形式表示为

$$\begin{pmatrix}a_1^{(1)} & a_2^{(1)} & a_3^{(1)} & a_4^{(1)} & a_5^{(1)}\\ a_1^{(2)} & a_2^{(2)} & a_3^{(2)} & a_4^{(2)} & a_5^{(2)}\\ a_1^{(3)} & a_2^{(3)} & a_3^{(3)} & a_4^{(3)} & a_5^{(3)}\end{pmatrix}\begin{pmatrix}1\\ r\\ r^2\\ r^3\\ r^4\end{pmatrix}=\boldsymbol{A}_{3\times5}\boldsymbol{t}_5=0 \tag{9-19}$$

通过奇异值分解可以得到 $\boldsymbol{t}_5$，r 可取 t_1/t_0、t_2/t_1、t_3/t_2 或 t_4/t_3 中的任意一个值。由于 r_1 始终为正，故 $r_1=r^{1/2}$，r_2、r_3、r_4 可由 r_1 唯一确定。

虽然 P4P 问题有可能得到唯一解，但 Fischler 和 Bolles 证明：在几种特殊情况下存在多解的可能性，即当空间参考点与相机的投影中心位于一个特殊的二次空间曲面（以下简称为临界面）上时，有可能存在多解。主要表现为：① 所有的空间参考点都在无穷远处时，无法估计相机的位置；② 投影中心与4个空间特征点中的任意3个共面；③ 存在一条空间直线和与此直线正交的一个平面，在这个平面中的一个圆与这条直线相交，对于这种情况，当相机在空间点的正上方时，对于任意3个点或一个矩形上的4个共面点，都有可能会出现多解的情况，得不到唯一解。

(3) *5点及多点算法*（PnP 问题，$n\geqslant 5$） 鉴于上述分析，为了避免多解，并简化方程的求解过程，相机初始绝对定位问题多采用5点算法。对于外部方位装置、编码特征点或空间控制点中的空间三维坐标精确已知的5个特征点（可以多于5个，此处以5个为例），可以得到10个关于$r_1\sim r_5$的方程，用r_1替代r_2、r_3、r_4和r_5，可以得到6个关于$r=r_1{}^2$的四次多项式。这些方程可以用矩阵形式表示为

$$\begin{pmatrix} a_1^{(1)} & a_2^{(1)} & a_3^{(1)} & a_4^{(1)} & a_5^{(1)} \\ a_1^{(2)} & a_2^{(2)} & a_3^{(2)} & a_4^{(2)} & a_5^{(2)} \\ a_1^{(3)} & a_2^{(3)} & a_3^{(3)} & a_4^{(3)} & a_5^{(3)} \\ a_1^{(4)} & a_2^{(4)} & a_3^{(4)} & a_4^{(4)} & a_5^{(4)} \\ a_1^{(5)} & a_2^{(5)} & a_3^{(5)} & a_4^{(5)} & a_5^{(5)} \\ a_1^{(6)} & a_2^{(6)} & a_3^{(6)} & a_4^{(6)} & a_5^{(6)} \end{pmatrix} \begin{pmatrix} 1 \\ r \\ r^2 \\ r^3 \\ r^4 \end{pmatrix} = \boldsymbol{A}_{6\times 5}\boldsymbol{t}_5 = 0 \tag{9-20}$$

用奇异值分解法求解$\boldsymbol{A}_{6\times 5}$，可以得到$\boldsymbol{A}_{6\times 5}=\boldsymbol{U}_{6\times 6}\boldsymbol{\Sigma}_{6\times 5}\boldsymbol{V}_{5\times 5}^{\mathrm{T}}$，$\boldsymbol{t}_5$是$\boldsymbol{A}_{6\times 5}$的最小特征值对应的单位特征向量，即$\boldsymbol{V}_{5\times 5}$的最后一个单位特征向量$\boldsymbol{V}_5$，$r$为$t_1/t_0$、$t_2/t_1$、$t_3/t_2$或$t_4/t_3$。由于$r_1$始终为正，故$r_1=r^{1/2}$，$r_2$、$r_3$、$r_4$、$r_5$可以由$r_1$唯一确定。最后可由比例因子$r_i$确定相机的绝对方位。当空间参考点多于5个，即当$n\geqslant 5$时，只要空间点与相机的投影中心不在临界面上，均可以用此算法求解相机的初始绝对方位。

9.2.2 相机成像基站的相对方位

利用外部方位装置确定的相机成像基站初始绝对方位（图9-24中相机成像基站相对于世界坐标系的方位关系）用于后续的空间特征点三维坐标优化平差求解，但外部方位装置在一次测量过程中只能放置在唯一确定的位置，且参与求解的相机成像基站必须包含外部方位装置，测量空间范围受到很大限制。

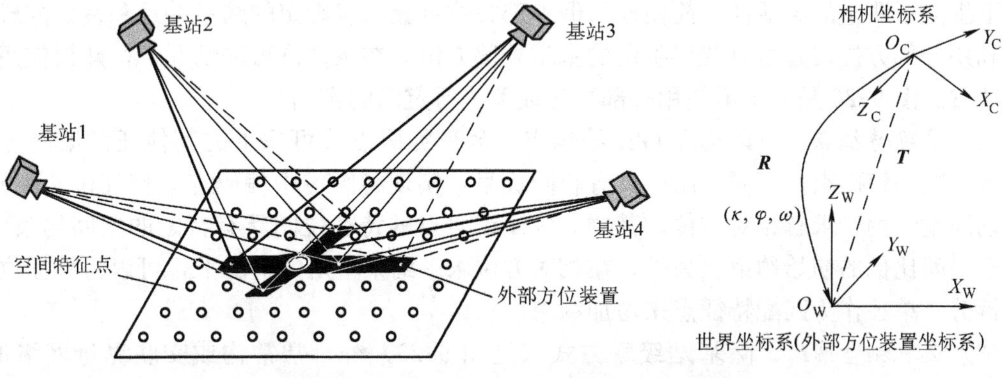

图9-24 基于外部方位装置的绝对方位确定及其坐标系转换关系

为了克服单纯依赖外部方位装置进行相机外部方位定向的缺陷，扩展测量范围和测量灵活性，逐步发展和完善了基于外部方位装置和编码特征点的组合定向方式，以及单纯使用编

码特征点的定向方式。与基于外部方位参考装置实现的绝对定向方式不同，基于编码特征点的定向方式确定的是相机各成像基站之间的相对方位，如图 9-25 所示。

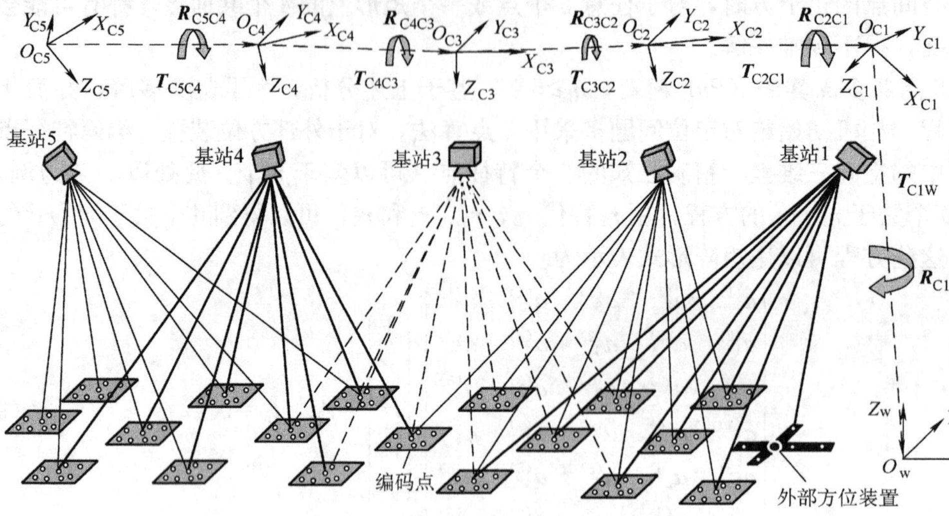

图 9-25　相机成像基站相对方位

相机成像基站 1 同时对外部方位装置和编码特征点成像，通过前述姿态估计算法确定基站 1 相对于世界坐标系（外部方位装置坐标系）的绝对方位（$\boldsymbol{T}_{C1W}$，$\boldsymbol{R}_{C1W}$），基站 1 与基站 2 同时对编码特征点成像，利用匹配编码特征点（两基站均可见的公共编码特征点）和共面外极线约束求解方法确定基站 2 相对于基站 1 的方位（$\boldsymbol{T}_{C2C1}$，$\boldsymbol{R}_{C2C1}$），以此类推，建立所有基站的相对方位转换链，将所有基站统一到世界坐标系下。

可以看出：利用具有确定对应关系的编码特征点和部分重叠成像，通过求解各基站的相对方位，建立所有基站方位的转换链，可以确定无限延伸的空间内各基站的外部方位，大大扩展数字视觉精密测量系统的测量范围。

在相机成像基站外部方位确定过程中，需要考虑几种特殊情况：

（1）可以不进行初始绝对定向　可以只通过相对定向来确定基站外部方位，在特殊测量条件下提高了测量的灵活性和简便性。但外部方位装置具有确定的约束关系和良好的成像条件，利用外部方位装置可以获得稳定的基站外部方位，在条件许可的情况下，建议使用外部方位装置。图 9-26 是一个不使用外部方位装置进行定向的实例。

（2）编码特征点　可以选择 GSI 编码点、环形编码点或可识别的其他任意编码方式的编码点，同一编码点在不同基站中具有相同标号，实现各图像中编码点（特征位及编码位）的自动匹配，用于求解相对方位。其中，GSI 编码点的特征位间具有特定的空间约束关系，可用于空间比例的初始约束。另外，在相对方位求解约束不足的情况下，可以将特征位和编码位拆分，单独作为匹配特征点来增加约束。

（3）交联测量网络　除基站级联方式（见图 9-25）外，常常构成交联测量网络形式。为保证空间特征点三维坐标的测量稳定性和测量精度，同一空间点的成像射线至少应为 4 条，同一测量区域基站数应保证大于 4 个，构成交联测量网络。此时基站相对方位的求解目标变成多基站间的相对方位，常采用外极线约束三张量（外极线约束的扩展）方法求解。

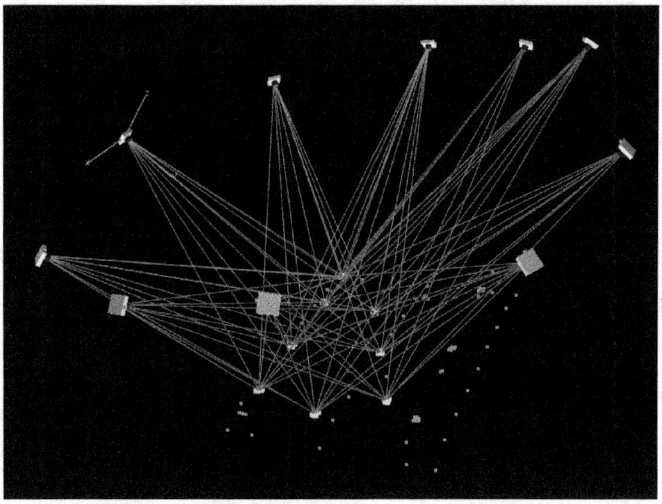

图 9-26　不使用外部方位参考装置的方位确定

1. 外极线几何与基础矩阵

外极线几何描述了三维特征点与两相机中对应成像点之间的几何关系，三点位于两相机原点与空间特征点构成的平面上（即计算机视觉中的共面条件），是视觉测量中常用的 3 个重要约束之一。

如图 9-27 所示，空间中一点 M 和两相机像面上对应像点 m 和 m'，与两相机的原点 O_c 和 O_c' 位于同一平面上，构成共面约束。以 O_c 为端点通过空间点 M 的射线在第二像平面上的投影为以 e' 为端点通过像点 m' 的射线，同理，在第一像面中存在类似的射线 em。它们分别是平面 O_cMO_c' 与两像面的交线，称为图像点在对应图像面内的外极线，e 和 e' 点称为外极点。共面约束转化为外极线约束形式描述，可用于双相机相互方位确定、立体视觉空间特征点坐标确定以及特征点匹配等。

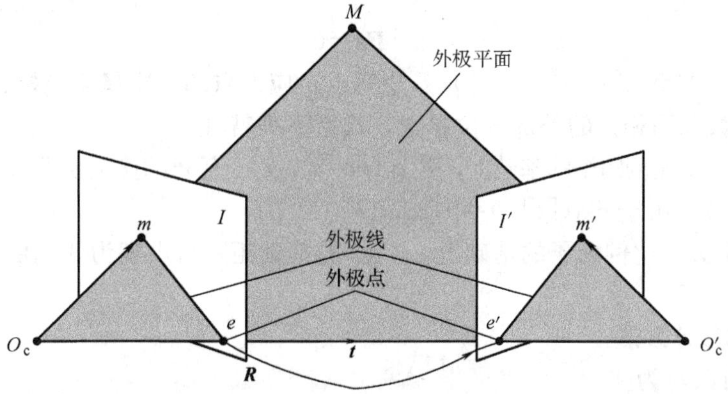

图 9-27　外极线几何原理

当相机内参数已知时，外极线几何由本质矩阵描述。一幅图像中的一个特征像点，在另一幅图像上的对应点处于该点对应的外极线上。由于 $\boldsymbol{m}' \perp \boldsymbol{t} \times \boldsymbol{m}'$，即 $0=\boldsymbol{m}'^{\mathrm{T}}\boldsymbol{t}\times\boldsymbol{m}'=\boldsymbol{m}'^{\mathrm{T}}\boldsymbol{t}\times(\boldsymbol{Rm}+\boldsymbol{t})=\boldsymbol{m}'^{\mathrm{T}}\boldsymbol{t}\times(\boldsymbol{Rm})$，简化为 $\boldsymbol{m}'^{\mathrm{T}}\boldsymbol{t}\times(\boldsymbol{Rm})=0$，对于形如 $\boldsymbol{a}\times\boldsymbol{b}$ 的叉积形式可以写为 $\boldsymbol{a}\times$

$\boldsymbol{b}=(\boldsymbol{a})_{\times}\boldsymbol{b}$，此处，$(\boldsymbol{a})_{\times}=\begin{pmatrix}x\\y\\z\end{pmatrix}_{\times}=\begin{pmatrix}0&-z&y\\z&0&-x\\-y&x&0\end{pmatrix}$，因此 $\boldsymbol{m}'^{\mathrm{T}}\boldsymbol{t}\times(\boldsymbol{R}\boldsymbol{m})=0$ 可改写为 $\boldsymbol{m}'^{\mathrm{T}}[\boldsymbol{t}]_{\times}\boldsymbol{R}\boldsymbol{m}=0$，式中，$[\boldsymbol{t}]_{\times}\boldsymbol{R}=\boldsymbol{E}$ 称为本质矩阵。

数学描述如下：

$$\boldsymbol{x}'^{\mathrm{T}}\boldsymbol{E}\boldsymbol{x}=0 \tag{9-21}$$

式中，$\boldsymbol{x}(x, y, c)^{\mathrm{T}}$和$\boldsymbol{x}'(x', y', c')^{\mathrm{T}}$分别为空间特征点在两幅图像中对应像点在相机坐标系下的坐标；$\boldsymbol{E}$ 是表征两相机外部方位参数的本质矩阵，可表示为

$$\boldsymbol{E}=\boldsymbol{t}\times\boldsymbol{R}=[\boldsymbol{t}]_{\times}\boldsymbol{R}=\begin{bmatrix}0&-t_z&t_y\\t_z&0&-t_x\\-t_y&t_x&0\end{bmatrix}\boldsymbol{R} \tag{9-22}$$

式中，$\boldsymbol{R}$ 和 $\boldsymbol{t}$ 为第二基站坐标系到第一基站坐标系的旋转矩阵和平移矢量；$[\boldsymbol{t}]_{\times}$ 为由 $\boldsymbol{t}$ 确定的反对称矩阵。

当相机的内参数经过精确校准时，本质矩阵可以通过一系列三维点及对应像点求出，根据外极线约束对本质矩阵分解，可以得到旋转矩阵 $\boldsymbol{R}$ 和平移矢量 $\boldsymbol{t}$。

当相机内参数未知时，采用基础矩阵来表示外极线约束。相机内参数矩阵为

$$\boldsymbol{A}=\begin{bmatrix}-ck_{\mathrm{u}}&ck_{\mathrm{u}}\cot\theta&u_0\\0&-\dfrac{ck_{\mathrm{v}}}{\sin\theta}&v_0\\0&0&1\end{bmatrix},\ \boldsymbol{A}'=\begin{bmatrix}-c'k'_{\mathrm{u}}&c'k'_{\mathrm{u}}\cot\theta'&u'_0\\0&-\dfrac{c'k'_{\mathrm{v}}}{\sin\theta'}&v'_0\\0&0&1\end{bmatrix} \tag{9-23}$$

式中，c 为有效焦距；k_{u}和 k_{v}为像元的水平尺寸和垂直尺寸；θ 为两图像坐标轴之间的夹角，反映像元水平和垂直排列的非正交性，通常非常接近 $\pi/2$；(u_0, v_0) 为相机原点坐标。

根据透视投影方程，外极线约束表示为

$$\boldsymbol{u}'^{\mathrm{T}}\boldsymbol{A}'^{-\mathrm{T}}\boldsymbol{E}\boldsymbol{A}^{-1}\boldsymbol{u}=0 \tag{9-24}$$

设 $\boldsymbol{F}=\boldsymbol{A}'^{-\mathrm{T}}\boldsymbol{E}\boldsymbol{A}^{-1}$，则

$$\boldsymbol{u}'^{\mathrm{T}}\boldsymbol{F}\boldsymbol{u}=0 \tag{9-25}$$

式中，$\boldsymbol{u}=(u, v, 1)^{\mathrm{T}}$和$\boldsymbol{u}'=(u', v', 1)^{\mathrm{T}}$是空间点对应像点的齐次像素坐标；$\boldsymbol{F}$ 为基础矩阵，包含相机的内参数和两相机的外部方位参数，具有下列特性：

1）$\boldsymbol{F}$ 定义在一个比例因子的基础上，若 $\boldsymbol{u}'^{\mathrm{T}}\boldsymbol{F}\boldsymbol{u}=0$，对于任意的比例因子 s，有 $\boldsymbol{u}'^{\mathrm{T}}(s\boldsymbol{F})\boldsymbol{u}=0$。

2）$\boldsymbol{F}$ 的秩为 2，由于 $\det([\boldsymbol{t}]_{\times})=0$，$\det(\boldsymbol{F})=0$。

3）由于 $\boldsymbol{F}$ 定义在比例因子的基础上，3×3 的基础矩阵自由度为 8，由于 $\boldsymbol{F}$ 满足 $\det(\boldsymbol{F})=0$，$\boldsymbol{F}$ 的自由度为 7。

2. 基础矩阵估计方法

式(9-25) 可改写为

$$(u'_iu_i, v_iu'_i, u'_i, u_iv'_i, v_iv'_i, v'_i, u_i, v_i, 1)\boldsymbol{f}=0 \tag{9-26}$$

式中，$\boldsymbol{f}=(F_{11}, F_{12}, F_{13}, F_{21}, F_{22}, F_{23}, F_{31}, F_{32}, F_{33})^{\mathrm{T}}$为基础矩阵 $\boldsymbol{F}$ 的 9 个未知参数。

已知 n 个对应点 $\boldsymbol{u}_i\leftrightarrow\boldsymbol{u}'_i$，由式(9-26) 得到 n 个方程的线性方程组：

$$\boldsymbol{A}\boldsymbol{f}=0 \tag{9-27}$$

式中，

$$A=\begin{bmatrix} u_1'u_1 & v_1u_1' & u_1' & u_1v_1' & v_1v_1' & v_1' & u_1 & v_1 & 1 \\ \vdots & \vdots & \vdots & \vdots & \vdots & \vdots & \vdots & \vdots & \vdots \\ u_n'u_n & v_nu_n' & u_n' & u_nv_n' & v_nv_n' & v_n' & u_n & v_n & 1 \end{bmatrix}$$

由于 $\boldsymbol{f}=0$ 没有实际意义，要求 $\|\boldsymbol{f}\|=1$。忽略 $\boldsymbol{F}$ 秩为 2 的约束，求解方程组的唯一解至少需要 8 个点。

由于实际图像观测值中存在误差，必然存在误差矩阵 $\boldsymbol{D}\neq 0$，使

$$\boldsymbol{Af}=(\boldsymbol{A}_0+\boldsymbol{D})\boldsymbol{f}=\boldsymbol{A}_0\boldsymbol{f}+\boldsymbol{Df}=\boldsymbol{Df}\neq 0 \tag{9-28}$$

基础矩阵的求解问题转化成最小化误差优化问题。

基础矩阵估计的关键问题是：选择最小化误差函数和对基础矩阵加入约束的参数化方法及估计方法。基础矩阵的估计存在线性化方法、非线性化方法和鲁棒方法等多种处理方法。

(1) *线性算法*　基础矩阵 $\boldsymbol{F}$ 是定义在一个比例因子基础上的正交矩阵，有 7 个自由度，求解至少需要 7 个匹配点。利用 7 点求解时可能存在 3 个解，典型的线性算法为 8 点算法。给定 8 个或以上的匹配点，利用式(9-27) 确定解向量 $\boldsymbol{f}$，即求解 $\min_f\|\boldsymbol{Af}\|^2$。由于平凡解 $\boldsymbol{f}=0$ 没有实际意义，在最小化求解过程中需要加入某些约束避免平凡解的出现，常用的方法是线性最小二乘法和奇异值分解法。

1) 线性最小二乘法：对基础矩阵加入约束的一种方法是令 $\boldsymbol{F}$ 中的一个元素为 1，利用线性最小二乘法求解。不妨令向量 $\boldsymbol{f}$ 的最后一个元素 $f_9=F_{33}=1$，即 $\boldsymbol{f}'=(f_1, f_2, \cdots, f_8, 1)$，求解方程为

$$\min_f\|\boldsymbol{Af}\|^2=\min_f\|\boldsymbol{A}'\boldsymbol{f}'-\boldsymbol{A}_9\|^2=\min_f(\boldsymbol{f}'^{\mathrm{T}}\boldsymbol{A}'^{\mathrm{T}}\boldsymbol{A}'\boldsymbol{f}'-2\boldsymbol{A}_9^{\mathrm{T}}\boldsymbol{A}'\boldsymbol{f}'+\boldsymbol{A}_9^{\mathrm{T}}\boldsymbol{A}_9) \tag{9-29}$$

式中，$\boldsymbol{A}'$为 $\boldsymbol{A}$ 中前 8 列构成的 $n\times 8$ 矩阵；$\boldsymbol{A}_9$ 为 $\boldsymbol{A}$ 的第 9 列（n 维单位向量）。方程满足一阶导数为零：

$$\frac{\partial\|\boldsymbol{Af}\|^2}{\partial\boldsymbol{f}'}=0 \tag{9-30}$$

由向量导数的定义，对于任意的向量 $\boldsymbol{a}$，有

$$\partial(\boldsymbol{a}^{\mathrm{T}}\boldsymbol{x})/\partial\boldsymbol{x}=\boldsymbol{a}$$

则有

$$2\boldsymbol{A}'^{\mathrm{T}}\boldsymbol{A}'\boldsymbol{f}'-2\boldsymbol{A}'^{\mathrm{T}}\boldsymbol{A}_9=0 \tag{9-31}$$

仅当基础矩阵中置为 1 的项（f_9）的真解不为零且相对其他元素不是非常小时，才能获得良好解。实际求解过程中为保证获得良好解，一般将 $\boldsymbol{F}$ 矩阵的 9 个元素分别置 1 进行求解，最后保留最好的解。

2) 奇异值分解法：对基础矩阵加入约束的另一种方法是加入 $\|\boldsymbol{f}\|^2=\boldsymbol{f}^{\mathrm{T}}\boldsymbol{f}=1$ 约束，进行最优化求解：

$$\min_f\|\boldsymbol{Af}\|^2 \quad 对应 \quad \|\boldsymbol{f}\|^2=\boldsymbol{f}^{\mathrm{T}}\boldsymbol{f}=1 \tag{9-32}$$

可通过拉格朗日乘子转换成无约束最优化问题：

$$\frac{\partial\|\boldsymbol{Af}\|^2}{\partial\boldsymbol{f}}-\lambda\frac{\partial\|\boldsymbol{f}\|^2}{\partial\boldsymbol{f}}=0 \quad 且 \quad \|\boldsymbol{f}\|^2=1 \tag{9-33}$$

式中，λ 为拉格朗日乘子。

将 $\|\boldsymbol{Af}\|^2=(\boldsymbol{Af})^{\mathrm{T}}\boldsymbol{Af}=\boldsymbol{f}^{\mathrm{T}}\boldsymbol{A}^{\mathrm{T}}\boldsymbol{Af}$ 和 $\|\boldsymbol{f}\|^2=\boldsymbol{f}^{\mathrm{T}}\boldsymbol{f}$ 代入：

$$\frac{\partial\|\boldsymbol{Af}\|^2}{\partial\boldsymbol{f}}-\lambda\frac{\partial\|\boldsymbol{f}\|^2}{\partial\boldsymbol{f}}=\boldsymbol{A}^{\mathrm{T}}\boldsymbol{Af}-\lambda\boldsymbol{f}=0 \tag{9-34}$$

方程转化成求解$\hat{f}$和$\hat{\lambda}$以满足：

$$A^{T}A\hat{f}=\hat{\lambda}\hat{f} \tag{9-35}$$

式中，$\hat{f}$是矩阵$A^{T}A$的特征值$\hat{\lambda}$对应的特征向量。由于矩阵$A^{T}A$是半正定对称矩阵，所有特征值均是大于等于零的实数。$A^{T}A$的9个特征值按降序排列满足：

$$\hat{\lambda}_1 \geqslant \cdots \geqslant \hat{\lambda}_i \geqslant \cdots \geqslant \hat{\lambda}_9 \geqslant 0$$

利用$\|f\|^2=f^{T}f=1$的性质，由式(9-35)可以得到

$$\|A\hat{f}\|^2=\hat{f}^{T}A^{T}A\hat{f}=\hat{\lambda}_i \tag{9-36}$$

式(9-32)极小最优化问题的解是最小特征值λ_9对应的特征向量。

线性算法能够产生解析解，但对噪声非常敏感，原因有两个：一是输入的观测值数据没有归一化；二是没有加入秩为2的约束。

3）图像观测值归一化：由于特征像点像素坐标的变化范围相当大，导致基础矩阵的求解过程十分不稳定，对噪声非常敏感。以分辨率为1316像素×1035像素的相机为例，像点坐标变化达到±400以上，由式(9-26)可以看出：像素坐标乘积项$u_i'u_i$的变化达到800^2，一次项的变化为800，而最后项为1。A中所有项的变化范围为800^2，$A^{T}A$中所有项的变化范围为800^4，即4×10^{11}。如此大的量级导致任何一个微小噪声均能产生很大的影响，产生病态问题，使求解过程相当不稳定，有必要对图像观测值进行归一化处理。

归一化通过对图像观测值序列进行平移和比例缩放实现。将像素坐标系移动到特征像点序列的中心，通过比例缩放使图像观测值在较小的取值范围内，增加算法的稳定性。归一化操作对两幅图像同时进行，这里只考虑第一幅图像的归一化问题，相同的运算过程可应用于第二幅图像。设变换因子矩阵为T，经变换之后的图像观测值为$\tilde{u}_i=Tu_i$，其中T表示为

$$T=\begin{bmatrix}\alpha_1 & 0 & 0\\ 0 & \alpha_2 & 0\\ 0 & 0 & 1\end{bmatrix}\begin{bmatrix}\cos\phi & \sin\phi & 0\\ -\sin\phi & \cos\phi & 0\\ 0 & 0 & 1\end{bmatrix}\begin{bmatrix}1 & 0 & \frac{1}{n}\sum_{i=1}^{n}u_i\\ 0 & 1 & \frac{1}{n}\sum_{i=1}^{n}v_i\\ 0 & 0 & 1\end{bmatrix} \tag{9-37}$$

式(9-37)中，右矩阵将像素坐标系平移到图像观测值序列的中心，中间矩阵实现旋转，左矩阵完成图像观测值的比例缩放（以平移后的像素坐标系为中心）。

图像观测值归一化主要有各向同性和各向异性两种。各向同性归一化是指图像u和v方向采用相同的比例因子，即

$$\alpha_1=\alpha_2=\frac{\sqrt{2}}{\dfrac{\sum_{i=1}^{n}(\Delta u_i^2+\Delta v_i^2)^{1/2}}{n}}=\frac{\sqrt{2}}{d_1} \tag{9-38}$$

式中，$\Delta u_i=u_i-\frac{1}{n}\sum_{i=1}^{n}u_i$，$\Delta v_i=v_i-\frac{1}{n}\sum_{i=1}^{n}v_i$，分别为特征像点到平移后像素坐标系原点的水平距离和垂直距离。归一化后，特征像点到原点的平均距离为$\sqrt{2}$，即“平均”特征像点的齐次坐标向量为$(1,1,1)^{T}$，称为$[\sqrt{2},\sqrt{2}]$归一化。

各向异性归一化是对图像观测值的水平和垂直方向分别采用不同的比例因子。Richard

Hartley 提出的方法是：像素坐标原点平移到图像观测值序列的中心，比例缩放后图像观测值序列的两个主矩均等于 1，使图像观测值序列相对于平移后像素坐标系原点构成近似半径为 1 的对称圆形分布，称为［−1，−1］归一化。

设特征像点坐标为 $\boldsymbol{u}_i=(u_i, v_i, 1)^{\mathrm{T}}(i=1, \cdots, n)$，构成矩阵 $\sum_{i=1}^{n}\boldsymbol{u}_i\boldsymbol{u}_i^{\mathrm{T}}$。该矩阵是对称半正定矩阵，对其进行 Choleski 分解：

$$\sum_{i=1}^{n}\boldsymbol{u}_i\boldsymbol{u}_i^{\mathrm{T}}=n\boldsymbol{K}\boldsymbol{K}^{\mathrm{T}} \tag{9-39}$$

式中，$\boldsymbol{K}$ 为上三角阵矩形。进一步推导，得

$$\sum_{i=1}^{n}\boldsymbol{K}^{-1}\boldsymbol{u}_i\boldsymbol{u}_i^{\mathrm{T}}\boldsymbol{K}^{-\mathrm{T}}=n\boldsymbol{I} \tag{9-40}$$

式中，$\boldsymbol{I}$ 为单位矩阵。设 $\hat{\boldsymbol{u}}_i=\boldsymbol{K}^{-1}\boldsymbol{u}_i$，有

$$\sum_{i=1}^{n}\hat{\boldsymbol{u}}_i\hat{\boldsymbol{u}}_i^{\mathrm{T}}=n\boldsymbol{I} \tag{9-41}$$

归一化后，$\hat{\boldsymbol{u}}_i$ 转化为中心在原点，两个主矩均等于 1 的图像观测值序列。

另一种各向异性归一化方法是由 Boufama 和 Mohr 提出的，选择相互具有最大距离的 4 个点，通过归一化使图像观测值序列处于［−1，1］区间之内。归一化变换因子矩阵 T 为

$$\boldsymbol{T}=\begin{pmatrix}\dfrac{2}{u_{\max}-u_{\min}} & 0 & -\dfrac{2}{u_{\max}-u_{\min}}u_{\min}+1\\ 0 & \dfrac{2}{v_{\max}-v_{\min}} & -\dfrac{2}{v_{\max}-v_{\min}}v_{\min}+1\\ 0 & 0 & 1\end{pmatrix} \tag{9-42}$$

实验证明，各向同性与各向异性归一化的结果差别很小。处理过程归结如下：

① 利用各向同性或各向异性变换因子矩阵 $\boldsymbol{T}$ 和 $\boldsymbol{T}'$ 对图像坐标进行变换：$\tilde{\boldsymbol{u}}_i=\boldsymbol{T}\boldsymbol{u}_i$ 和 $\tilde{\boldsymbol{u}}_i'=\boldsymbol{T}'\boldsymbol{u}_i'$，对特征像点序列进行质心平移和坐标比例缩放。

② 求解对应点 $\tilde{\boldsymbol{u}}_i\leftrightarrow\tilde{\boldsymbol{u}}_i'$ 的基础矩阵 $\tilde{\boldsymbol{F}}$。

③ 恢复基础矩阵 $\boldsymbol{F}=\boldsymbol{T}'^{\mathrm{T}}\tilde{\boldsymbol{F}}\boldsymbol{T}$。

4）秩 2 约束的加入：为了加入秩 2 约束，用秩为 2 的矩阵代替被估计矩阵，设矩阵 $\boldsymbol{F}$ 的奇异值分解为

$$\boldsymbol{F}=\boldsymbol{U}\boldsymbol{D}\boldsymbol{V}^{\mathrm{T}} \tag{9-43}$$

用 $\hat{\boldsymbol{D}}=\mathrm{diag}(\sigma_1, \sigma_2, 0)$ 代替 $\boldsymbol{D}=\mathrm{diag}(\sigma_1, \sigma_2, \sigma_3)$，基础矩阵的降秩近似为

$$\hat{\boldsymbol{F}}=\boldsymbol{U}\hat{\boldsymbol{D}}\boldsymbol{V}^{\mathrm{T}} \tag{9-44}$$

经过对图像坐标归一化和秩 2 约束的加入，线性化算法可以相对稳定和精确地实现对基础矩阵的估计。

（2）非线性算法　由于图像观测值存在误差，基础矩阵的求解变成极小最优化问题，选取合适的优化误差函数是关键因素之一。线性算法的优化函数没有直接的物理意义，求解的精度受到一定影响。提高解算精度的方法是选择某些具有物理意义的几何误差，采用非线性算法求解。选取的优化误差函数主要包括：

1）对称变换误差法：对称变换误差法利用特征像点到对应匹配点的外极线间距离

$[d^2(\boldsymbol{u}_i, \boldsymbol{F}'_{ui})]$ 作为优化函数。为了避免两成像之间的外极几何相互矛盾，通常对两幅图像中的特征像点到对应外极线的距离误差同时最小化（见图 9-28），目标函数为

$$\min_{\boldsymbol{F}} \sum_{i=1}^{n} [d^2(\boldsymbol{u}'_i, \boldsymbol{F}\boldsymbol{u}_i) + d^2(\boldsymbol{u}_i, \boldsymbol{F}^{\mathrm{T}}\boldsymbol{u}'_i)] \tag{9-45}$$

设 $\boldsymbol{l}_i = \boldsymbol{F}^{\mathrm{T}}\boldsymbol{u}'_i = (l_1, l_2, l_3)^{\mathrm{T}}$，$\boldsymbol{l}'_i = \boldsymbol{F}\boldsymbol{u}_i = (l'_1, l'_2, l'_3)^{\mathrm{T}}$ 分别为第一幅和第二幅图像的外极线描述。两幅图像中像点到外极线的距离分别为

$$d(\boldsymbol{u}_i, \boldsymbol{F}^{\mathrm{T}}\boldsymbol{u}'_i) = \frac{\boldsymbol{u}_i \boldsymbol{l}_i}{\sqrt{l_1^2 + l_2^2}} = \frac{\boldsymbol{u}_i^{\mathrm{T}}\boldsymbol{F}^{\mathrm{T}}\boldsymbol{u}'_i}{\sqrt{l_1^2 + l_2^2}}$$

$$d(\boldsymbol{u}'_i, \boldsymbol{F}\boldsymbol{u}_i) = \frac{\boldsymbol{u}'_i \boldsymbol{l}'_i}{\sqrt{l'^2_1 + l'^2_2}} = \frac{\boldsymbol{u}'^{\mathrm{T}}_i\boldsymbol{F}\boldsymbol{u}_i}{\sqrt{l'^2_1 + l'^2_2}}$$

由于 $\boldsymbol{u}_i^{\mathrm{T}}\boldsymbol{F}^{\mathrm{T}}\boldsymbol{u}'_i = \boldsymbol{u}'^{\mathrm{T}}_i\boldsymbol{F}\boldsymbol{u}_i$，则式(9-45) 可改写为

$$\min_{\boldsymbol{F}} \sum_{i=1}^{n} \left(\frac{1}{l_1^2 + l_2^2} + \frac{1}{l'^2_1 + l'^2_2}\right)(\boldsymbol{u}'^{\mathrm{T}}_i\boldsymbol{F}\boldsymbol{u}_i)^2 \tag{9-46}$$

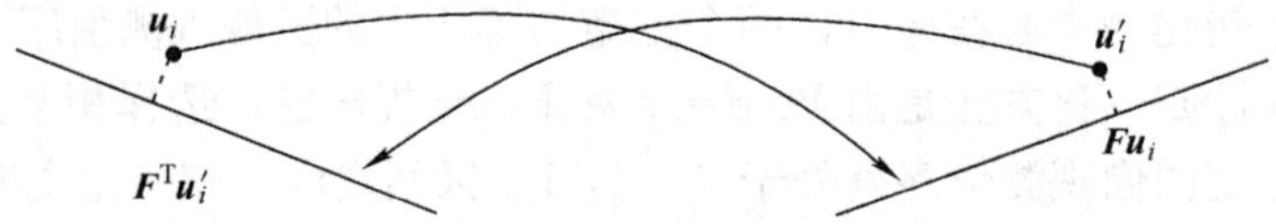

图 9-28　对称变换误差

2）反推投影误差法：反推投影误差法是在满足 $\det(\boldsymbol{F})=0$ 的约束下，寻找满足 $\hat{\boldsymbol{u}}'^{\mathrm{T}}_i\boldsymbol{F}\hat{\boldsymbol{u}}_i = 0$ 的基础矩阵 $\boldsymbol{F}$ 和反推投影点 $\hat{\boldsymbol{u}}_i$ 和 $\hat{\boldsymbol{u}}'_i$，使特征像点观测值与对应反推投影之间的距离平方和最小，如图 9-29 所示，目标函数为

$$\min_{\boldsymbol{F}, \hat{\boldsymbol{u}}_i, \hat{\boldsymbol{u}}'_i} \sum_{i=1}^{n} [d^2(\boldsymbol{u}_i, \hat{\boldsymbol{u}}_i) + d^2(\boldsymbol{u}'_i, \hat{\boldsymbol{u}}'_i)] \tag{9-47}$$

同样，为了保证对称性，最小化在两幅图像中同时完成。

3）梯度法：梯度法利用 J. Weng 等提出的最小化 Weng 距离来构建优化误差函数。在优化 $\min_{\boldsymbol{F}} \sum_{i=1}^{n} (\boldsymbol{u}'^{\mathrm{T}}_i\boldsymbol{F}\boldsymbol{u}_i)^2$ 时，求和项 $e_i = \boldsymbol{u}'^{\mathrm{T}}_i\boldsymbol{F}\boldsymbol{u}_i$ 对应的不同特征像点对具有不同的方差，无法得到基础矩阵的良好估计。采用加权平方和最小的目标函数为

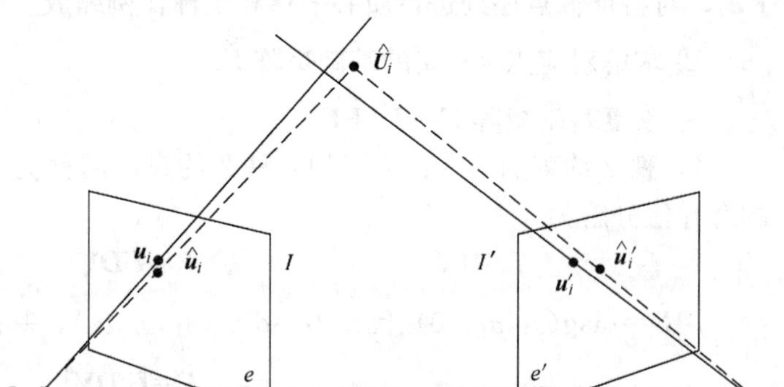

图 9-29　反推投影误差

$$\min_{\boldsymbol{F}} \sum_{i=1}^{n} (e_i^2 / \sigma_{e_i}^2) \tag{9-48}$$

式中，$\sigma_{e_i}^2$ 为 e_i 的方差，是关于特征像点 $\boldsymbol{u}_i$ 和 $\boldsymbol{u}'_i$ 方差的函数：

$$\sigma_{e_i}^2 = \frac{\partial e_i^{\mathrm{T}}}{\partial \boldsymbol{u}_i}\boldsymbol{C}_{\boldsymbol{u}_i}\frac{\partial e_i}{\partial \boldsymbol{u}_i} + \frac{\partial e_i^{\mathrm{T}}}{\partial \boldsymbol{u}'_i}\boldsymbol{C}_{\boldsymbol{u}'_i}\frac{\partial e_i}{\partial \boldsymbol{u}'_i} \tag{9-49}$$

式中，C_{u_i}和$C_{u'_i}$分别为特征像点u_i和u'_i的协方差矩阵，当特征像点的噪声服从独立均匀的高斯分布时，协方差矩阵描述为

$$C_{u_i}=C_{u'_i}=\begin{pmatrix}\sigma^2 & 0\\ 0 & \sigma^2\end{pmatrix}$$

因此有

$$\sigma_{e_i}^2=\sigma^2(l_1^2+l_2^2+l_1'^2+l_2'^2)$$

对式(9-48)的每一项同乘以常数σ^2不会影响最终优化结果，目标函数变为

$$\min_{F}\sum_{i=1}^{n}(u'^{\mathrm{T}}_i F u_i)^2/g_i^2 \tag{9-50}$$

式中，g_i为e_i的梯度，$g_i=(l_1^2+l_2^2+l'^2_1+l'^2_2)^{1/2}$。

梯度法具有理想的特性：在一阶近似下，e_i/σ_{e_i}各项服从方差相同（等于1）的高斯分布。比较式(9-50)和式(9-46)可以看出，两式具有相似的形式，只是罚函数的选取不同。

4）基础矩阵参数化方法：由于基础矩阵为正交矩阵($\det(F)=0$)，为了在基础矩阵估计中加入秩2约束，需要对基础矩阵进行参数化。

① 直接将基础矩阵的一行（或一列）表示成矩阵元素的线性组合：

$$F=\begin{pmatrix} w_1 & w_2 & w_3\\ w_4 & w_5 & w_6\\ w_7w_1+w_8w_4 & w_7w_2+w_8w_5 & w_7w_3+w_8w_6\end{pmatrix} \tag{9-51}$$

② 直接进行外极变换：设两个外极点的像素坐标为$e=(e_1,e_2)$和$e'=(e'_1,e'_2)$，a、b、c、d表示对应外极线的参数。

$$F=\begin{pmatrix} b & a & -ae_2-be_1\\ -d & -c & ce_2+de_1\\ de'_2-be'_1 & ce'_2-ae'_1 & ae_2e'_1+be_1e'_1-ce_2e'_2-de'_2e_1\end{pmatrix} \tag{9-52}$$

由于基础矩阵定义在一个比例因子的基础上，将a、b、c、d这4个参数中的一个用其他3个表示，使基础矩阵的自由度降为7。参数化之后基础矩阵各项与原基础矩阵项之间的关系如下：

$$\begin{cases} a=F_{12}\\ b=F_{11}\\ c=-F_{22}\\ d=\dfrac{1+bc}{a}\\ e_1=\dfrac{F_{23}F_{12}-F_{22}F_{13}}{F_{22}F_{11}-F_{12}F_{21}}\\ e_2=\dfrac{F_{13}F_{21}-F_{11}F_{23}}{F_{22}F_{11}-F_{12}F_{21}}\\ e'_1=\dfrac{F_{32}F_{21}-F_{22}F_{31}}{F_{22}F_{11}-F_{12}F_{21}}\\ e'_2=\dfrac{F_{31}F_{12}-F_{11}F_{32}}{F_{22}F_{11}-F_{12}F_{21}}\end{cases} \tag{9-53}$$

参数化后利用非线性方法求解，得到7个独立参数并恢复原基础矩阵。

(3) **鲁棒算法** 为了剔除错误定位或错误匹配，需要估计误差项的标准偏差，由此提出鲁棒算法（Robust Algorithm）。常用的鲁棒算法包括 M 估计法、最小中值二乘法（LMedS）、随机一致性采样法（RANSAC）和最大似然估计采样法（MLESAC）等，这里主要讨论 M 估计法。

设 $r_i=\boldsymbol{u}'^{\mathrm{T}}_i\boldsymbol{F}\boldsymbol{u}_i$ 为第 i 个成像点对的残余误差，M 估计为

$$\min\sum_i w_i(r_i^{(k-1)})r_i^2 \tag{9-54}$$

式中，上标 k 表示迭代次数；权重项 $w_i(r_i^{(k-1)})$ 在每次迭代后需要重新计算：

$$w_i=\begin{cases}1, & |r_i|\leqslant\sigma\\ \sigma/|r_i|, & \sigma<|r_i|\leqslant 3\sigma\\ 0, & 3\sigma<|r_i|\end{cases} \tag{9-55}$$

σ 为

$$\hat{\sigma}=1.4826[1+5/(n-p)]\underset{i}{\mathrm{median}}|r_i| \tag{9-56}$$

式中，n 为数据量大小；p 为参数向量的维数。

3. 基础矩阵求解算法对比分析

为了分析基础矩阵求解算法的性能，利用各算法求解的基础矩阵计算各特征像点的外极线及对应匹配点到外极线的距离，以距离的统计结果作为评价依据。

当基础矩阵已知时，相应的特征像点到外极线的绝对距离为

$$d(\boldsymbol{u}_i,\boldsymbol{F}\boldsymbol{u}'_i)=\left|\frac{\boldsymbol{u}_i^{\mathrm{T}}\boldsymbol{l}_i}{\sqrt{l_1^2+l_2^2}}\right|=\left|\frac{\boldsymbol{u}_i^{\mathrm{T}}\boldsymbol{F}\boldsymbol{u}'_i}{\sqrt{l_1^2+l_2^2}}\right| \tag{9-57}$$

$$d(\boldsymbol{u}'_i,\boldsymbol{F}^{\mathrm{T}}\boldsymbol{u}_i)=\left|\frac{\boldsymbol{u}'^{\mathrm{T}}_i\boldsymbol{l}'_i}{\sqrt{l'^2_1+l'^2_2}}\right|=\left|\frac{\boldsymbol{u}'^{\mathrm{T}}_i\boldsymbol{F}^{\mathrm{T}}\boldsymbol{u}_i}{\sqrt{l'^2_1+l'^2_2}}\right| \tag{9-58}$$

为了保证对称性，距离计算在两幅图像中同时进行，平均距离为

$$\overline{d}=\frac{\sum_{i=1}^{n}[d(\boldsymbol{u}_i,\boldsymbol{F}\boldsymbol{u}'_i)+d(\boldsymbol{u}'_i,\boldsymbol{F}^{\mathrm{T}}\boldsymbol{u}_i)]}{2n} \tag{9-59}$$

根据贝塞尔（Bessel）公式，测量标准差的估计值为

$$\sigma=\sqrt{\frac{\sum_{i=1}^{n}\{[d(\boldsymbol{u}_i,\boldsymbol{F}\boldsymbol{u}'_i)-\overline{d}]^2+[d(\boldsymbol{u}'_i,\boldsymbol{F}^{\mathrm{T}}\boldsymbol{u}_i)-\overline{d}]^2\}}{2n-1}} \tag{9-60}$$

利用两台 Kodak MegaPlus1.4i 相机进行特征像点匹配实验，在图像观测值非归一化、各向同性归一化和各向异性归一化基础上分别验证各算法的误差。

各向异性归一化后各算法的结果如图 9-30 所示，各向同性归一化后各算法的结果如图 9-31 所示，非归一化各算法的结果如图 9-32 所示。

在图 9-30～图 9-32 中，个别算法的平均值和标准偏差因超出图形显示范围没有显示，具体结果见表 9-1；对应标号的基础矩阵求解算法为：0—7 点算法；1—最小二乘 8 点算法；2—奇异值分解 8 点算法；3—Faugeras 算法；4—Newton-Raphson 算法；5—点到外极线距离的迭代线性算法；6—点到外极线距离的迭代非线性算法；7—最小二乘梯度法；8—奇异值分解梯度法；9—最小二乘 M 估计法；10—奇异值分解 M 估计法；11—Torr 的 M 估计法；12—最小中值二乘法；13—最小中值奇异值法；14—随机采样一致性方法。

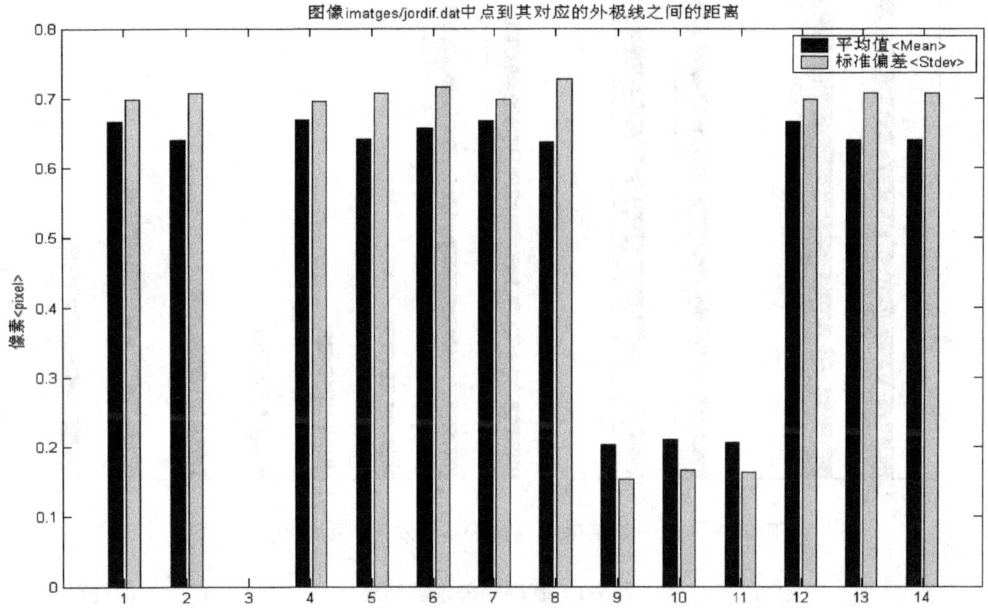

图 9-30　各向异性归一化结果（算法 3 因超出范围没有显示）

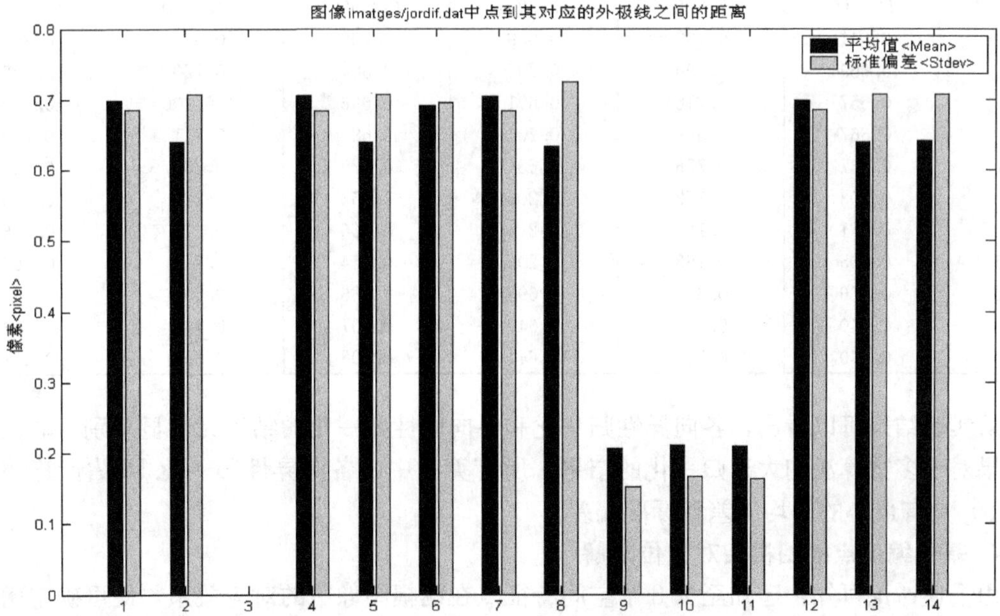

图 9-31　各向同性归一化结果（算法 3 因超出范围没有显示）

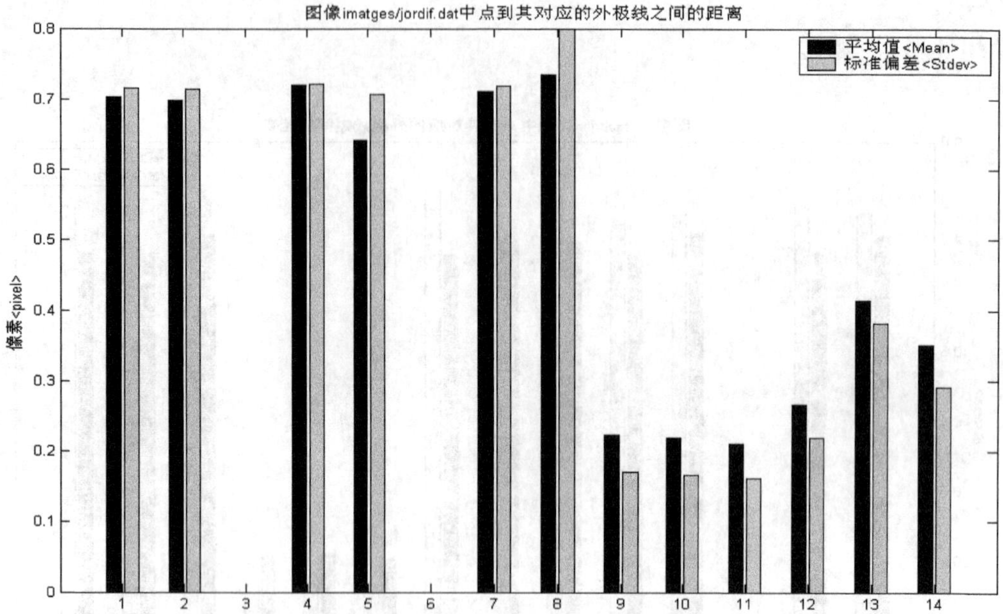

图 9-32　非归一化结果　（算法 3.6 因超出范围没有显示）

表 9-1　基础矩阵求解结果　（单位：Pixel）

算法标号	各相异性归一化		各向同性归一化		非归一化	
	平均值	标准偏差	平均值	标准偏差	平均值	标准偏差
0	131.906	115.905	131.906	115.905	131.906	115.905
1	0.666	0.698	0.698	0.686	0.702	0.716
2	0.640	0.707	0.640	0.707	0.698	0.714
3	11.537	7.322	166.201	138.697	142.210	129.285
4	0.641	0.707	0.639	0.708	0.640	0.707
5	0.669	0.696	0.705	0.684	0.720	0.722
6	0.657	0.716	0.691	0.696	155.106	102.409
7	0.667	0.698	0.704	0.684	0.711	0.719
8	0.637	0.728	0.634	0.725	0.735	0.800
9	0.203	0.153	0.206	0.152	0.224	0.170
10	0.211	0.166	0.211	0.166	0.219	0.166
11	0.205	0.163	0.209	0.164	0.210	0.162
12	0.666	0.698	0.698	0.686	0.266	0.219
13	0.640	0.707	0.640	0.707	0.415	0.382
14	0.640	0.707	0.641	0.708	0.351	0.291

从实验结果可以看出，各向异性归一化和各向同性归一化的结果无明显差别，非归一化的结果对于多数算法均大于归一化的结果。所有算法中，各向异性归一化 M 估计算法（标号为 9）具有最小的平均误差和标准偏差。

4. 基于编码点的相机相对方位求解

由上述讨论可知：已知至少 8 个空间特征点在两幅图像中的对应关系，便可确定两成像基站之间的相对方位，可以利用 8 个以上具有唯一确定标号的编码特征点在基站中成像，实现基础矩阵和各成像基站相对方位的求解。如图 9-33 所示，在两基站的图像中存在若干特征点对（如环形编码点、GSI 编码点的中心特征位或 GSI 编码点拆分后的任一特征位及编码位等），利用这些点对可以计算基础矩阵 $\boldsymbol{F}$。

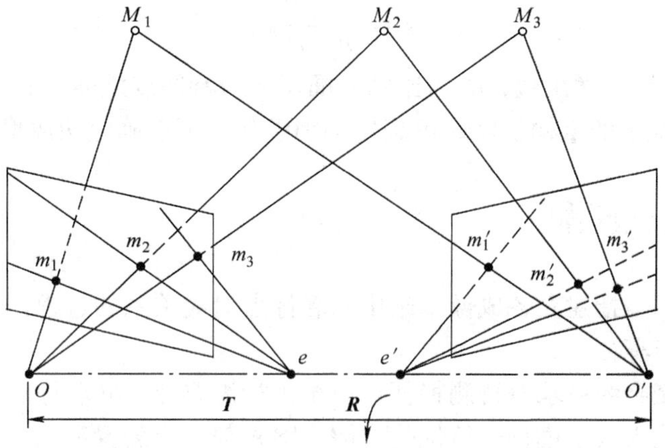

图 9-33　编码特征点成像匹配示意图

基础矩阵求解存在多种算法，采用基于 M 估计的鲁棒算法解算基础矩阵，能够消除由于噪声干扰产生的图像观测值误差和误匹配，与其他非线性迭代算法相比，计算简单，运算速度较快。

采用非线性迭代方法，要求具有良好的迭代初值，可利用归一化 8 点线性算法确定。基础矩阵的估计方法归结如下：

1）在两幅图像中计算图像点序列。

2）进行图像坐标归一化。

3）加入秩 2 约束。

4）利用奇异值分解 8 点算法求解基础矩阵的初值。

5）利用 M 估计鲁棒算法优化基础矩阵。

设相机内参数已知，根据式 $\boldsymbol{F}=\boldsymbol{A}'^{-\mathrm{T}}\boldsymbol{E}\boldsymbol{A}^{-1}$ 求解本质矩阵 $\boldsymbol{E}$（包含比例因子），通过分解 $\boldsymbol{E}$ 得到旋转矩阵 $\boldsymbol{R}$ 和平移矢量 $\boldsymbol{T}$：

$$\boldsymbol{E}=\boldsymbol{V}\boldsymbol{W}\boldsymbol{U}^{\mathrm{T}} \tag{9-61}$$

分解得到

$$\boldsymbol{R}=\boldsymbol{V}\begin{pmatrix}0 & 1 & 0\\ -1 & 0 & 0\\ 0 & 0 & t\end{pmatrix}\boldsymbol{U}^{\mathrm{T}}\quad \boldsymbol{T}=s\begin{pmatrix}e_1\cdot e_2/e_2\cdot e_3\\ e_1\cdot e_2/e_1\cdot e_3\\ 1\end{pmatrix} \tag{9-62}$$

式中，s 为比例因子；e_i 为本质矩阵的第 i 行。

式(9-62) 确定的平移矢量是包含比例因子 s 的不确定量，在相机光轴反向延伸线上的任意两成像基站均满足基础矩阵求解条件，使物体空间特征点之间的距离与两基站之间的基线距离存在比例缩放关系。为了唯一确定基站的相对方位，必须在物体空间中设置尺度基准。

理论上，测量空间中设置一个尺度基准便可确定比例因子。由于测量存在误差，为了得到整个测量空间中的全局优化结果，通常需要在不同方向和位置设置多个尺度基准。在数字化视觉精密测量系统中，同时测量物体空间内不同位置的比例基准尺，获得比例因子：

$$s=\frac{1}{n}\frac{\sum_{i=1}^{n}d_i}{d_0} \tag{9-63}$$

式中，n 为比例基准尺采样次数；d_0为比例基准尺上两特征点之间的距离（经过精密校准）；d_i为在 $\|\boldsymbol{T}\|=1$ 情况下的重构长度。得到比例因子后，可以确定两成像基站的相对方位。

9.3 空间特征点匹配

空间特征点匹配是指建立各成像基站中同名像点对应关系的过程，是数字化视觉精密测量不可或缺的关键步骤之一。

利用空间光束交会约束求解待测特征点三维坐标需要建立同名像点的对应关系，将对应的图像坐标观测值代入数学模型进行优化求解。除外部方位装置和编码点具有确定的标号和匹配关系外，空间待测特征点的像点在各成像基站中的对应关系未知，需要进行匹配。

9.3.1 基于外极线约束的特征点匹配方法

由外极线约束可知：图 9-34 中，像面 I 上的像点 m 在像面 I' 上的匹配点 m' 必定在 m 对应的外极线 $e'm'$ 上。外极线约束将匹配点的搜索范围从二维像面空间缩小到一维极线空间。

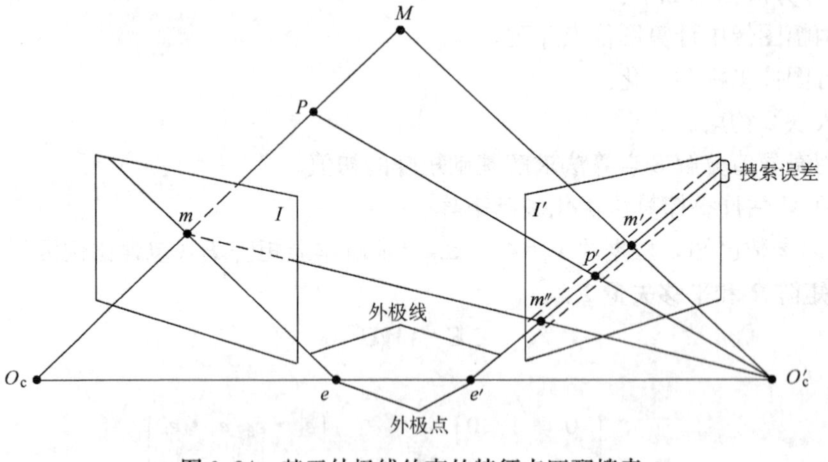

图 9-34　基于外极线约束的特征点匹配搜索

若两成像基站间相对方位确定，像面 I 上像点 m 在像面 I' 上的外极线可以利用透视投影方程得到。例如，对应特征像点 m 的空间直线 $O_c m$ 在像面 I' 上的投影 $e'm''$ 即是 m 的外极线。考虑到成像基站相对方位求解误差和特征像点定位误差的影响，匹配特征像点的搜索范围变成外极线周围的一个误差带（如图 9-34 像面 I' 中虚线区域）。外极线几何确定的是“点—直线”映射关系，且外极线周围存在误差带，匹配特征像点的搜索存在多义性，即满足搜索条件的像点不一定是正确匹配点。例如图 9-34 中，空间中处于同一射线 $O_c M$ 上的点 M 和 P，在像面 I 上的投影都是 m，在像面 I' 上的投影是位于同一外极线 $e'm'$ 上的点 m' 和 p'，均符合匹配搜索条件，出现特征点匹配的多义性，导致空间特征点三维坐标计算错误。

为了避免匹配的多义性，实现精确匹配，通常采用三成像基站特征点匹配方法，即外极线约束的三张量方法。

如图 9-35 所示，空间点 M 和 P 在像面 I 上的投影都是 m，在像面 I' 和 I'' 上的匹配像点分别为 m'、p' 和 m''、p''，分别位于外极线 l' 和 l'''（像面 I'' 中的虚线）上，像面 I' 上特征像点 m' 和 p' 在像面 I'' 上对应的外极线分别为 h' 和 h''。由外极线约束可知，m'' 位于外极线 h' 和 l''' 上，p'' 位于外极线 h'' 和 l''' 上，即 m''、p'' 分别是 l''' 与 h'、l''' 与 h'' 的交点，M 和 P 在各像面上像点的匹配关系能够唯一确定。外极线约束三张量法将匹配点的搜索范围由一维极线空间进一步缩小到两条直线的交点，避免了特征点匹配的多义性。

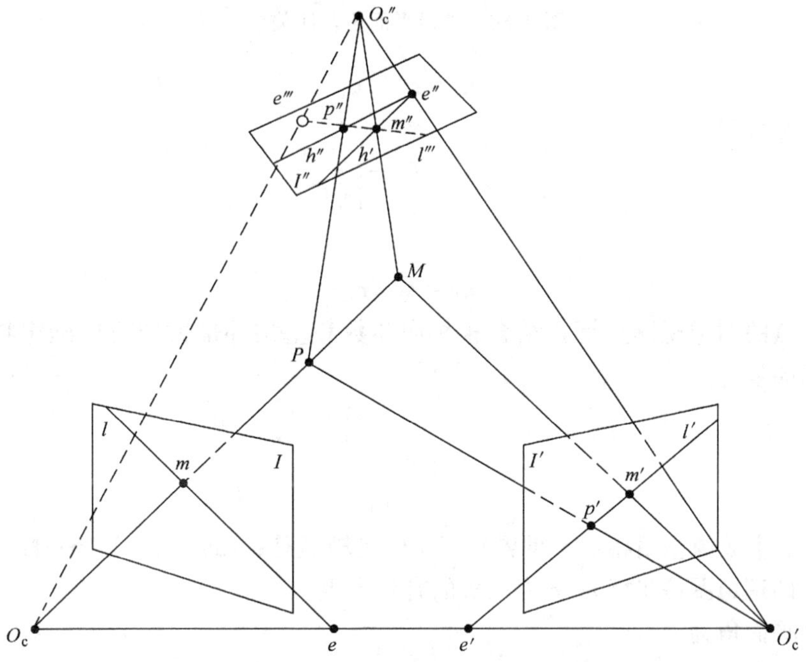

图 9-35　特征点匹配多义性消除

9.3.2　基于外极平面角的特征点匹配方法

数字化视觉精密测量中，另一种常用的特征点匹配方法是 Sabel 和 Furnee 提出的外极平面角法。

外极平面角几何关系如图 9-36 所示：两相机基线矢量 $\boldsymbol{c}_{12}$（原点 C_1 到 C_2 的矢量）与相机 1 光轴矢量 $\boldsymbol{a}_1$ 确定的平面称为外极平面；空间点 M 与基线矢量确定平面称为投影平面；投影平面与外极平面的夹角称为外极角。数学描述为

$$\boldsymbol{a}_1=\boldsymbol{R}_1\begin{pmatrix}0\\0\\-1\end{pmatrix} \tag{9-64}$$

式中，$\boldsymbol{R}_1$ 为第一相机成像基站相对于世界坐标系的旋转矩阵。

由于 $\boldsymbol{c}_{12}$、$\boldsymbol{a}_1$ 和 $\boldsymbol{n}_1$ 同处于外极平面上，$\boldsymbol{n}_2$ 为外极平面的法向量，有

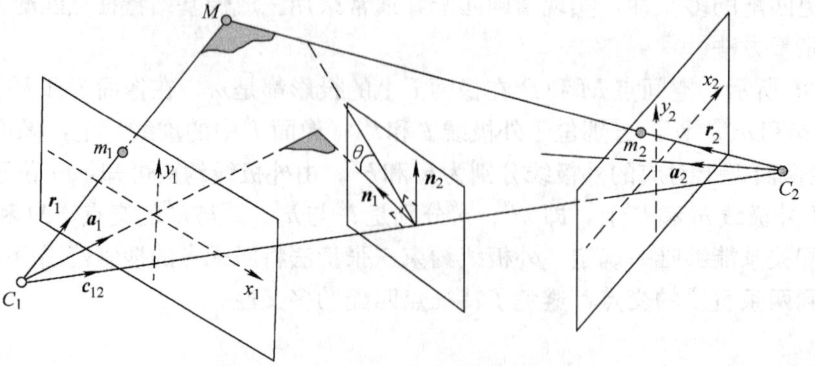

图 9-36　外极平面角几何关系

$$n_2 = c_{12} \times a_1 \tag{9-65}$$

式中，c_{12}为基线向量：

$$c_{12} = \frac{C_2 - C_1}{|C_2 - C_1|}$$

则

$$n_1 = n_2 \times c_{12} \tag{9-66}$$

已知特征点的图像观测坐标，结合相机内参数和基站外部方位可以确定特征点的外极角。特征像点向量为

$$r_j^i = R_j \begin{pmatrix} x_i \\ y_i \\ c \end{pmatrix} \tag{9-67}$$

式中，R_j为第 j 个成像基站相对于世界坐标系的旋转矩阵；（x_i，y_i）为经过畸变校正的特征点像面坐标（即理想图像坐标）；c 为相机的有效焦距。

对应外极平面角为

$$\theta_{ij} = \arctan(n_2 \cdot r_j^i,\ n_1 \cdot r_j^i) \tag{9-68}$$

式中，θ_{ij}为第 j 个成像基站中第 i 个特征像点的外极平面角。在各成像基站中，外极角在一定阈值内的特征像点是匹配候选点。

单纯依赖两基站的特征点匹配存在多义性，需引入第三或更多基站实现精确匹配。实际工程应用中通过反推验证完成：当两幅图像中存在匹配候选点时，通过空间交会测量方法计算对应的空间特征点（三角测量算法将在 9.4 节进行详细讨论），将得到的空间特征点投影到第三幅图像中，如果第三幅图像中存在特征像点与之匹配（在允许的阈值范围内），证明该像点及前两幅图像中的匹配候选点是匹配点。

9.4　三角测量与反推投影

三角测量与反推投影是视觉精密测量中常用的基本方法，应用十分广泛，如特征点匹配的验证及多义性消除、空间特征点三维坐标初值计算、迭代过程中特征像点像面误差评价等。

9.4.1 空间特征点三角测量原理

三角测量是指已知左图像点坐标（x_l，y_l）、右图像匹配点坐标（x_r，y_r）及两成像基站的相对方位，确定空间特征点三维坐标（X，Y，Z）的过程，双目立体视觉测量方法就是一种典型的三角测量。

1. 理想情况下的三角测量模型

三角测量根据视差原理实现空间三维点坐标测量，是典型的空间交会（Intersection）问题。通过内参数校准和相对方位求解预先得到两相机的内部方位参数和外部方位参数，对于空间一点在两幅图像中的特征点对，得到关于 3 个未知坐标的 4 个观测值方程，求解方程组即可确定特征点的空间坐标，如图 9-37 所示。

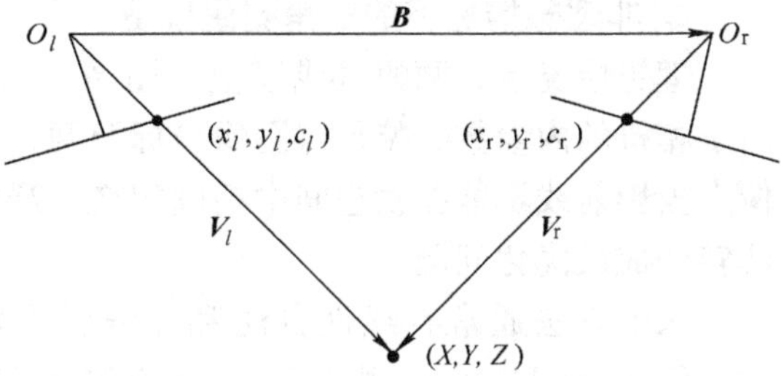

图 9-37　三角测量理想成像模型

理想情况下，相机成像抽象为针孔模型，特征像点无噪声干扰，左右图像中对应特征像点的投影线（成像光束）在空间中交于一点，是待求解的空间特征点。设基线矢量、左相机投影矢量、右相机投影矢量分别为 $\boldsymbol{B}$、$\boldsymbol{V}_l$ 和 $\boldsymbol{V}_r$，根据矢量代数有

$$\boldsymbol{V}_l=\boldsymbol{B}+\boldsymbol{V}_r \tag{9-69}$$

式中，各矢量表示为

$$\boldsymbol{B}=\begin{pmatrix} X_{0r}-X_{0l} \\ Y_{0r}-Y_{0l} \\ Z_{0r}-Z_{0l} \end{pmatrix} \tag{9-70}$$

$$\boldsymbol{V}_l=s_l\boldsymbol{R}_l\begin{bmatrix} x_l-x_{0r} \\ y_l-y_{0r} \\ -c_l \end{bmatrix} \tag{9-71}$$

$$\boldsymbol{V}_r=s_r\boldsymbol{R}_r\begin{bmatrix} x_r-x_{0r} \\ y_r-y_{0r} \\ -c_r \end{bmatrix} \tag{9-72}$$

式(9-70) ～式(9-72) 中，（x_l，y_l）、（x_r，y_r）为左、右像面特征像点的图像坐标；（x_{0l}，y_{0l}）、（x_{0r}，y_{0r}）为左、右像面坐标系的原点坐标；c_l、c_r为左、右相机的有效焦距；s_l、s_r为左、右相机投影矢量的比例因子；（X_{0l}，Y_{0l}，Z_{0l}）和$\boldsymbol{R}_l$、（X_{0r}，Y_{0r}，Z_{0r}）和$\boldsymbol{R}_r$分别为左、右相机坐标系相对于世界坐标系（公共坐标系）的平移矢量和旋转矩阵。

将式(9-70) ～式(9-72) 代入式(9-69) 中得

$$\begin{bmatrix} X_{0r}-X_{0l} \\ Y_{0r}-Y_{0l} \\ Z_{0r}-Z_{0l} \end{bmatrix}=s_l\boldsymbol{R}_l\begin{bmatrix} x_l-x_{0l} \\ y_l-y_{0l} \\ -c_l \end{bmatrix}-s_rR_r\begin{bmatrix} x_r-x_{0r} \\ y_r-y_{0r} \\ -c_r \end{bmatrix} \tag{9-73}$$

式(9-73) 是含有两个未知参数（s_l，s_r）的三方程组，求解方程组获得比例因子 s_l和s_r，根据下述两方程之一即可得到空间特征点的三维坐标。

$$\begin{bmatrix} X \\ Y \\ Z \end{bmatrix} = \begin{bmatrix} X_{0l} \\ Y_{0l} \\ Z_{0l} \end{bmatrix} + s_l \boldsymbol{R}_l \begin{bmatrix} x_l - x_{0l} \\ y_l - y_{0l} \\ -c_l \end{bmatrix} \tag{9-74}$$

$$\begin{bmatrix} X \\ Y \\ Z \end{bmatrix} = \begin{bmatrix} X_{0r} \\ Y_{0r} \\ Z_{0r} \end{bmatrix} + s_r \boldsymbol{R}_r \begin{bmatrix} x_r - x_{0r} \\ y_r - y_{0r} \\ -c_r \end{bmatrix} \tag{9-75}$$

2. 非理想情况下的三角测量模型

理想情况下，两幅（或以上）图像中对应像点的投影射线应交于一点（空间特征点）。由于相机的内参数、特征点图像坐标及两相机间相对方位的确定都是非理想的，存在误差，像点投影射线不能在物空间中精确相交（严格交于一点），如图 9-38 所示，空间点坐标的求解转变成最优化问题。

求解方法通常有线性方法和非线性方法两种。Richard Hartley 提出线性三角测量算法：已知两相机相对于世界坐标系的投影矩阵（$\boldsymbol{P}$，$\boldsymbol{P}'$）及空间特征点在两幅图像中的对应像点坐标（$\boldsymbol{u}=(u, v, 1)^{\mathrm{T}}$，$\boldsymbol{u}'=(u', v', 1)^{\mathrm{T}}$），根据透视投影关系可以得到关于空间特征点（$\boldsymbol{X}=(X, Y, Z)^{\mathrm{T}}$）的 4 个线性方程 $\boldsymbol{AX}=0$，利用奇异值分解法或最小二乘法求解。

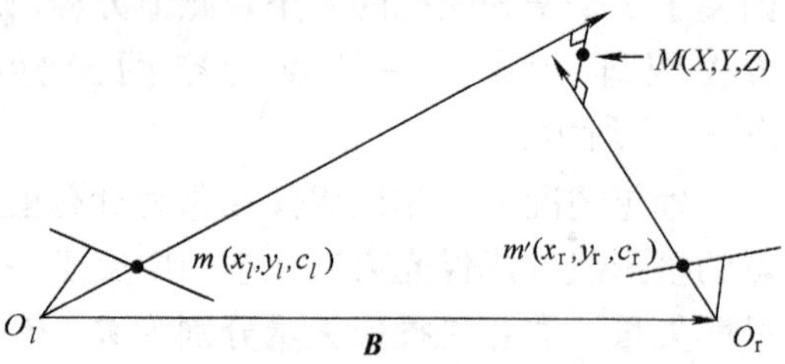

图 9-38　空间交会示意图

线性算法中由于优化目标函数 $\|\boldsymbol{AX}\|$ 没有几何意义，求解精度不高，通常选择具有几何意义的目标函数，采用迭代算法求解。一种方法是将图像观测值与空间特征点反推投影之间的距离作为最优化误差函数，利用奇异值分解法或最小二乘法等迭代方法求解。迭代方法需要选择合适的初值，由于特征点的空间坐标未知，需要利用理想三角测量方法确定。张正友等提出直接利用基础矩阵自校准过程中获得的双相机相互方位（$\boldsymbol{R}$，$\boldsymbol{T}$）和特征像点对（$\boldsymbol{u}$，$\boldsymbol{u}'$）确定初值（$\boldsymbol{X}$）。

另一种方法是将图像观测值到外极线的距离作为优化误差函数。由 Richard Hartley 提出：三角测量中两投影射线在空间中不相交是由量化误差和图像特征点定位误差等引起，解决问题的关键是如何修正特征点图像观测值的误差。

根据外极线理论，特征像点应位于对应的外极线上，目标是寻找满足 $\boldsymbol{u}'^{\mathrm{T}}\boldsymbol{F}\hat{\boldsymbol{u}}=0$ 且最接近图像观测值（$\boldsymbol{u}\leftrightarrow\boldsymbol{u}'$）的图像点对。优化误差函数为

$$d(\boldsymbol{u},\hat{\boldsymbol{u}})^2+d(\boldsymbol{u}',\hat{\boldsymbol{u}}')^2 \text{ 对应} \hat{\boldsymbol{u}}'^{\mathrm{T}}\boldsymbol{F}\hat{\boldsymbol{u}}=0 \tag{9-76}$$

式(9-76) 中图像观测值与估计值之间的最小距离是图像观测值到外极线（分别用 λ 和 λ' 表示）的垂直距离，垂直线与外极线的相交点就是求解的点。将式(9-76) 改写为

$$d(\boldsymbol{u},\lambda)^2+d(\boldsymbol{u}',\lambda')^2 \tag{9-77}$$

利用解得的点对 $\hat{\boldsymbol{u}}\leftrightarrow\hat{\boldsymbol{u}}'$，根据常规三角测量方法计算特征点的三维空间坐标。

3. 空间特征点到投影射线距离平方和优化方法

空间特征点三维坐标求解的另一种常用方法是利用估计点到投影射线的距离平方和最小作为优化目标。

(1) 空间特征点到投影射线之间的距离　如图 9-39 所示，端点在左相机原点 O_l（X_{0l}，

Y_{0l}，Z_{0l}）且过特征像点 $m(x_l,\ y_l)$ 的射线的归一化矢量为 $\hat{\boldsymbol{v}}_l=\alpha_l\ \hat{\boldsymbol{x}}+\beta_l\ \hat{\boldsymbol{y}}+\gamma_l\ \hat{\boldsymbol{z}}$（$\hat{\boldsymbol{x}},\hat{\boldsymbol{y}},\hat{\boldsymbol{z}}$ 为单位矢量），可由特征像点的观测值及相机内参数确定：

$$\begin{pmatrix}\alpha_l\\ \beta_l\\ \gamma_l\end{pmatrix}=\boldsymbol{R}_l\begin{pmatrix}x_l-x_{0l}\\ y_l-y_{0l}\\ -c_l\end{pmatrix} \tag{9-78}$$

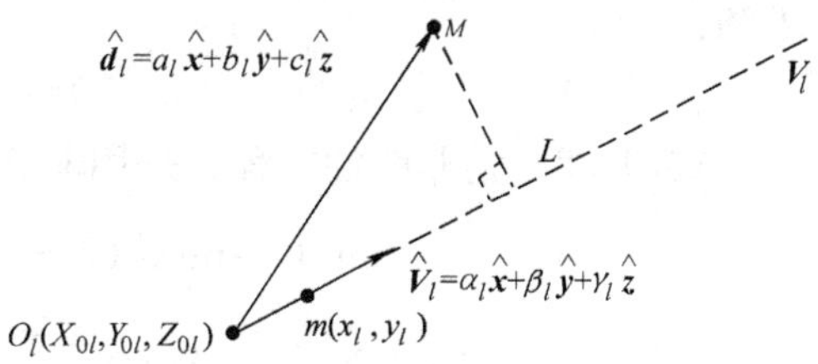

图 9-39　点到射线的距离

同理，右相机对应的归一化矢量 $\hat{\boldsymbol{v}}_r=\alpha_r\ \hat{\boldsymbol{x}}+\beta_r\ \hat{\boldsymbol{y}}+\gamma_r\ \hat{\boldsymbol{z}}$：

$$\begin{pmatrix}\alpha_r\\ \beta_r\\ \gamma_r\end{pmatrix}=\boldsymbol{R}_r\begin{bmatrix}x_r-x_{0r}\\ y_r-y_{0r}\\ -c_r\end{bmatrix} \tag{9-79}$$

过 M 点做垂直于射线 $\boldsymbol{V}_l$ 的线段 ML，空间特征点 $M(X,\ Y,\ Z)$ 到射线 $\boldsymbol{V}_l$ 的距离为向量 $\overrightarrow{\boldsymbol{ML}}$ 的长度。

向量 $\overrightarrow{\boldsymbol{O_lM}}$ 可表示为

$$\overrightarrow{\boldsymbol{O_lM}}=(X-X_{0l})\hat{\boldsymbol{x}}+(Y-Y_{0l})\hat{\boldsymbol{y}}+(Z-Z_{0l})\hat{\boldsymbol{z}} \tag{9-80}$$

向量长度为

$$\|\overrightarrow{\boldsymbol{O_lM}}\|=\sqrt{(X-X_{0l})^2+(Y-Y_{0l})^2+(Z-Z_{0l})^2} \tag{9-81}$$

向量 $\overrightarrow{\boldsymbol{O_lL}}$ 是 $\overrightarrow{\boldsymbol{O_lM}}$ 在射线 $\boldsymbol{V}_l$ 上的投影：

$$\begin{aligned}\overrightarrow{\boldsymbol{O_lL}}&=(\overrightarrow{\boldsymbol{O_lM}}\hat{\boldsymbol{v}}_l)\hat{\boldsymbol{v}}_l\\&=[\alpha_l(X-X_{0l})+\beta_l(Y-Y_{0l})+\gamma_l(Z-Z_{0l})]\hat{\boldsymbol{v}}_l\end{aligned} \tag{9-82}$$

由于 $\hat{\boldsymbol{v}}_l$ 是归一化矢量，$\overrightarrow{\boldsymbol{O_lL}}$ 的长度为

$$\|\overrightarrow{\boldsymbol{O_lL}}\|=\alpha_1(X-X_{0l})+\beta_l(Y-Y_{0l})+\gamma_l(Z-Z_{0l}) \tag{9-83}$$

点 $\boldsymbol{O}_l$、$\boldsymbol{M}$、$\boldsymbol{L}$ 构成直角三角形，根据勾股定理，可得

$$\|\overrightarrow{\boldsymbol{ML}}\|^2=\|\overrightarrow{\boldsymbol{O_lM}}\|^2-\|\overrightarrow{\boldsymbol{O_lL}}\|^2 \tag{9-84}$$

将式(9-81) 和式(9-83) 代入式(9-84)：

$$\begin{aligned}\|\overrightarrow{\boldsymbol{ML}}\|^2=&(X-X_{0l})^2+(Y-Y_{0l})^2+(Z-Z_{0l})^2-\\&[\alpha_l(X-X_{0l})+\beta_l(Y-Y_{0l})+\gamma_l(Z-Z_{0l})]^2\end{aligned} \tag{9-85}$$

有

$$\begin{aligned}\|\overrightarrow{\boldsymbol{ML}}\|=\Big\{&(X-X_{0l})^2+(Y-Y_{0l})^2+(Z-Z_{0l})^2-\\&[\alpha_l(X-X_{0l})+\beta_l(Y-Y_{0l})+\gamma_l(Z-Z_{0l})]^2\Big\}^{\frac{1}{2}}\end{aligned} \tag{9-86}$$

式(9-86) 描述的是空间点 M 到左相机下端点为 O_l、指向为 $\hat{\boldsymbol{v}}_l$ 的投影射线的距离。同理，空间点 M 到右相机下端点为 O_r、指向为 $\hat{\boldsymbol{v}}_r$ 的投影射线的距离为

$$\begin{aligned}\|\overrightarrow{\boldsymbol{MR}}\|=\Big\{&(X-X_{0r})^2+(Y-Y_{0r})^2+(Z-Z_{0r})^2-\\&[\alpha_r(X-X_{0r})+\beta_r(Y-Y_{0r})+\gamma_r(Z-Z_{0r})]^2\Big\}^{\frac{1}{2}}\end{aligned} \tag{9-87}$$

(2) 距离平方和最小化　考虑空间点到两条射线的总距离 D，对式(9-86) 和式(9-87)

求和：

$$D=\|\overrightarrow{ML}\|+\|\overrightarrow{MR}\| \tag{9-88}$$

式(9-88) 是非线性方程，采用非线性优化方法，目标函数为

$$\begin{aligned}\min D=\min\{&(X-X_{0l})^2+(Y-Y_{0l})^2+(Z-Z_{0l})^2-\\&[\alpha_l(X-X_{0l})+\beta_l(Y-Y_{0l})+\gamma_l(Z-Z_{0l})]^2+\\&(X-X_{0r})^2+(Y-Y_{0r})^2+(Z-Z_{0r})^2-\\&[\alpha_r(X-X_{0r})+\beta_r(Y-Y_{0r})+\gamma_r(Z-Z_{0r})]^2\}\end{aligned} \tag{9-89}$$

(3) 优化点求解　为了求解优化的空间点三维坐标，对 D 求导并使偏微分等于零。

$$\begin{aligned}\frac{\partial D}{\partial X}=&2(X-X_{0l})-2\alpha_l[\alpha_l(X-X_{0l})+\beta_l(Y-Y_{0l})+\gamma_l(Z-Z_{0l})]+\\&2(X-X_{0r})-2\alpha_r[\alpha_r(X-X_{0r})+\beta_r(Y-Y_{0r})+\gamma_r(Z-Z_{0r})]\\=&0\end{aligned} \tag{9-90}$$

$$\begin{aligned}\frac{\partial D}{\partial Y}=&2(Y-Y_{0l})-2\beta_l[\alpha_l(X-X_{0l})+\beta_l(Y-Y_{0l})+\gamma_l(Z-Z_{0l})]+\\&2(Y-Y_{0r})-2\beta_r[\alpha_r(X-X_{0r})+\beta_r(Y-Y_{0r})+\gamma_r(Z-Z_{0r})]\\=&0\end{aligned} \tag{9-91}$$

$$\begin{aligned}\frac{\partial D}{\partial Z}=&2(Z-Z_{0l})-2\gamma_l[\alpha_l(X-X_{0l})+\beta_l(Y-Y_{0l})+\gamma_l(Z-Z_{0l})]+\\&2(Z-Z_{0r})-2\gamma_r[\alpha_r(X-X_{0r})+\beta_r(Y-Y_{0r})+\gamma_r(Z-Z_{0r})]\\=&0\end{aligned} \tag{9-92}$$

整理得

$$\begin{aligned}&\begin{pmatrix}(1-\alpha_l^2)+(1-\alpha_r^2) & -\alpha_l\beta_l-\alpha_r\beta_r & -\alpha_l\gamma_l-\alpha_r\gamma_r\\ -\alpha_l\beta_l-\alpha_r\beta_r & (1-\beta_l^2)+(1-\beta_r^2) & -\beta_l\gamma_l-\beta_r\gamma_r\\ -\alpha_l\gamma_l-\alpha_r\gamma_r & -\beta_l\gamma_l-\beta_r\gamma_r & (1-\gamma_l^2)+(1-\gamma_r^2)\end{pmatrix}\begin{pmatrix}X\\Y\\Z\end{pmatrix}\\=&\begin{pmatrix}[(1-\alpha_l^2)X_{0l}+(1-\alpha_r^2)X_{0r}]-[\alpha_l\beta_lY_{0l}+\alpha_r\beta_rY_{0r}]-[\alpha_l\gamma_lZ_{0l}+\alpha_r\gamma_rZ_{0r}]\\-[\alpha_l\beta_lX_{0l}+\alpha_r\beta_rX_{0r}]+[(1-\beta_l^2)Y_{0l}+(1-\beta_r^2)Y_{0r}]-[\beta_l\gamma_lZ_{0l}+\beta_r\gamma_rZ_{0r}]\\-[\alpha_l\beta_lX_{0l}+\alpha_r\beta_rX_{0r}]-[\alpha_l\beta_lY_{0l}+\alpha_r\beta_rY_{0r}]+[(1-\gamma_l^2)Z_{0l}+(1-\gamma_r^2)Z_{0r}]\end{pmatrix}\end{aligned} \tag{9-93}$$

写成矩阵形式为

$$\boldsymbol{Ax}=\boldsymbol{b} \tag{9-94}$$

式(9-93)中，(X_{0l}, Y_{0l}, Z_{0l}) 和 (X_{0r}, Y_{0r}, Z_{0r}) 已知，$(\alpha_l, \beta_l, \gamma_l)$ 和 $(\alpha_r, \beta_r, \gamma_r)$ 可由式(9-78) 和式(9-79) 求得。线性求解得

$$\boldsymbol{x}=\boldsymbol{A}^{-1}\boldsymbol{b} \tag{9-95}$$

式中，点 $\boldsymbol{x}$ 是满足到投影射线距离平方和最小的空间三维特征点。

9.4.2 空间特征点反推投影

反推投影是指已知空间特征点的三维坐标，根据相机内、外参数解算特征点在像面上投影点坐标的过程，是特征点三维坐标求解的逆过程。数字视觉精密测量中，优化平差算法的非线性迭代过程选择特征像点像面坐标误差作为目标函数，需要反复应用反推投影。

反推投影的数学描述是具有外部方位（原点坐标(X_0, Y_0, Z_0)和旋转矩阵 $\boldsymbol{R}$）的透视投影方程，空间点（X，Y，Z）的投影射线在相机空间的向量为

$$\boldsymbol{r}=\boldsymbol{R}^{\mathrm{T}}\begin{bmatrix}X-X_0\\Y-Y_0\\Z-Z_0\end{bmatrix} \tag{9-96}$$

$\boldsymbol{R}$ 为正交矩阵，逆矩阵等于转置矩阵。向量 $\boldsymbol{r}$ 乘以比例因子变换为

$$\boldsymbol{r}=\begin{bmatrix}r_x\\r_y\\r_z\end{bmatrix}\Rightarrow\boldsymbol{v}=\begin{bmatrix}x\\y\\-c\end{bmatrix} \tag{9-97}$$

即空间点在相机空间内的向量。

由成像原理可知，空间特征点处于相机的正半空间内，r_z始终为正，则投影像点像面坐标为

$$\begin{pmatrix}x\\y\end{pmatrix}=\frac{-c}{r_z}\begin{pmatrix}r_x\\r_y\end{pmatrix} \tag{9-98}$$

上述计算中没有考虑透镜畸变因素，投影像点与测量像点进行比较时，必须进行畸变校正。

9.5　空间优化平差及后处理

空间优化平差是数字视觉精密测量的核心算法之一，通过多基站成像，图像特征扫描、识别、匹配，成像基站外部方位求解等基础条件准备，最终通过光束优化平差进行求解。光束平差的实质是依据共线性约束建立多参数超定方程组，利用非线性优化方法求解。由于相机内参数、特征点匹配、外部方位的解算误差及其他不确定因素的存在，空间优化平差过程一般分为快速优化平差、后处理和精确优化平差三步，最终实现相机内参数自校准优化、成像基站外部方位校正补偿及被测空间特征点精确三维坐标求解。

9.5.1　基于共线方程的光束优化平差

1. 光束平差方程组的建立

共线方程的数学描述为

$$\begin{cases}x_m=x_0+\Delta x-c\dfrac{m_{11}(X_M-X_0)+m_{12}(Y_M-Y_0)+m_{13}(Z_M-Z_0)}{m_{31}(X_M-X_0)+m_{32}(Y_M-Y_0)+m_{33}(Z_M-Z_0)}\\[2ex]y_m=y_0+\Delta y-c\dfrac{m_{21}(X_M-X_0)+m_{22}(Y_M-Y_0)+m_{23}(Z_M-Z_0)}{m_{31}(X_M-X_0)+m_{32}(Y_M-Y_0)+m_{33}(Z_M-Z_0)}\end{cases} \tag{9-99}$$

其中，镜头畸变误差改正值（Δx，Δy）描述为

$$\begin{cases}\Delta x=\bar{x}r^2k_1+\bar{x}r^4k_2+\bar{x}r^6k_3+(2\bar{x}^2+r^2)P_1+P_2\overline{xy}+b_1\bar{x}+b_2\bar{y}\\\Delta y=\bar{y}r^2k_1+\bar{y}r^4k_2+\bar{y}r^6k_3+2P_1\overline{xy}+(2\bar{y}^2+r^2)P\end{cases}$$

式中，$r=\sqrt{\bar{x}^2+\bar{y}^2}$，$\begin{cases}\bar{x}=x-x_0\\\bar{y}=y-y_0\end{cases}$。

设测量空间分布 n 个成像基站，m 个空间特征点，每个基站下成像的特征点有 $m_i(i=1,2,\cdots,n)$个，由 $\sum\limits_{i=1}^{n}2m_i(i=1,2,\cdots,n)$ 个方程建立光束平差方程组。

光束优化平差中待求解未知数包括：

1）空间特征点坐标（X_j, Y_j, Z_j）（$j=1, 2, \cdots, m$）。

2）相机内参数（$x_{0i}, y_{0i}, c_i, \Delta x_i, \Delta y_i$），如果是单机移动测量，各基站内参数相同。

3）成像基站外部方位（$X_{0i}, Y_{0i}, Z_{0i}, \omega_i, \varphi_i, \kappa_i$），（$i=1, 2, \cdots, n$）。

2. 光束平差方程组的线性化

光束平差方程组的线性化问题在第 6 章已做过讨论，但这里讨论的问题有所不同。第 6 章中求解光束平差方程的目的是标定相机内参数，空间控制点的三维坐标是已知量；这里求解光束平差方程的目的是获得空间特征点三维坐标的最优解，相机内参数是已知初值需在优化过程中进一步修正的参数。因此，除相机内参数和外部方位参数外，共线方程需对空间特征点三维坐标（X, Y, Z）求偏导数。

$$\begin{cases}\dot{X}_{10}=\dfrac{\partial F_x}{\partial X_M}=\dfrac{-c(m_{11}D-m_{31}N_x)}{D^2}\\ \dot{X}_{20}=\dfrac{\partial F_y}{\partial X_M}=\dfrac{-c(m_{21}D-m_{31}N_y)}{D^2}\end{cases}$$

$$\begin{cases}\dot{X}_{11}=\dfrac{\partial F_x}{\partial Y_M}=\dfrac{-c(m_{12}D-m_{32}N_x)}{D^2}\\ \dot{X}_{21}=\dfrac{\partial F_y}{\partial Y_M}=\dfrac{-c(m_{22}D-m_{32}N_y)}{D^2}\end{cases}$$

$$\begin{cases}\dot{X}_{12}=\dfrac{\partial F_x}{\partial Z_M}=\dfrac{-c(m_{13}D-m_{33}N_x)}{D^2}\\ \dot{X}_{22}=\dfrac{\partial F_y}{\partial X_M}=\dfrac{-c(m_{23}D-m_{33}N_y)}{D^2}\end{cases}$$

应用 Taylor 级数对共线性方程线性化，有

$$\begin{bmatrix}\dot{I}_{10} & \dot{I}_{11} & \dot{I}_{12} & \dot{I}_{13} & \dot{I}_{14} & \dot{I}_{15} & \dot{I}_{16} & \dot{I}_{17} & \dot{I}_{18} & \dot{I}_{19}\\ \dot{I}_{20} & \dot{I}_{21} & \dot{I}_{22} & \dot{I}_{23} & \dot{I}_{24} & \dot{I}_{25} & \dot{I}_{26} & \dot{I}_{27} & \dot{I}_{28} & \dot{I}_{29}\end{bmatrix}\begin{bmatrix}\Delta c\\ \Delta x_0\\ \Delta y_0\\ \Delta k_1\\ \Delta k_2\\ \Delta k_3\\ \Delta p_1\\ \Delta p_2\\ \Delta b_1\\ \Delta b_2\end{bmatrix}+ \tag{9-100}$$

$$\begin{bmatrix}\dot{O}_{10} & \dot{O}_{11} & \dot{O}_{12} & \dot{O}_{13} & \dot{O}_{14} & \dot{O}_{15}\\ \dot{O}_{20} & \dot{O}_{21} & \dot{O}_{22} & \dot{O}_{23} & \dot{O}_{24} & \dot{O}_{25}\end{bmatrix}\begin{bmatrix}\Delta X_0\\ \Delta Y_0\\ \Delta Z_0\\ \Delta\omega\\ \Delta\phi\\ \Delta\kappa\end{bmatrix}+\begin{bmatrix}\dot{X}_{10} & \dot{X}_{11} & \dot{X}_{12}\\ \dot{X}_{20} & \dot{X}_{21} & \dot{X}_{22}\end{bmatrix}\begin{bmatrix}\Delta X\\ \Delta Y\\ \Delta Z\end{bmatrix}$$

$$=\begin{bmatrix}x_m-(F_x)_0\\ y_m-(F_y)_0\end{bmatrix}$$

用 $\boldsymbol{A}_1$、$\boldsymbol{A}_2$、$\boldsymbol{A}_3$ 表示相机内参数、外部方位参数、空间特征点三维坐标的偏导数系数矩阵，用 $\boldsymbol{\delta}_1$、$\boldsymbol{\delta}_2$、$\boldsymbol{\delta}_3$ 表示对应未知参数的变化量，将式(9-100) 写成矩阵形式，即为

$$\boldsymbol{A}_1\boldsymbol{\delta}_1+\boldsymbol{A}_2\boldsymbol{\delta}_2+\boldsymbol{A}_3\boldsymbol{\delta}_3-\boldsymbol{w}=0 \tag{9-101}$$

式中，$\boldsymbol{w}$ 是特征像点像面坐标的计算值与观测值间的偏差向量。三类未知参量的法方程为

$$\begin{bmatrix} \boldsymbol{A}_1^{\mathrm{T}}\boldsymbol{P}\boldsymbol{A}_1 & \boldsymbol{A}_1^{\mathrm{T}}\boldsymbol{P}\boldsymbol{A}_2 & \boldsymbol{A}_1^{\mathrm{T}}\boldsymbol{P}\boldsymbol{A}_3 \\ \boldsymbol{A}_2^{\mathrm{T}}\boldsymbol{P}\boldsymbol{A}_1 & \boldsymbol{A}_2^{\mathrm{T}}\boldsymbol{P}\boldsymbol{A}_2 & \boldsymbol{A}_2^{\mathrm{T}}\boldsymbol{P}\boldsymbol{A}_3 \\ \boldsymbol{A}_3^{\mathrm{T}}\boldsymbol{P}\boldsymbol{A}_1 & \boldsymbol{A}_3^{\mathrm{T}}\boldsymbol{P}\boldsymbol{A}_2 & \boldsymbol{A}_3^{\mathrm{T}}\boldsymbol{P}\boldsymbol{A}_3 \end{bmatrix} \begin{bmatrix} \boldsymbol{\delta}_1 \\ \boldsymbol{\delta}_2 \\ \boldsymbol{\delta}_3 \end{bmatrix} + \begin{bmatrix} \boldsymbol{A}_1^{\mathrm{T}}\boldsymbol{P}\boldsymbol{w} \\ \boldsymbol{A}_2^{\mathrm{T}}\boldsymbol{P}\boldsymbol{w} \\ \boldsymbol{A}_3^{\mathrm{T}}\boldsymbol{P}\boldsymbol{w} \end{bmatrix} = 0 \tag{9-102}$$

式中，$\boldsymbol{\delta}_1$ 对应相机的内参数；$\boldsymbol{\delta}_2$ 对应成像基站的外部方位参数；$\boldsymbol{\delta}_3$ 对应空间特征点的三维坐标。

式(9-102) 是光束平差的法方程的完整描述，针对不同应用，求解的未知参量不同，可以进行相应的简化。如第 6 章中讨论的相机内参数校准中，靶标上的空间特征点作为约束条件，三维坐标已知，对应的变化量 $\boldsymbol{\delta}_3$ 为零，法方程简化为

$$\begin{bmatrix} \boldsymbol{A}_1^{\mathrm{T}}\boldsymbol{P}\boldsymbol{A}_1 & \boldsymbol{A}_1^{\mathrm{T}}\boldsymbol{P}\boldsymbol{A}_2 \\ \boldsymbol{A}_2^{\mathrm{T}}\boldsymbol{P}\boldsymbol{A}_1 & \boldsymbol{A}_2^{\mathrm{T}}\boldsymbol{P}\boldsymbol{A}_2 \end{bmatrix} \begin{bmatrix} \boldsymbol{\delta}_1 \\ \boldsymbol{\delta}_2 \end{bmatrix} + \begin{bmatrix} \boldsymbol{A}_1^{\mathrm{T}}\boldsymbol{P}\boldsymbol{w} \\ \boldsymbol{A}_2^{\mathrm{T}}\boldsymbol{P}\boldsymbol{w} \end{bmatrix} = 0$$

同理，优化平差过程中的不同阶段，需要根据不同的优化目的和已知约束条件，将法方程简化成不同的形式。

9.5.2　快速优化平差和后处理

快速优化平差与后处理是光束平差的重要组成部分。在预先标定相机内参数的前提下，经过图像特征点扫描、定位、匹配、成像基站外部方位确定、空间特征点三维坐标初值求解等一系列过程，完成光束优化平差算法迭代初值的准备，可以进行优化平差求解过程。但由于特征像点定位误差、基站外部方位误差、相机内参标定值与测量过程中实际观察值的偏差以及误匹配的存在，直接进行精确优化平差是不合理的，可能无法得到精确解。需要进行快速优化平差和后处理过程，对初值进行修正，剔除误匹配点对，解算未确定的参数初值及已确定参数初值的估计精度，为精确优化平差提供良好的解算基础和条件。

1. 快速优化平差

经过一系列初值准备，获得的各项参数存在较大误差，包括像点定位误差、基站外部方位误差、相机内参偏差以及误匹配，直接进入严格的非线性优化迭代可能造成不收敛或错误收敛。为了减小初值估计误差和消除误匹配，在最终精确优化平差之前引入快速优化平差环节。快速优化平差是指不考虑相机内参数的修正（内参数作为真值出现：$\boldsymbol{\delta}_1=0$），减少未知参数数量，设置较大的收敛阈值，避免粗大误差引起误收敛，使初值更接近最优解的优化过程。共线性方程简化为

$$\boldsymbol{A}_2\boldsymbol{\delta}_2+\boldsymbol{A}_3\boldsymbol{\delta}_3-\boldsymbol{w}=0 \tag{9-103}$$

法方程为

$$\begin{bmatrix} \boldsymbol{A}_2^{\mathrm{T}}\boldsymbol{P}\boldsymbol{A}_2 & \boldsymbol{A}_2^{\mathrm{T}}\boldsymbol{P}\boldsymbol{A}_3 \\ \boldsymbol{A}_3^{\mathrm{T}}\boldsymbol{P}\boldsymbol{A}_2 & \boldsymbol{A}_3^{\mathrm{T}}\boldsymbol{P}\boldsymbol{A}_3 \end{bmatrix} \begin{bmatrix} \boldsymbol{\delta}_2 \\ \boldsymbol{\delta}_3 \end{bmatrix} + \begin{bmatrix} \boldsymbol{A}_2^{\mathrm{T}}\boldsymbol{P}\boldsymbol{w} \\ \boldsymbol{A}_3^{\mathrm{T}}\boldsymbol{P}\boldsymbol{w} \end{bmatrix} = 0 \tag{9-104}$$

外部方位参数和空间特征点三维坐标增量为

$$\begin{bmatrix} \boldsymbol{\delta}_2 \\ \boldsymbol{\delta}_3 \end{bmatrix} = -\begin{bmatrix} \boldsymbol{A}_2^{\mathrm{T}}\boldsymbol{P}\boldsymbol{A}_2 & \boldsymbol{A}_2^{\mathrm{T}}\boldsymbol{P}\boldsymbol{A}_3 \\ \boldsymbol{A}_3^{\mathrm{T}}\boldsymbol{P}\boldsymbol{A}_2 & \boldsymbol{A}_3^{\mathrm{T}}\boldsymbol{P}\boldsymbol{A}_3 \end{bmatrix}^{-1} \begin{bmatrix} \boldsymbol{A}_2^{\mathrm{T}}\boldsymbol{P}\boldsymbol{w} \\ \boldsymbol{A}_3^{\mathrm{T}}\boldsymbol{P}\boldsymbol{w} \end{bmatrix} \tag{9-105}$$

外部方位参数 $\boldsymbol{O}=\boldsymbol{O}_0+\boldsymbol{\delta}_2$，空间特征点三维坐标 $\boldsymbol{X}=\boldsymbol{X}_0+\boldsymbol{\delta}_3$。方程可解条件为 $2mn\geqslant 6m+3n-7$，其中，m 为成像基站数，n 为空间特征点数，7 对应预先确定的某个成像基站的外部方位参数（3 个平移矢量及 3 个旋转角）和空间比例因子。数字化视觉精密测量中，如果应用外部方位装置，必可确定一个成像基站外部方位，比例因子可通过比例基准尺或外部方位参考装置上特征点间距离确定；对于基于编码点确定对应匹配关系的相对方位情况，一般选取一个成像基站坐标作为世界坐标系（即外部方位参数均为零），空间比例因子由比例基准尺确定。

2. 快速优化平差特例

快速优化平差通常对成像基站外部方位和空间特征点三维坐标同时进行优化求解，在某些特定条件下，可以转化为对单一类参数进行求解。

（1）*空间后方交会*　数字化视觉精密测量中存在下列情况：

1）引入测量空间中已知的或由其他测量手段（如激光跟踪仪、经纬仪等）得到的基准点作为控制点，增加测量约束，提高测量精度。

2）对于无法一次完成的超大空间或复杂空间测量，设置由其他测量手段或前一次测量得到的相邻空间点作为转接点实现三维数据拼接。

3）利用空间优化布局网络和高质量成像，进行预先测量，得到相对常规测量精度高的结果，作为已知控制点再进行常规测量，提高测量的稳定性和精度。

在上述特定条件下，空间特征点三维坐标已知，即 $\boldsymbol{\delta}_3=0$。共线性方程简化为

$$\boldsymbol{A}_2\boldsymbol{\delta}_2-\boldsymbol{w}=0 \tag{9-106}$$

平差优化简化为确定成像基站外部方位的空间后方交会问题，可以确定每一个成像基站的外部方位：

$$\begin{aligned}
(\boldsymbol{A}_2^{\mathrm{T}}\boldsymbol{P}\boldsymbol{A}_2)_i &= \sum_{j=1}^{n}(\boldsymbol{A}_2^{\mathrm{T}}\boldsymbol{P}\boldsymbol{A}_2)_{i,j}\\
(\boldsymbol{A}_2^{\mathrm{T}}\boldsymbol{P}\boldsymbol{w})_i &= \sum_{j=1}^{n}(\boldsymbol{A}_2^{\mathrm{T}}\boldsymbol{P}\boldsymbol{w})_{i,j}\\
\boldsymbol{\delta}_{2i} &= -\underset{6\times 6}{(\boldsymbol{A}_2^{\mathrm{T}}\boldsymbol{P}\boldsymbol{A}_2)_i^{-1}}(\boldsymbol{A}_2^{\mathrm{T}}\boldsymbol{P}\boldsymbol{w})_i
\end{aligned} \tag{9-107}$$

式中，$\boldsymbol{\delta}_{2i}$ 为第 i 个成像基站外部方位的增量解。

（2）*空间前方交会*　空间前方交会是指两个或以上成像基站外部方位已知的特定条件下求解空间特征点三维坐标的过程。与三角测量目的相同，可以实现三维坐标快速求解。

此特定条件下，外部方位增量 $\boldsymbol{\delta}_2=0$。共线性方程简化为

$$\boldsymbol{A}_3\boldsymbol{\delta}_3-\boldsymbol{w}=0 \tag{9-108}$$

平差优化简化为已知成像基站外部方位的条件下确定空间特征点三维坐标的空间前方交会问题，可以确定每一个特征点的三维坐标：

$$\begin{aligned}
(\boldsymbol{A}_3^{\mathrm{T}}\boldsymbol{P}\boldsymbol{A}_3)_j &= \sum_{i=1}^{m}(\boldsymbol{A}_3^{\mathrm{T}}\boldsymbol{P}\boldsymbol{A}_3)_{i,j}\\
(\boldsymbol{A}_3^{\mathrm{T}}\boldsymbol{P}\boldsymbol{w})_j &= \sum_{i=1}^{m}(\boldsymbol{A}_3^{\mathrm{T}}\boldsymbol{P}\boldsymbol{w})_{i,j}\\
\boldsymbol{\delta}_{3j} &= -\underset{3\times 3}{(\boldsymbol{A}_3^{\mathrm{T}}\boldsymbol{P}\boldsymbol{A}_3)_j^{-1}}(\boldsymbol{A}_3^{\mathrm{T}}\boldsymbol{P}\boldsymbol{w})_j
\end{aligned} \tag{9-109}$$

式中，$\boldsymbol{\delta}_{3j}$ 为第 j 个空间特征点三维坐标的增量解。

3. 后处理过程

针对不同的系统配置条件和测量要求，后处理方法不同，且快速优化平差和后处理过程的各环节需要反复执行。不同系统配置条件的处理环节如图 9-40 所示，图 9-40a、b 是常用形式，图 9-40c 是数字视觉测量的简化应用（如古建筑、文物等的测量）。

图 9-40　不同测量系统配置的处理过程

后处理是指快速优化平差后参数修正、未求解参数再次尝试求解及人工干预求解过程，主要包括：匹配特征点修正、未交会图像重新交会、人工干预特征点匹配及外部方位确定等。

（1）特征点匹配修正　特征点匹配修正的主要任务包括：

1）由于初始外部方位存在误差，同名特征像点间的外极平面角超出设定阈值而不能匹配。经快速优化平差后，外部方位得以修正，需要对未匹配点重新匹配。

2）由于初始外部方位存在误差，空间相邻点的像点出现误匹配。经快速优化平差后，外部方位得以修正，需要重新验证匹配点的真伪，剔除误匹配点。

3）由于初始外部方位存在误差，且利用匹配点求解空间点三维坐标的过程具有相对独立性，通过不同匹配图像对得到的对应同一空间点的三维坐标间存在偏差，无法严格重合，需要通过空间距离阈值实现空间特征点的合并。

4）重新交会的图像与原交会图像间的特征点匹配。

（2）未交会图像重新交会　由于特征点的误匹配、相对方位计算误差、有效编码点少等因素造成某些基站外部方位参数无法确定或在优化过程中被拒绝。经过快速优化平差和特征点匹配修正，需要对未交会图像进行重新交会。

（3）人工干预特征点匹配及外部方位确定　图 9-40c 是无外部方位装置和编码点的简化测量配置方式，是在被测体本身或周围无法设置辅助测量装置的情况下实现的测量过程。根据外极线约束和外极平面角特征点匹配原理，若通过人工干预的方式实现足够数量的对应特征像点匹配，即可确定成像基站的外部方位，进而实现后续解算过程，如图 9-41 所示。

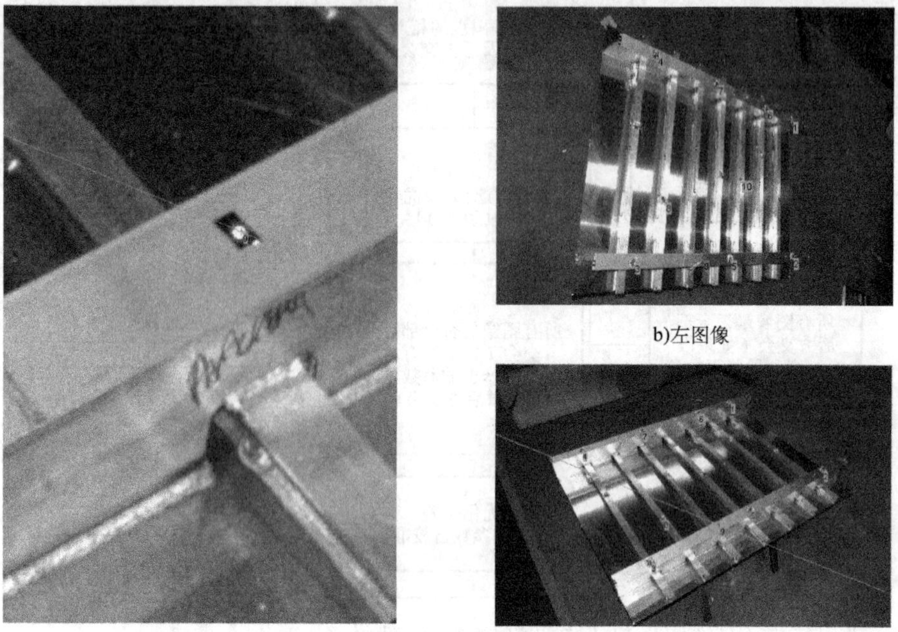

a)右图像匹配点及外极线　b)左图像　c)右图像

图 9-41　外极线约束下的特征像点人工匹配

人工干预特征点匹配及外部方位确定作为数字视觉精密测量中特殊情况下的补偿与补救措施是非常实用的。大型空间视觉测量中，由于现场测量环境的影响或构件造型复杂（如曲率变化较大的面型），基站成像有效编码特征点数量不足，无法满足解算条件，导致基站外部方位无法确定，整体测量及解算难以进行。此情况下通过人工干预方式半自动匹配特征点或未识别编码点，确定基站外部方位，将整个测量空间内的基站相对方位连接在一起，实现整体解算。

4. 精确优化平差及相机内参数自校准

精确优化平差与快速优化平差不同，是在相对精确的成像基站外部方位和特征点精确匹配的基础上，求解空间特征点三维坐标的过程，同步完成部分或全部相机内参数的自校准优化。精确优化平差中，根据测量环境、质量和精度的要求设置严格的三角测量收敛极限、优化平差收敛极限和空间特征点粗大误差拒绝极限，得到满足精度要求的测量结果。

对应的共线性方程为

$$\boldsymbol{A}_1\boldsymbol{\delta}_1+\boldsymbol{A}_2\boldsymbol{\delta}_2+\boldsymbol{A}_3\boldsymbol{\delta}_3-\boldsymbol{w}=0 \tag{9-110}$$

法方程为

$$\begin{pmatrix}\boldsymbol{A}_1^{\mathrm{T}}\boldsymbol{P}\boldsymbol{A}_1 & \boldsymbol{A}_1^{\mathrm{T}}\boldsymbol{P}\boldsymbol{A}_2 & \boldsymbol{A}_1^{\mathrm{T}}\boldsymbol{P}\boldsymbol{A}_3\\ \boldsymbol{A}_2^{\mathrm{T}}\boldsymbol{P}\boldsymbol{A}_1 & \boldsymbol{A}_2^{\mathrm{T}}\boldsymbol{P}\boldsymbol{A}_2 & \boldsymbol{A}_2^{\mathrm{T}}\boldsymbol{P}\boldsymbol{A}_3\\ \boldsymbol{A}_3^{\mathrm{T}}\boldsymbol{P}\boldsymbol{A}_1 & \boldsymbol{A}_3^{\mathrm{T}}\boldsymbol{P}\boldsymbol{A}_2 & \boldsymbol{A}_3^{\mathrm{T}}\boldsymbol{P}\boldsymbol{A}_3\end{pmatrix}\begin{pmatrix}\boldsymbol{\delta}_1\\ \boldsymbol{\delta}_2\\ \boldsymbol{\delta}_3\end{pmatrix}+\begin{pmatrix}\boldsymbol{A}_1^{\mathrm{T}}\boldsymbol{P}\boldsymbol{w}\\ \boldsymbol{A}_2^{\mathrm{T}}\boldsymbol{P}\boldsymbol{w}\\ \boldsymbol{A}_3^{\mathrm{T}}\boldsymbol{P}\boldsymbol{w}\end{pmatrix}=0 \tag{9-111}$$

求解方程为

$$\begin{pmatrix}\boldsymbol{\delta}_1\\ \boldsymbol{\delta}_2\\ \boldsymbol{\delta}_3\end{pmatrix}=\begin{pmatrix}\boldsymbol{A}_1^{\mathrm{T}}\boldsymbol{P}\boldsymbol{A}_1 & \boldsymbol{A}_1^{\mathrm{T}}\boldsymbol{P}\boldsymbol{A}_2 & \boldsymbol{A}_1^{\mathrm{T}}\boldsymbol{P}\boldsymbol{A}_3\\ \boldsymbol{A}_2^{\mathrm{T}}\boldsymbol{P}\boldsymbol{A}_1 & \boldsymbol{A}_2^{\mathrm{T}}\boldsymbol{P}\boldsymbol{A}_2 & \boldsymbol{A}_2^{\mathrm{T}}\boldsymbol{P}\boldsymbol{A}_3\\ \boldsymbol{A}_3^{\mathrm{T}}\boldsymbol{P}\boldsymbol{A}_1 & \boldsymbol{A}_3^{\mathrm{T}}\boldsymbol{P}\boldsymbol{A}_2 & \boldsymbol{A}_3^{\mathrm{T}}\boldsymbol{P}\boldsymbol{A}_3\end{pmatrix}^{-1}\begin{pmatrix}\boldsymbol{A}_1^{\mathrm{T}}\boldsymbol{P}\boldsymbol{w}\\ \boldsymbol{A}_2^{\mathrm{T}}\boldsymbol{P}\boldsymbol{w}\\ \boldsymbol{A}_3^{\mathrm{T}}\boldsymbol{P}\boldsymbol{w}\end{pmatrix} \tag{9-112}$$

相机内参数 $\boldsymbol{I}=\boldsymbol{I}_0+\boldsymbol{\delta}_1$，外部方位参数 $\boldsymbol{O}=\boldsymbol{O}_0+\boldsymbol{\delta}_2$，空间特征点三维坐标 $\boldsymbol{X}=\boldsymbol{X}_0+\boldsymbol{\delta}_3$。

精确优化平差中，相机内参数自校准根据不同的要求确定需要校准的参数，主要包括：

1）包含 x_p、y_p、c、k 的简单校准。

2）包含 x_p、y_p、c、k、p 的基本校准。

3）包含 x_p、y_p、c、k、p 和 b_1、b_2 的全参数校准。

若非相机内参数未经过严格的实验室校准，一般不进行第三类自校准。对应不同的自校准要求，$\boldsymbol{\delta}_1$ 包含的参数不同，但解算过程基本相同。

经过精确优化平差，获得空间特征点三维坐标的最优解，在此基础上可以进行相应的评价、建模等后续处理。

参考文献

[1] M L Liu, K H Wong. Pose Estimation using Four Corresponding Points [J]. Pattern Recognition Letters, 1999, 20 (1): 69-74.

[2] Eian J, Poppele R E. A Single-Camera Method for Three-Dimensional Video Imaging [J]. Journal of Neuroscience Methods, 2002, 120 (1): 65-83.

[3] Sansoni G, Carocci M, Rodella R. 3D Vision Based on the Combination of Gray Code and Phase Shift Light Projection [J]. Applied Optics, 1999, 38 (31): 6565-6573.

[4] Andrea Fusiello, Emanuele Trucco, Alessandro Verri. A Compact Algorithm for Rectification of Stereo Pairs [J]. Machine Vision and Applications. 2000, 12 (1): 16-22.

[5] Georgis N, Petrou M, Kittler J. On the Correspondence Problem for Wide Angular Separation of Noncoplanar Points [J]. Image and Vision Computing. 1998, 16 (1): 35-41.

[6] Changming Sun. Fast Stereo Matching Using Rectangular Subregioning and 3D Maximum-Surface Techniques [J]. International Journal of Computer Vision. 2002, 47 (1-3): 99-117.

[7] Bill Triggs. Géométrié d'images multiples (Geometry of Multiple Images) [D]. Grenoble: Institut National Polytechnique de Grenoble, 1999: 47-69.

[8] Gideon P Stein. Geometric and Photometric Constraints: Motion and Structure from Three Views [D]. Massachusetts: Massachusetts Institute of Technology, 1998: 42-45.

[9] Richard Hartley, Andrew Zisserman. Multiple View Geometry in Computer Vision [M]. Cambridge University Press, 2000: 355-378.

[10] Dold J. The Role of a Digital Intelligent Camera in Automating Industrial Photogrammetry [J]. Photo-

grammetric Record，1998，16（92）：199-212.

[11] Adrien Bartoli，Peter Sturm. Constrained Structure and Motion From Multiple Uncalibrated Views of a Piecewise Planar Scene [J]. International Journal of Computer Vision，2003，52（1）：45-64.

[12] Changming Sun. Uncalibrated Three-View Image Rectification [J]. Image and Vision Computing，2003，21（3）：259-269.

[13] Clarke T A，Cooper M A R，Chen J，Robson S. Automated 3-D Measurement using Multiple CCD Camera Views [J]. Photogrammetric Record，1995，15（85）：27-42.

[14] Peter Franz Sturm. Uncalibrated 3D Vision：Contributions to Projective Reconstruction and Study of the Critical Motions for Self-Calibration [D]. Grenoble：Institut National Polytechnique de Grenoble，1999：45-74.

[15] Clarke T A. A Frame-Grabber Related Error in Subpixel Target Location [J]. Photogrammetric Record，1995，15（86）：315-322.

[16] Izquierdo M A G，Sanchez M T，Ibańez A，Ullate L G. Sub-Pixel Measurement of 3D Surfaces by Laser Scanning [J]. Sensors and Actuators，1999，76（1）：1-8.

[17] Robson S，Shortis M R. Practical Influences of Geometric and Radiometric Image Quality Provided by Different Digital Camera Systems [J]. Photogrammetric Record，1998，16（92）：225-248.

[18] Pavlidis T. Algorithms for Graphics and Image Processing Rockville [M]. MD：Computer Science Press，1982：167-193.

[19] Zhengyou Zhang，Quang-Tuan Luong，Olivier Faugeras. Motion of an Uncalibrated Stereo Rig：Self-Calibration and Metric Reconstruction [C]. IEEE Transactions on Robotics and Automation，1996，12（1）：103-113.

[20] Longuet Higgins H C. A Computer Algorithm for Reconstructing a Scene from Two Projections [J]. Nature，1981，293：133-135.

[21] Zhengyou Zhang. Determining the Epipolar Geometry and its Uncertainty：A Review [J]. International Journal of Computer Vision Archive，1998，27（2）：161-195.

[22] Loung Q T，Faugeras O D. The Fundamental Matrix：Theory，Algorithms，and Stability Analysis [J]. International Journal of Computer Vision，1996，17（1）：43-76.

[23] Gabriella Csurka，Cyril Zeller，Zhengyou Zhang，Olivier D. Faugeras. Characterizing the Uncertainty of the Fundamental Matrix [J]. Computer Vision and Image Understanding，1996，68（1）：18-36.

[24] Torr P H S，Zisserman A. MLESAC：A New Robust Estimator with Application to Estimating Image Geometry [J]. Journal of Computer Vision and Image Understanding，2000，78（1）：138-156.

[25] Torr P H S，Davidson C. IMPSAC：A Synthesis of Importance Sampling and Random Sample Consensus [C]. IEEE Transactions on Pattern Analysis and Machine Intelligence，2003，25（3）：354-365.

[26] Adrien Bartoli，Peter Sturm. Non-Linear Estimation of the Fundamental Matrix with Minimal Parameters [C]. IEEE Transactions on Pattern Analysis and Machine Intelligence，2004，26（4）：426-432.

[27] Torr P H S，Murray D W. The Development and Comparison of Robust Methods for Estimating the Fundamental Matrix [J]. International Journal of Computer Vision，1997，24（3）：1-33.

[28] Johannes Otepka. Algorithms and their Implementation in an Automated Close-Range Photogrammetric System [D]. Wien：der Technischen Universität Wien，2001.

[29] Slabaugh G，Schafer R，Livingston M. Optimal ray intersection for computing 3D points from n-view correspondences [D]. Maryland：University of Maryland-College Park，1995.